Springer-Lehrbuch

T0220010

Springer

Berlin
Heidelberg
New York
Barcelona
Hongkong
London
Mailand
Paris
Tokio

Marc-Thorsten Hütt

Datenanalyse in der Biologie

Eine Einführung in Methoden
der nichtlinearen Dynamik, fraktalen
Geometrie und Informationstheorie

Mit 195 Abbildungen und 17 Tabellen

Springer

Dr. MARC-THORSTEN HÜTT
Institut für Botanik
Technische Universität Darmstadt
Schnittspahnstraße 3-5
64287 Darmstadt

ISBN 3-540-42311-7 Springer-Verlag Berlin Heidelberg New York

Die Deutsche Bibliothek - CIP-Einheitsaufnahme

Hütt, Marc-Thorsten:
Datenanalyse in der Biologie : eine Einführung in Methoden der nichtlinearen
Dynamik, fraktalen Geometrie und Informationstheorie / Marc Thorsten Hütt. -
Berlin ; Heidelberg ; New York ; Barcelona ; Hongkong ; London ; Mailand ;
Paris ; Singapur ; Tokio : Springer, 2001
(Springer-Lehrbuch)
ISBN 3-540-42311-7

Springer-Verlag ist ein Unternehmen der BertelsmannSpringer Science+Business Media GmbH
http://www.springer.de

© Springer-Verlag Berlin Heidelberg 2001
Printed in Germany

Satz: Druckfertige Vorlagen des Autors
Einbandgestaltung: de'blik Graphische Gestaltung, Berlin
Einbandabbildungen: Verteilung von Chlorophyllfluoreszenzaktivität auf einem Pflanzenblatt
(Erläuterungen s. Abb. 5.1); Strichzeichnung Abb. 2.11
SPIN 10842365   29/3130 - 5 4 3 2 1 0 - Gedruckt auf säurefreiem Papier

R. Weiershausen für einen jahrelangen,
fortdauernden interdisziplinären Dialog

Vorwort

Die Entwicklung neuer experimenteller Techniken und die Beschäftigung mit immer komplexeren Fragestellungen hat zur Folge, daß oft herkömmliche Methoden der Datenauswertung (Betrachtung von Mittelwert und Varianz, Signifikanztests, etc.) bei weitem nicht mehr ausreichen, um eine angemessene Interpretation der Daten zu erreichen. Immer stärker werden daher zur Analyse und Diskussion experimenteller biologischer Daten Methoden aus Nachbardisziplinen herangezogen, vor allem aus der theoretischen Physik, der Informationstheorie und der Theorie der Bildverarbeitung.

Das vorliegende Buch ist eine pragmatisch formulierte Einführung, die keine umfassende und mathematisch vollständige Darstellung in die behandelten Themen anstrebt. Vielmehr sollen hier die für Experimentatoren wissenswerten und brauchbaren Aspekte zusammengetragen werden. Es wurde dennoch versucht, soviel von dem theoretischen Hintergrund der verschiedenen Methoden darzustellen, daß sich für den Anwender eine gewisse thematische Sicherheit, eine Vorstellung der grundlegenden Zusammenhänge und eine klare Kenntnis der methodischen Grenzen ergibt.

Das wesentliche Ziel ist, die von theoretischer Seite zur Verfügung stehenden Methoden der Datenanalyse zu präsentieren und dem Benutzer zugänglich zu machen. Im Idealfall gelangt der Leser zu einer neuen Sicht auf seine Daten und damit vielleicht zu einem neuen Verständnis der in ihnen codierten Funktionsweise des betrachteten Systems. Viele technische Aspekte, die etwa bei der Computer-Implementierung einer Analysemethode von Bedeutung sind, konnten hier nur beispielhaft behandelt werden. Entsprechende Literaturhinweise und die Angabe von existierenden Softwarepaketen sollen diese Unterlassung auffangen.

Vor allem in den Kapiteln 2.2 und 2.3 scheint die thematische Auswahl recht willkürlich. Ich habe dabei versucht, Aspekte in den Vordergrund zu stellen, die einem experimentell arbeitenden Wissenschaftler einen Einblick in die Denkweise von Theoretikern und Modellierern geben können und ein Gefühl zu vermitteln vermögen, wie komplexe dynamische Phänomene aus relativ elementaren Gleichungen entstehen können. Schon aus diesem Grund liegt ein deutlicher Schwerpunkt auf Differenzengleichungen und weniger auf einer umfassenden Diskussion von (mehrdimensionalen) Differentialgleichungen.

Eine weitere Hervorhebung ist begründenswert: Zelluläre Automaten, die hier als eine Verallgemeinerung von Differenzengleichungen dargestellt werden (Kapitel 3), gehören heute nicht mehr notwendigerweise zum Unterrichtskanon von Kursen über Musterbildung und Modellierung. Eine häufige Begründung ist, daß die Regelwerke zellulärer Automaten im wesentlichen eine Approximation an partielle Differentialgleichungen sind und daher auch in der mathematisch fortgeschritteneren Weise behandelt werden können. Wenn das Ziel jedoch ein praxisorientierter Umgang mit den mathematischen Werkzeugen ist, läßt sich gegen dieses Argument einiges einwenden. Gerade in der Biologie ist es von Vorteil, die lokalen Regeln der Selbstorganisation in einer unverschlüsselten Form zu kennen und ohne größeren Aufwand die resultierenden globalen Dynamiken ermitteln zu können. Bei meinen eigenen Arbeiten habe ich feststellen können, daß die Akzeptanz dieser Darstellung sehr viel größer ist als etwa die eines Systems von nichtlinearen Differentialgleichungen, was sich einem fachübergreifenden wissenschaftlichen Dialog als äußerst zuträglich erweist. Eine Strategie dieses Buches liegt darin, bestimmte Formalismen und Rechentechniken erst dann einzuführen, wenn sie inhaltlich benötigt werden (z.B. das Konzept komplexer Zahlen in Kapitel 4.1, das Ising-Modell in Kapitel 5.2 oder die Matrixmultiplikation in Kapitel 6.1). Auf diese Weise sieht man die allgemeine Idee in unmittelbarer Verbindung mit der Anwendung, und die in mathematische Formalismen einführenden Kapitel bleiben frei für die Schilderung der übergreifenden Aspekte dynamischer Systeme. Um den Zugang zu (hauptsächlich englischsprachigen) weiterführenden Texten zu erleichtern, habe ich zu einigen Schlüsselbegriffen im Text auch die englischen Bezeichnungen angegeben, was gerade bei einer Suche in Bibliothekskatalogen und Internet-Suchmaschinen eine Hilfe darstellen kann.

Ich danke Andreas Bohn für seine inhaltliche Unterstützung bei der Ausarbeitung der Passagen über Fourieranalyse (in Kapitel 4.2) und Bernd Blasius für die Überlassung der Abbildungen 4.28 und 4.30-4.33 aus seiner Dissertation (Blasius 1997). Die experimentellen Daten zum Crassulaceen-Säurestoffwechsel wurden mir von Uwe Rascher zur

Verfügung gestellt und durch lange und weitreichende Diskussionen nahegebracht. Beim Abfassen des Kapitels über fraktale Geometrie (speziell der Kapitel 6.2 und 6.3) habe ich von intensiven Diskussionen mit Larry Liebovitch profitiert, der mir auch das Material für die Abbildungen 6.31 und 6.33 zugänglich gemacht hat. An vielen Stellen haben mir die Diskussionen mit Roland Neff geholfen, der mir auch bei der Analyse des Forest-Fire-Modells und des Ising-Modells behilflich war. Die Abbildungen 2.32, 2.31 und 2.30, sowie die Darstellung der Beschreibung von Insektenplagen in Kapitel 2.2 sind in Anlehnung an das Buch von Steve Strogatz (Strogatz 1994) abgefaßt. Die Einführung zellulärer Automaten über allgemeine boolesche Netzwerke orientiert sich an dem Buch von Daniel Kaplan und Leon Glass (Kaplan u. Glass 1995). Weitere Bücher und Übersichtsartikel waren mir als Hintergrundmaterial ein unverzichtbares Hilfsmittel. Eine Auswahl ist in Anhang B angegeben.

Alle mathematisch orientierten Abbildungen wurden mit dem Softwarepaket *Mathematica*© von Wolfram Research Inc. erstellt und in *Adobe Illustrator*© nachbearbeitet. Die schematischen Darstellungen sind direkt in *Adobe Illustrator*© entworfen worden. Aus externen Quellen übernommene Abbildungen sind in der Bildunterschrift durch weitere Angaben kenntlich gemacht. Als Satzprogramm wurde LaTeX verwendet.

Einen großen Anteil am Zustandekommen dieses Buches haben die Teilnehmenden meiner Veranstaltungen zur Datenanalyse im Wintersemester 1999/2000 an der TU Darmstadt, insbesondere Harald Bierbaum, Jasmin Grünig, Sven Hinderlich, Klaus Höhne, Thomas Mohr, Isabelle Philipp, Maike Rothermel und Christina Tritt. Bei der Gestaltung, der Erstellung zahlreicher Abbildungen und bei vielen Aspekten der EDV-Arbeit war mir Jasmin Grünig eine enorme Hilfe. Ihr sei an dieser Stelle herzlich gedankt.

Dem Team vom Springer-Verlag, vor allem Iris Lasch-Petersmann und Stefanie Wolf, möchte ich für das Engagement danken, mit dem die Publikation vorangetrieben wurde.

Das Buch hat sehr gewonnen durch die engagierte Mitarbeit von Christiane Hilgardt beim Erstellen der Endfassung. Für ihre Unterstützung und ihr Interesse an den Inhalten möchte ich ihr ganz herzlich danken.

Friedrich Beck und Friedemann Kaiser danke ich für die gemeinsame spannende Forschung zur Theorie und Anwendung der nichtlinea-

X

ren Dynamik. Ihre Sichtweisen der theoretischen Physik hatten einen
großen Einfluß auf die vorliegende Darstellung.

In hohem Maße profitiert habe ich von Diskussionen mit Ulrich Lüttge,
der mein Verständnis von interdisziplinärer Arbeit geprägt hat.

Das Projekt wurde finanziell unterstützt vom DFG-Graduiertenkolleg
340 "Kommunikation in biologischen Systemen" an der TU Darmstadt.

Darmstadt, im Mai 2001   Marc-Thorsten Hütt

Inhaltsverzeichnis

1. Mathematische Grundlagen

1.1 Terminologie und Ziele

Experimentelles Arbeiten durch eine mathematische Brille zu betrachten ist ein unverzichtbares Hilfsmittel wissenschaftlichen Arbeitens geworden. Die ganz grundlegenden Begriffe der Statistik finden dabei so selbstverständlich Anwendung, daß sie kaum einer Erwähnung bedürfen. Gleichzeitig bilden sie aber die Basis für eine Verbindung von Experimenten und Mathematik, die sich als Ausgangspunkt von fortgeschritteneren Überlegungen eignet, etwa zur Verallgemeinerung bekannter Begriffe oder zum Hinterfragen ihrer Anwendbarkeit. Das sprachliche Fundament soll in dem vorliegenden Kapitel gelegt werden.

Im einfachsten Fall liefert ein Experiment einen Meßwert $x \in \mathbb{R}$, also eine reelle Zahl.[1] Durch mehrfache (n-malige) Wiederholung des Experiments läßt sich ein Mittelwert $\bar{x}$ und ein zugehöriger statistischer Fehler σ mit

$$\bar{x} = \frac{1}{n} \sum_{i=1}^{n} x_i \quad \text{und} \quad \sigma = \sqrt{\frac{1}{n} \sum_{i=1}^{n} (x_i - \bar{x})^2} \tag{1.1}$$

angeben, so daß sich das Ergebnis in naturwissenschaftlich akkurater Form als $\bar{x} \pm \sigma$ darstellen läßt.[2] Bis auf einige statistische Komplikationen, die aber an der Grundidee nichts ändern, und pathologische Datensätze, für die kein Mittelwert existiert (vgl. Kapitel 6), erfordert dieser Fall keine fortgeschrittenen Methoden der Datenanalyse in unserem Sinne.

---

[1] Die Tatsache, daß in Wirklichkeit natürlich rationale Zahlen gemessen werden, genauer: Intervalle von rationalen Zahlen, ist in dem sehr lesenswerten Anfangskapitel des populären Buches "The Emperor's New Mind" von R. Penrose in einem größeren Zusammenhang diskutiert (Penrose 1989).

[2] Der Angabe eines korrekten statistischen Fehlers sind ganze Bücher gewidmet (siehe z.B. Fahrmeir 2001). In Gleichung (1.1) ist die einfachste Form, die Standardabweichung oder Streuung der Meßgröße, angegeben.

Eine erheblich komplizietere Situation tritt auf, wenn die zeitliche Entwicklung einer bestimmten Größe, also die *Dynamik* eines Systems, beobachtet werden soll. Im einfachsten Fall wird hier eine Funktion $x(t)$, d.h. die Größe x in Abhängigkeit der Zeit t gemessen. Mathematisch ist diese Formulierung allerdings eine gewagte Verallgemeinerung des tatsächlichen Sachverhaltes, nämlich der Messung in diskreten Zeitschritten. Um die Notation einfach zu halten, soll hier von zeitlich äquidistanten Messungen in Abstand T ausgegangen werden. Die Größe $r = 1/T$ bezeichnet man als *Sampling-Rate*. Man hat als Meßergebnis dann die Menge $\{\,x_t|\ t = T, 2T, ..., nT\,\}$ und durch Übergang zu einer dimensionslosen Zeit $i = t/T$ schließlich die Zahlenfolge $\{\,x_i|\ i \in 1, ..., n\,\}$, die als *Zeitreihe* (engl. *time series*) bezeichnet wird. In Kapitel 2.1 wird sich zeigen, daß diese Unterscheidung zwischen einer kontinuierlichen und einer diskreten Zeitachse bei den Versuchen, die zugrunde liegende Dynamik aufzudecken, eine wesentliche Rolle spielen kann. Die Grundidee ist dabei folgende: Wenn man nur zu bestimmten Zeiten auf das System schaut (also mißt), kann dazwischen fast alles Mögliche passieren. Analyseverfahren können über die Zwischenbereiche keine Aussage machen. Diese prinzipielle Grenze muß bei der Planung des Experiments verstanden sein, um Fehl- und Überinterpretationen zu vermeiden und eine der Fragestellung angemessene Sampling-Rate festlegen zu können. Auch anhand der Fourieranalyse (Kapitel 4.2), also der Ermittlung der zu einer Dynamik beitragenden Frequenz, läßt sich vorführen, wie diese Zusammenhänge die Grenzen des bestimmbaren Frequenzbereichs beeinflussen und auf Zuordnungsfehler bei der Stärke einzelner Frequenzen führen.

Eine Diskretisierung der Zeit bei der *Datennahme* beschränkt also den Informationsgehalt der Daten und dies häufig in sehr subtiler Weise. Eine solche Diskretisierung bei der *Formulierung* eines mathematischen Modells hat noch weiterreichende Konsequenzen. In einem diskreten System sind dynamische Verhaltensformen möglich, die in einem kontinuierlichen System prinzipiell verboten sind. Dieses faszinierende Phänomen, das sich bei eindimensionalen Systemen zeigt, wird im Kapitel 2.2 besprochen. Mit der letzten Aussage wurde ein zentraler Begriff der Analyse ins Spiel gebracht: die *Dimension* eines Systems. Die Dimension D eines dynamischen Systems ist die Anzahl der Freiheitsgrade, die zum Zustandekommen der beobachteten Dynamik relevant sind. Im wesentlichen ist damit gemeint, daß man D Variablen als unabhängige Werte angeben muß, um den Zustand des Systems zu

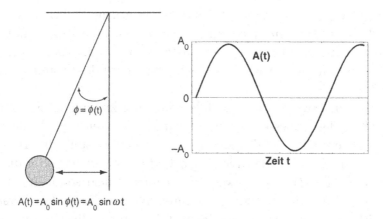

Abb. 1.1.   Schematische Darstellung und Notation für das Fadenpendel *(linke Hälfte)*. Im *rechten Teil* ist eine Skizze des zeitlichen Verlaufs der Amplitude A angegeben

einem festen Zeitpunkt vollständig zu bestimmen. Eine klare und mathematisch vollständigere Definition von Dimension und Freiheitsgrad kann allerdings erst in Kapitel 2 gegeben werden.
Die bis zu dieser Stelle eingeführten Begriffe

Zeitreihe, Sampling-Rate und *Dimension*

sollen nun an einem einfachen Beispiel, dem Fadenpendel, illustriert werden: Das Pendel (Abb. 1.1), von dem angenommen werden soll, daß es keiner Dämpfung unterliegt, vollführt in seiner Auslenkung $A(t)$ eine Sinusschwingung. An diesen Befund gelangt man theoretisch, indem man den Vektor der Gravitationskraft in seine Komponenten parallel und senkrecht zum Faden zerlegt, die senkrechte Komponente in die Newtonsche Bewegungsgleichung einträgt (die andere Komponente hat keine dynamische Wirkung: sie wird vom Faden kompensiert) und die so entstandene Differentialgleichung (z.B. in der Näherung kleiner Auslenkwinkel) löst. Die mathematische Diskussion eines Pendels wird uns in Kapitel 1.3 beschäftigen. Hier soll der Blick auf die Zeitreihe im Vordergrund stehen. Dazu nehmen wir an, daß die Funktion $A(t)$ mit hoher Sampling-Rate gemessen worden ist.[3] Die Kenntnis der Amplitude $A(t)$ zu einem festen Zeitpunkt t bestimmt den Zustand des Pen-

---

[3] Der Begriff "hoch" kann hier nur eine relative Angabe sein. Im folgenden wird sich zeigen, daß ein System meist eigene Zeitkonstanten besitzt, und die Größe der Sampling-Rate stets im Verhältnis zu solchen Zeitskalen des Systems betrachtet werden muß.

dels nicht vollständig, da man nicht weiß, in welche Richtung sich das Pendel fortbewegt. Gibt man zur Amplitude noch die Geschwindigkeit V zum Zeitpunkt t an, so ist der Zustand vollständig charakterisiert. Die Dimension (oder Anzahl von Freiheitsgraden) des Systems ist also $D = 2$.

Eine bemerkenswerte (wenn auch letztlich nahezu triviale) Erkenntnis ist, daß in der gemessenen Zeitreihe Informationen über beide Freiheitsgrade enthalten sind: Jeder *absolute* Meßwert stellt die Amplitude $A(t)$ dar. Die zeitliche Ableitung dA/dt der Zeitreihe ergibt die Geschwindigkeit $V(t)$. Dieser zweite Freiheitsgrad liegt somit in der Abfolge der Punkte der Zeitreihe, also ihrer *relativen* Lage. Der Versuch, die zeitliche Ableitung zu definieren, führt unmittelbar zu dem Problem der Sampling-Rate. Üblicherweise läßt sich die Ableitung dA/dt an jeder Stelle t durch den entsprechenden Differenzenquotienten approximieren,[4]

$$V(t) = \frac{dA}{dt} \approx \frac{A_{t+T} - A_t}{T} = r\,(A_{t+T} - A_t) = V_t,$$

in den explizit die Sampling-Rate $r = 1/T$ eingeht. Es ist klar, daß die Approximation von $V(t)$ mit steigendem r, also einer immer größeren Dichte von Meßwerten, immer besser wird. In Abb. 1.2 sind drei Beispiele von Sampling-Raten angegeben und die zugehörigen aus der Amplitude $A(t)$ rekonstruierten Geschwindigkeiten dargestellt.

Durch dieses Vorgehen, an der bekannten mathematischen Beschreibung einer ungedämpften Schwingung verschiedene "Meßprotokolle" auszuprobieren, gelangt man zu einem intuitiven Verständnis der Rolle von r. Insbesondere wird klar, daß für die Bestimmung der Geschwindigkeit aus der gemessenen Amplitude die Bedingung $r \gg \omega$ relevant ist, wobei ω die Kreisfrequenz der Oszillation bezeichnet. Der Zusammenhang zur Periodendauer τ ist gegeben durch $\omega = 2\pi/\tau$.

Über die Messung einer stationären Größe und das Protokollieren einer Zeitreihe hinaus gibt es noch eine weitere, immer wichtiger werdende Kategorie von experimentellen Daten: die *raumzeitliche Dynamik* (engl. *spatiotemporal dynamics*). Diese nächste Schwierigkeitsstufe in Messung und Analyse erfordert auch eine etwas fortgeschrittenere Notation, wobei die Betrachtung hier auf den zur Zeit in experimentellen Untersuchungen häufigsten Fall von raumzeitlicher Dynamik, nämlich

---

[4] Ähnlich wie schon zuvor beim Einführen einer dimensionslosen Zeit folgen wir hier der nützlichen Konvention, bei einer zeitabhängigen Größe x die kontinuierliche Zeit stets als Argument, also $x(t)$, und die diskrete Zeit als Index, also x_t, anzugeben.

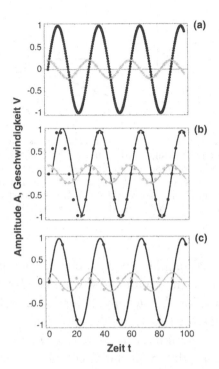

Abb. 1.2. Einfluß der Sampling-Rate auf die Rekonstruktion der Geschwindigkeit als zweite dynamische Variable. Gezeigt sind Ort *(schwarze Punkte)* und rekonstruierte Geschwindigkeit *(graue Punkte)* für die Sampling-Raten (a) $r = 100/\tau$, (b) $r = 10/\tau$ und (c) $r = 3/\tau$ mit $\tau = 30$ in relativen Zeiteinheiten

zwei Raumdimensionen, beschränkt bleiben soll. Wie vorher in der Zeit existiert nun auch im Raum eine – experimentell bedingte – Diskretisierung. Mathematisch bedeutet dies die Messung einer Matrix M zu einem festen Zeitpunkt t. Als weitere, ausschließlich die Notation betreffende Einschränkung soll hier von quadratischen Matrizen der Größe $N \times N$ ausgegangen werden. Die Einträge a_{ij} mit $i = 1, \ldots, N$ und $j = 1, \ldots, N$ sind dann zum Beispiel reelle Zahlen $a_{ij} \in \mathbb{R}$ oder, allgemeiner, Zustände aus einem Zustandsraum Σ. Für eine Temperaturmessung auf einer Oberfläche mit Hilfe einer (thermosensitiven) Digitalkamera wäre z.B. $\Sigma = \{0, \ldots, 255\}$ bei einer 8-bit-Codierung der reellen Zahlen, die die Meßgröße darstellen. Beobachtet man die Zusammensetzung einer biologischen Membran über die Zeit, so wäre $\Sigma = \{l_1, l_2, \ldots, p_1, p_2, \ldots\}$ mit verschiedenen Lipiden l_i und Proteinen p_i, die sich räumlich und zeitlich organisieren. Eine solche raumzeitliche Dynamik ist in der Analyse und der

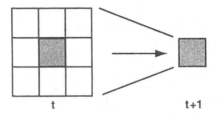

Abb. 1.3. Schematische Darstellung einer Zeitentwicklung, die durch Nächst-Nachbar-Wechselbeziehung erzeugt wird. Auf der Grundlage eines dem System eingeschriebenen Regelwerks ergibt sich aus dem Zustand eines Elementes *(grau dargestellt)* und den Zuständen seiner nächsten Nachbarn zum Zeitpunkt t der Zustand des betrachteten Elementes zum Zeitpunkt $t + 1$. Diese Lesart einer raumzeitlichen Dynamik läßt sich mit zellulären Automaten mathematisch imitieren

Modellierung äußerst komplex, da man einbeziehen muß, daß die einzelnen Raumpunkte nicht unabhängig voneinander in der Zeit evolvieren, sondern miteinander gekoppelt sind. Ein solcher Prozeß der raumzeitlichen Selbstorganisation vollzieht sich im allgemeinen nach festen, das System charakterisierenden Regeln. In der Biologie sind diese Regeln bestimmt durch biochemische Mechanismen und Formen der Signaltransduktion. In der einfachsten *theoretischen* Vorstellung einer solchen Selbstorganisation werden die unmittelbaren Nachbarn eines Raumpunktes in das Regelwerk einbezogen und tragen zur Zeitentwicklung bei (Abb. 1.3). Die nahezu wörtliche Umsetzung dieser Grundidee in einen mathematischen Formalismus stellen sogenannte *zelluläre Automaten* dar, die sowohl in der Modellierung als auch in der Analyse raumzeitlicher Dynamiken eine wichtige Rolle spielen. In Kapitel 3 sollen daher die Grundlagen zellulärer Automaten besprochen werden, um dann in Kapitel 5.3 schließlich zelluläre Automaten als Analysewerkzeug verwenden zu können. Zu zellulären Automaten existieren nur wenige analytische und formale Theoreme, die ein tiefes Verständnis des Systems vorantreiben können (siehe z.B. Wolfram 1986, Ermentrout u. Edelstein-Keshet 1993). Für eine darüber hinausgehende mathematische Modellierung solcher raumzeitlichen Dynamiken sind partielle Differentialgleichungen erforderlich. Von besonderer Bedeutung sind dabei die sogenannten Reaktions-Diffusions-Modelle, bei denen eine lokal reaktive (dynamisch wirksame) Substanz sich durch Diffusion räumlich verteilt. Die (aktivierende oder inhibitorische) Wechselwirkung mit anderen reaktiven Substanzen führt dann auf einen komplexen raumzeitlichen Musterbildungsprozeß, für den es nach heutigem Kenntnisstand in der Natur eine nahezu unbegrenzte Menge von Beispielen gibt (siehe z.B. Murray 1989). Solche Reaktions-Diffusions-Modelle und ihre Leistungsfähigkeit werden in (Meinhardt 1997) ausführlich und gut verständlich dargestellt.

Den raumzeitlichen Analysemethoden, die unter Einbeziehung der räumlichen Beziehungen eine Quantifizierung des Prozesses leisten, ist ein eigenes Kapitel gewidmet (Kapitel 5).

Nachdem wir nun eine erste Terminologie für stationäre Daten, Zeitreihen und raumzeitliche Strukturen eingeführt haben, soll in dem Rest dieses Kapitels auf zwei qualitative Aspekte bei der Betrachtung von Zeitreihen eingegangen werden, die erste Einblicke in die an elementaren Strukturen orientierte Denkweise der theoretischen Modellierung geben, nämlich

- grundsätzliche Formen von Dynamik in einer Zeitreihe,
- erste Informationen in einer Zeitreihe über das zugrunde liegende System.

Als erstes soll eine kurze und wenig quantitative Zusammenstellung der verschiedenen Formen von Dynamik erfolgen, die im allgemeinen schon durch den einfachen Blick auf eine gemessene Zeitreihe identifiziert werden können. Auf der Grundlage einer solchen elementaren Betrachtung lassen sich häufig unmittelbar weitere wichtige Fragestellungen formulieren, die dann, umgesetzt in ein Folgeexperiment, zur Aufklärung der Mechanismen hinter der Dynamik viel gezielter beitragen können, als ohne diesen kenntnisreichen Blick auf die Zeitreihe möglich wäre.

Das einfachste erkennbare Verhalten ist die *Stationarität*, also die Unabhängigkeit der Meßgröße von der Zeit. Hier stellt sich die Frage, ob sich dahinter tatsächlich das *Fehlen* einer Dynamik verbirgt, oder ob das System sich in einem sogenannten Fixpunkt befindet, was eine vollkommen andere Sicht auf das System offenbaren würde: Ein Fixpunkt stellt, wie wir in Kapitel 2 sehen werden, tatsächlich ein *dynamisches* Phänomen dar. Der wichtigste Unterschied zum vollkommenen Fehlen von Dynamik ist die Stabilität der Meßgröße im Fixpunkt gegen äußere Störungen. Ähnlich verhält es sich mit *Oszillationen*. Sind die beobachteten Schwingungen unspezifische Antworten auf einen äußeren Impuls, ähnlich wie bei einem mechanischen Pendel, so ist die Vorstellung von den zugrunde liegenden Prozessen eine vollkommen andere als bei einem sogenannten Grenzzyklus, bei dem das System (bei festen äußeren Bedingungen) oft nur zu einer einzigen Form der

Oszillation fähig ist und die meisten Anfangsbedingungen durch das System nach einer gewissen Übergangsphase (Relaxation) in diese charakteristische Oszillation überführt werden.[5] Wir werden diese beiden wichtigen Grundphänomene der nichtlinearen Dynamik, Fixpunkt und Grenzzyklus, in Kapitel 2 noch näher besprechen, besonders auch anhand von mathematischen Beschreibungen, die dieses Verhalten aufweisen.

Die Beobachtung eines *irregulären Verhaltens* ist sehr viel schwerer einer weiteren Klassifikation zu unterwerfen. Die zentrale Unterscheidung erfolgt dabei in stochastische (also zufällige) und deterministische irreguläre Zeitreihen, was vor allem die Frage bedeutet, ob die Zahl der Freiheitsgrade des verantwortlichen Prozesses hoch oder niedrig ist. Diese Formen von Dynamik werden oft als Rauschen und (deterministisches) Chaos bezeichnet. Eine quantitative Unterscheidung ist äußerst schwierig, für ein weiterreichendes Verständnis des betrachteten Systems aber wesentlich. Einige Methoden dazu sollen in den Kapiteln 5.3 und 5.4 diskutiert werden.

Die letzte grundlegende Form von Dynamik, die *Relaxation*, wurde eben schon erwähnt. Von beliebigen Anfangsbedingungen aus benötigt das System eine gewisse Zeit, die sogenannte Relaxationszeit, um z.B. einen Fixpunkt oder einen Grenzzyklus zu erreichen. Der genaue Verlauf der Meßgröße bei einer solchen Relaxation, der *Transient*, kann recht vielfältig sein (vgl. etwa Abb. 2.3(d) und 2.3(e)). Hier bietet sich eine geeignete Methode für den Nachweis eines Fixpunktes oder Grenzzyklus, da diese beiden Dynamiken im Gegensatz zum Fehlen von Dynamik bzw. zum rein induzierten (von außen auferlegten) Pendeln von fast allen Anfangsbedingungen aus eine solche Relaxation aufweisen. Darüber hinaus gehört die Relaxationszeit zu den wichtigsten inneren Parametern ("Kenngrößen") des Systems. Tabelle 1.1 und Abb. 1.4 fassen diese qualitative Klassifikation zusammen. Das Erkennen bestimmter dynamischer Grundmuster ist nur ein Beispiel für eine qualitative Analyse durch bloße Betrachtung einer Zeitreihe. Verschiedene Eigenschaften des gemessenen Systems lassen sich schon ohne weitere Analysetechniken aus der Zeitreihe abschätzen. Eine solche qualitative Betrachtung kann eine effiziente Kontrolle fortgeschrittener Methoden darstellen. Die wichtigsten Punkte dabei sind:

- Formen von Dynamik in der Zeitreihe (vgl. Tabelle 1.1),

---

[5] Diese beiden Typen bezeichnet man auch als aktive (beim Grenzzyklus) und passive (beim Pendel) Oszillation.

Tabelle 1.1. Formen von Dynamik in einer Zeitreihe

Dynamik	wichtige Fragestellungen und theoretischer Hintergrund	Beispiel Abb.
Stationarität	Unterscheidung: Fixpunkt oder Fehlen von Dynamik	1.4(a)
Oszillation	Unterscheidung: pendelartige Oszillation oder Grenzzyklus	1.4(b)
irreguläres Verhalten	Unterscheidung: stochastischer oder deterministischer Prozeß	1.4(c)
Relaxation in ein dynamisches Verhalten (z.B. Fixpunkt)	• relevante Methode zur Unterscheidung der erstgenannten beiden Fälle • Zeitskala der Relaxation ist eine wichtige Kenngröße des Systems • Es gibt Mischformen von Dynamiken, z.B. oszillatorisches Annähern an einen Fixpunkt (vgl. Abb. 1.4(e))	1.4(d) 1.4(e)

- Zusammenhang (Korrelation) zweier benachbarter Punkte,
- (zeitliche) Reichweite einer solchen Korrelation,
- Schätzung der Anzahl von Freiheitsgraden des Systems.

Aufgabe 1 in Anhang C zeigt einige Beispiele für Zeitreihen, an denen diese Überlegungen ausprobiert werden können. In einer solchen qualitativen Weise entdeckt man allerdings nur die einfachsten Korrelationen. In Kapitel 4.2 werden wir die mathematische Formulierung eines Korrelationsbegriffs besprechen, der die Grundlage der linearen Zeitreihenanalyse darstellt.

1.2 Einige mathematische Werkzeuge

Ziel dieses Kapitels ist, elementare Begriffsbildungen der Schulmathematik zu wiederholen und an einigen Stellen zu ergänzen. Im Vordergrund steht dabei die geometrische Anschauung und die Diskussion einfacher Beispiele. Durch die Auswahl der Begriffe und das gelegentliche Abweichen von üblichen Darstellungsweisen werden einige der fortgeschrittenen mathematischen Konzepte der anschließenden Kapitel bereits behutsam vorbereitet.

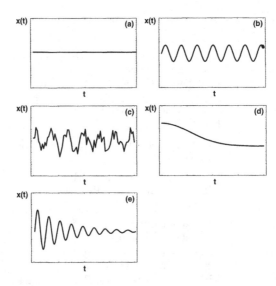

Abb. 1.4. Schematische Darstellung einiger grundsätzlicher Formen von Dynamik (vgl. Tabelle 1.1)

1.2.1 Kurvendiskussion und Eigenschaften spezieller Funktionen

Betrachten wir eine Funktion $f(x)$ einer Variablen x. Um die Eigenschaften dieser Funktion diskutieren zu können, um sie schließlich im Rahmen einer Parametrisierung experimenteller Daten oder eines Modells zu verwenden, sind einige Grundtechniken erforderlich, die in diesem Kapitel noch einmal in kürzester Form zusammengestellt sind. Im Mittelpunkt stehen dabei:

- Ableitung $f'(x) = df/dx$,
- Integration $F(x) = \int f(x)\,dx$,
- Skizze des Kurvenverlaufs.

Schon am Beispiel der Geradengleichung $f(x) = mx + r$ mit den Parametern m und r lassen sich diese Techniken vorführen, insbesondere kann so die Rolle von m und r aufgeklärt werden. Ganz allgemein lassen sich die Parameter einer Funktion über die Wertepaare (x_i, y_i) mit $y_i = f(x_i)$ ausdrücken. Im Fall der Beschreibung experimenteller Daten durch eine mathematische Funktion gewährt diese Vorgehensweise einen Einblick in die Bedeutung der Parameter und stellt einen wichtigen ersten Zugriff auf Eigenschaften des zugrunde liegenden Systems dar.

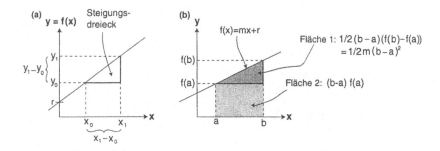

Abb. 1.5. Notation für ein Steigungsdreieck als Grundlage der Definition der Ableitung über einen Differenzenquotienten (Abb. (a)). Abb. (b) zeigt, wie das Resultat der einfachen Integration im Fall der Geradengleichung auch durch eine geometrische Betrachtung der Flächen erzielt werden kann (siehe die Diskussion im Text)

Wegen $r = f(0)$ legt das Wertepaar $(0, r)$ die geometrische Rolle von r als Schnitt der Geraden mit der y-Achse offen. Mit

$$m = \frac{f(x_1) - f(x_0)}{x_1 - x_0} = \frac{y_1 - y_0}{x_1 - x_0}$$

wird die Bedeutung von m als Steigung der Geraden deutlich (vgl. Abb. 1.5(a)). Entsprechend zeigt die direkte Berechnung der Ableitung $df/dx = f'(x) = m$, daß die Steigung m konstant ist, was natürlich die definitorische Eigenschaft einer Geraden darstellt.

Die Integration

$$\int f(x)\, dx = F(x) = \frac{1}{2}m\, x^2 + r\, x + C$$

mit der Integrationskonstanten C zeigt, daß die Fläche unter einer Geraden quadratisch anwächst, was für uns die erste geometrisch nicht triviale Eigenschaft ist, die wir bei einer Geraden vorfinden.

Ganz allgemein existieren drei unterschiedliche Notationen für Integrale, die gedanklich getrennt werden müssen, um Irritation (vor allem über die Integrationskonstante) zu vermeiden:

1. *unbestimmtes Integral*: $F(x) := \int f(x)\, dx$. Hier ist eine Integrationskonstante erforderlich.

2. *bestimmtes Integral*: $\int_a^b f(x)\, dx = F(b) - F(a)$. Der Ausdruck auf der rechten Seite hängt nicht mehr von x ab und erfordert auch keine Integrationskonstante. Als Beispiel betrachten wir $a = 0$ und $b = 2$. Man hat dann:

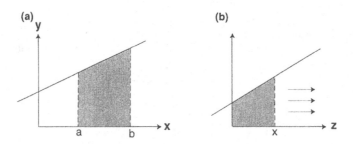

Abb. 1.6. Geometrische Interpretationd des Integrals als Fläche unter einer Kurve. Die Abbildungen (a) und (b) zeigen zwei unterschiedliche Integraldefinitionen, nämlich mit festen und variablen Integrationsgrenzen. Während die Festlegung in Abb. (a) eine einfache Zahl ergibt, führt die der Abb. (b) zugrunde liegende Definition wiederum auf eine Funktion von x

$$\int_0^2 (mx + r)\, dx = \frac{1}{2}m \cdot 4 + r \cdot 2 + C - \frac{1}{2}m \cdot 0 - r \cdot 0 - C$$

$$= 2\,(m + r).$$

3. *spezielle Definition*: Das Integral wird als Funktion der oberen Integrationsgrenze dargestellt: $F_0\,(x) := \int_0^x f\,(z)\,dz = F\,(x) - F\,(0)$. Dies entspricht einer bestimmten Wahl der Integrationskonstanten C, in diesem Fall $C = 0$.

In Abb. 1.6 ist die geometrische Bedeutung des Integrals als Fläche unter der Kurve dargestellt und der Unterschied dieser Notationen für die Integration illustriert. Eine Flächenbestimmung mit *geometrischen* Methoden ist schon bei der einfachen Geradengleichung sehr viel aufwendiger. Mit der Notation aus Abb. 1.5 hat man

$$A = \text{Fläche } 1 + \text{Fläche } 2$$

$$= \frac{1}{2}\,(b - a)^2\, m + (b - a)\,(m\,a + r)$$

$$= \frac{1}{2}\,b^2 m + \frac{1}{2}\,a^2 m - m\,a\,b + m\,a\,b - m\,a^2 + r\,b - r\,a$$

$$= \frac{1}{2}\,b^2 m - \frac{1}{2}\,a^2 m + r\,b - r\,a$$

$$= \frac{1}{2}\,b^2 m + r\,b - \left(\frac{1}{2}\,a^2 m + r\,a\right) = F\,(b) - F\,(a),$$

siehe dazu auch die graphische Darstellung in Abb. 1.5(b).

Allgemeine Regeln der Ableitung (Differentiation)

Die Bildung der Ableitung gehört zu den wichtigsten, gleichzeitig aber auch zu den schematischsten Operationen der höheren Mathematik. Jeder Schritt dieses Vorgangs kann mittlerweile von Computeralgebra-Software automatisch durchgeführt werden. Dennoch ist es notwendig, sich an die wesentlichen Regeln der Differentiation zu gewöhnen, da sie einen klaren und geometrisch interpretierbaren Einblick in die Eigenschaften spezieller Funktionen erlaubt. Die folgenden Vorbemerkungen sollen einen schnellen Einstieg ermöglichen, um dann im Detail und an einigen Beispielen die Anwendung zu diskutieren:

1. Notation:

   Bei einer Funktion $f(x)$ einer Variablen x schreibt man für die Ableitung

   $$f'(x) := \frac{d}{dx} f(x) = \frac{df}{dx}.$$

   Hängt die Funktion f von mehreren Variablen ab, z.B. $f(x,t)$, verwendet man *partielle Ableitungen*, was nur eine Änderung der Notation $(d \to \partial)$ bedeutet. Eine Funktion $f(x,t)$ hat zwei (erste) partielle Ableitungen, nämlich

   $$\frac{\partial}{\partial x} f(x,\, t) \quad \text{und} \quad \frac{\partial}{\partial t} f(x,\, t)\,.$$

   Die partielle Ableitung einer Funktion $f(x,t)$ nach x ist die normale Ableitung der Funktion nach x bei festgehaltener Variablen t.

2. Geometrische Bedeutung:

   Abb. 1.7 illustriert die geometrische Interpretation der Ableitung. Wir hatten bereits gesehen, daß eine Gerade $mx + b$ eine für alle x konstante Steigung m besitzt. Auf dieselbe Weise, nämlich mit Hilfe der Tangenten an die Funktion $f(x)$ im Punkt x, wird einer allgemeinen Funktion f mit der Ableitung eine individuelle Steigung in jedem Punkt zugeordnet. Formal wird dabei ein Differenzenquotient, wie in Abb. 1.5(a) angedeutet, gebildet und der Grenzwert sehr kleiner Differenz Δx betrachtet. In der Praxis ermittelt man die Ableitung durch Anwenden fester Regeln, die mit dieser geometrischen Definition im Einklang sind.

3. Einige Regeln für die Differentiation sind in Tabelle 1.2 angegeben. Sie bilden die Grundlage für alle weiteren Bildungsgesetze, auch für kompliziertere Funktionen.

Tabelle 1.2. Ableitungen für spezielle Funktionen. Während die Beispiele in der linken Hälfte alle als Spezialfälle der zweiten Regel verstanden werden können, zeigt die rechte Seite in den ersten zwei Beispielen die zentrale Eigenschaft der Exponentialfunktion, nämlich sich durch Differentiation selbst zu reproduzieren. Die Überführung des Sinus in Kosinus durch Ableitung ist in Abb. 1.8 graphisch dargestellt

$f(x) = c$	$f'(x) = 0$	$f(x) = c$	$f'(x) = 0$
x	1	e^x	e^x
x^n	$n\,x^{n-1}$	e^{ax}	$a\,e^{ax}$
$\frac{1}{x}$	$-\frac{1}{x^2}$	$\ln x$	$\frac{1}{x}$
$\frac{1}{x^n}$	$-\frac{n}{x^{n+1}}$	$\sin x$	$\cos x$
$\sqrt{x}$	$\frac{1}{2\sqrt{x}}$	$\cos x$	$-\sin x$

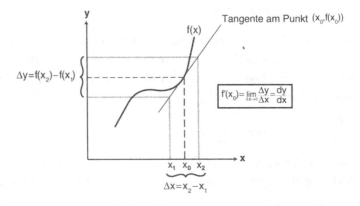

Abb. 1.7. Definition der Ableitung als Grenzwert des Differenzenquotienten. Das Steigungsdreieck ist hier analog zu Abb. 1.5(a) für die Tangente an der Funktion $f(x)$ gebildet

Darüber hinaus gibt es einige wichtige Regeln für zusammengesetzte Funktionen, durch die man die elementaren Beispiele aus Tabelle 1.2 schnell erweitern kann.

Produktregel:

$$f(x) = g(x) \cdot h(x) \Rightarrow f'(x) = g'(x) \cdot h(x) + g(x) \cdot h'(x)$$

Ein einfaches Beispiel macht schnell die Konsistenz dieser Regel zu den Paaren in Tabelle 1.2 deutlich:

$$f(x) = c \cdot x^3 \rightarrow g(x) = c, h(x) = x^3$$

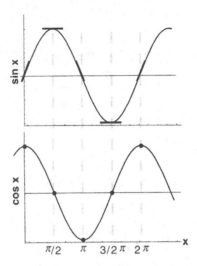

Abb. 1.8. Graphische Darstellung der Beziehung $\cos x = d/dx(\sin x)$. Man sieht durch punktweisen Vergleich der beiden Funktionen, daß die Steigungen der Tangenten der Sinusfunktion gerade einen kosinusförmigen Verlauf besitzen

$$\Rightarrow f'(x) = 0 \cdot x^3 + c \cdot 3\, x^2 = c \cdot 3\, x^2.$$

Oder auch:

$$f(x) = x^5 = x^3 x^2 \Rightarrow f'(x)$$
$$= 3\, x^2 \cdot x^2 + x^3 \cdot 2\, x = 3\, x^4 + 2\, x^4 = 5\, x^4.$$

Solche einfachen Konsistenzüberprüfungen sind von enormer Bedeutung, wenn es darum geht, sich an neue mathematische Begriffe und Methoden zu gewöhnen. Man nimmt ein einfaches Objekt (hier $f(x) = x^5$), bei dem man das Ergebnis einer bestimmten mathematischen Operation bereits kennt (in diesem Fall $f'(x) = 5x^4$ aus Tabelle 1.2), bringt es in eine geeignete Form ($f(x) = x^3 x^2$) für das Anwenden der neuen Methode (Produktregel) und überprüft, ob man das bekannte Ergebnis reproduzieren kann. Zweifel über Form der Regel, Anwendung oder Notation lassen sich so schnell beseitigen. Der Nutzen dieser Produktregel wird schnell klar, zum Beispiel für ein Produkt aus Wurzelfunktion und natürlichem Logarithmus:

$$f(x) = \sqrt{x}\,\ln x \Rightarrow f'(x) = \frac{1}{2\sqrt{x}}\ln x + \sqrt{x}\,\frac{1}{x} = \frac{1}{2\sqrt{x}}(\ln x + 2)$$

Quotientenregel:

$$f(x) = \frac{g(x)}{h(x)} \Rightarrow f'(x) = \frac{g'(x) \cdot h(x) - g(x) \cdot h'(x)}{[h(x)]^2}$$

Auch hier überprüfen wir wieder die Konsistenz mit bekannten Regeln:

$$f(x) = x^5 = \frac{x^7}{x^2} \Rightarrow f'(x) = \frac{7x^6 \cdot x^2 - x^7 \cdot 2x}{x^4} = \frac{5x^8}{x^4} = 5x^4$$

und geben ein nützliches Beispiel an:

$$f(x) = \tan x = \frac{\sin x}{\cos x}$$

$$\Rightarrow f'(x) = \frac{\cos x \cdot \cos x - \sin x \cdot (-\sin x)}{\cos^2 x}$$

$$= \frac{\cos^2 x + \sin^2 x}{\cos^2 x} = \frac{1}{\cos^2 x} .$$

Beim letzten Schritt wurde ausgenutzt, daß im Einheitskreis (Kreis mit dem Radius 1) Sinus und Kosinus mit der Radiallinie zu einem Winkel x ein rechtwinkliges Dreieck bilden, so daß gilt $\sin^2 x + \cos^2 x = 1$ (trigonometrischer Pythagoras). Auf die Definition von Sinus und Kosinus am Einheitskreis wird im folgenden noch eingegangen werden (vgl. Abb. 1.10).

Kettenregel:

$$f(x) = g(h(x)) = (g \circ h)(x) \quad \Rightarrow f'(x) = g'[h] \cdot h'(x)$$

Dabei bedeutet $g'[h] = \frac{d}{dh} g(h)$ die Ableitung von g als Funktion von h und das Symbol $\circ$ liest sich als "g verknüpft mit h".
Ein Konsistenzcheck ist auch hier leicht durchführbar:

$$f(x) = e^{ax}$$

$$g(h) = e^h \rightarrow g'(h) = e^h \quad , \quad h(x) = ax \rightarrow h'(x) = a$$

$$\Rightarrow f'(x) = e^{ax} \cdot a,$$

ebenso wie die Darstellung eines kurzen Beispiels:

$$f(x) = \sin^2 x = (\sin x)^2 \rightarrow g(h) = h^2 \quad , \quad h(x) = \sin x$$

$$\Rightarrow f'(x) = 2 \sin x \cdot \cos x.$$

Neben den Schnittpunkten mit den Achsen stellen Minima, Maxima und Wendepunkte die wichtigsten geometrischen Kenngrößen einer Funktion $f(x)$ dar. Die Kerneigenschaften sind hier kurz zusammengestellt und in Abb. 1.9 näher erläutert:

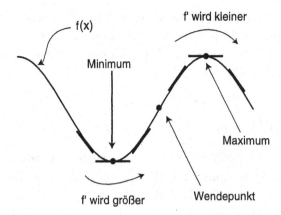

Abb. 1.9. Graphische Darstellung der Bedingungen für Extrema und Wendepunkte einer Funktion $f(x)$

1. Steigung $= 0 \Rightarrow f'(x) = 0 \Rightarrow$ Extremum
   Änderung der Steigung positiv $\Rightarrow f''(x) > 0 \Rightarrow$ Minimum
   Änderung der Steigung negativ $\Rightarrow f''(x) < 0 \Rightarrow$ Maximum

2. $\left.\begin{array}{l} f'' = 0 \\ (\text{und } f''' \neq 0) \end{array}\right\} \Rightarrow$ Wendepunkt

Mit den skizzierten mathematischen Methoden lassen sich die wesentlichen Elemente einer Kurvendiskussion durchführen:

- Nullstellen (aus $f(x) = 0$),
- Extrema (aus $f'(x) = 0$),
- Wendepunkte (aus $f''(x) = 0$),
- Verhalten im Unendlichen (aus $f(\pm\infty)$),

wobei der letzte Punkt weitere Methoden (Grenzwertbetrachtungen) erfordert, wenn er im mathematisch strengen Sinn durchgeführt werden soll. In praktischen Anwendungen ist dieser Aspekt aber nicht von so großer Relevanz wie die anderen Eigenschaften. Aufgaben 2-4 in Anhang C vertiefen die bis zu dieser Stelle vorgestellten Methoden. Als nächstes sollen einige *spezielle Funktionen* kurz vorgestellt werden, die im Umgang mit experimentellen Daten und als Zugang zu ersten Schritten der Modellbildung eine große Bedeutung haben:

Polynomische Funktionen

Die allgemeine Form

$$f(x) = a_0 + a_1 x + a_2 x^2 + \dots + a_p x^p = \sum_{n=0}^{p} a_n x^n$$

beschreibt ein Polynom p-ten Grades. Die Grundüberlegung zum Nachweis einiger wichtiger Eigenschaften von Polynomen ist folgende: Eine Nullstelle des Polynoms $f(x)$ an der Stelle x_i impliziert, daß sich $f(x)$ schreiben läßt als

$$f(x) = a_0 + a_1 x + a_2 x^2 + \ldots + a_p x^p$$

$$= (x - x_i)\left(b_0 + b_1 x + b_2 x^2 + \ldots + b_{p-1} x^{p-1}\right),$$

da nur so eine Nullstelle bei $x = x_i$ gewährleistet sein kann. Damit ist klar, daß $f(x)$ *maximal* p Nullstellen haben kann. Zu der Aussage, daß $f(x)$ *maximal* $p - 1$ Extrema besitzt, kann man durch zwei unterschiedliche Überlegungen gelangen:

- Ein Extremum muß zwischen zwei Nullstellen liegen.
- Die Ableitung $f'(x)$ ist ein Polynom $(p - 1)$ten Grades und ein Extremum ist eine Nullstelle von $f'(x)$.

Die Eigenschaft, mit immer höherem Grad immer komplexere Verläufe darstellen zu können, macht Polynome zu den am häufigsten zur Parametrisierung verwendeten Funktionentypen (vgl. Kapitel 1.2.3). Etwas formaler ausgedrückt mit Rückgriff auf den Sprachgebrauch der (Funktional-)Analysis läßt sich sagen, daß die elementaren Bausteine $1, x, x^2, \ldots, x^n$ eines Polynoms den Raum differenzierbarer reeller Funktionen aufspannen (siehe z.B. Bronstein et al. 2000).

Exponentialfunktion und trigonometrische Funktionen
An vielen Stellen der folgenden Kapitel werden uns exponentielle und oszillatorische Verläufe begegnen. Die Exponentialfunktion und die trigonometrischen Funktionen haben eine zentrale Rolle bei der Beschreibung und Parametrisierung solcher Prozesse. Zuerst wollen wir die Exponentialfunktion $f(x) = e^{ax}$ kurz darstellen. Eine wichtige Eigenschaft haben wir bereits erwähnt: Ihre Ableitung ist wieder proportional zu $f(x)$ selbst:

$$\frac{d}{dx} f(x) = \frac{d}{dx} e^{ax} = a\, e^{ax} = a\, f(x).$$

Damit ist klar, daß die Steigung von $f(x)$ wiederum eine exponentielle Änderung aufweist. Die Exponentialfunktion besitzt keine Nullstellen und keine Extrema. Ihre Werte sind stets positiv. Für $a > 0$ ist $f(x)$ monoton wachsend, für $a < 0$ monoton fallend. Die Funktion $f(x)$ geht stets durch den Punkt $(0,1)$. Die Umkehrfunktion der Exponentialfunktion (also die Funktion g, die man durch Tausch von x und y erhält: $y = f(x) \to x = g(y)$) ist der (natürliche) Logarithmus $\ln x$:

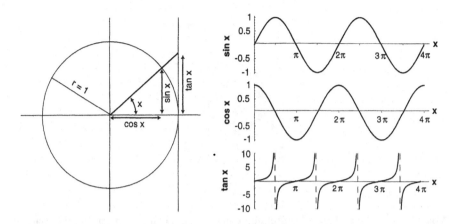

Abb. 1.10. Definition der trigonometrischen Funktionen Sinus, Kosinus und Tangens am Einheitskreis *(linke Hälfte)*, zusammen mit den zugehörigen Verläufen dieser Funktionen *(rechte Hälfte)*

$$y = e^x \rightarrow \ln y = \ln e^x = x \rightarrow x = \ln y.$$

Als nächstes wollen wir auf die trigonometrischen Funktionen $\sin x$ und $\cos x$ hinweisen, von denen wir bereits wissen, daß die Ableitung sie ineinander überführt,

$$\frac{d}{dx}\sin x = \cos x \quad , \quad \frac{d}{dx}\cos x = -\sin x. \tag{1.2}$$

Daneben gibt es eine ganze Reihe von geometrisch interessanten Beziehungen, die das Rechnen mit trigonometrischen Funktionen sehr vereinfachen können, z.B.

$$\sin\left(\frac{\pi}{2} + x\right) = \cos x \quad , \quad \cos\left(\frac{\pi}{2} + x\right) = -\sin x \quad ,$$

$$\sin^2 x + \cos^2 x = 1,$$

ebenso wie diverse "Additionstheoreme" (z.B. Beziehungen wie $\sin(x + y) = \sin x \, \cos y + \cos x \, \sin y$), die man leicht nachschlagen kann (Gradshteyn u. Ryzhik 1994, Bronstein et al. 2000). Eine wichtige Kombination aus Sinus und Kosinus ist die Tangensfunktion

$$\tan x = \frac{\sin x}{\cos x}. \tag{1.3}$$

Aus Gleichung (1.3) wird klar, daß $\tan x$ bei ungeradzahligen Vielfachen von $\pi/2$ (den Nullstellen von $\cos x$) divergiert. Abb. 1.10 faßt diese Informationen zusammen. Als letztes soll noch ein etwas weiterführen-

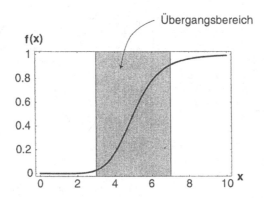

Abb. 1.11. Schematische Darstellung einer sigmoidalen Funktion, die mit wachsendem Argument x von einem Zustand 0 in einen Zustand 1 wechselt. Die im Text diskutierten verschiedenen Realisierungen einer solchen Funktion unterscheiden sich vor allem in dem *(grau hervorgehobenen)* Übergangsbereich zwischen den beiden Zuständen

der Hinweis gegeben werden. Aus Gleichung (1.2) folgt unmittelbar, daß die zweite Ableitung die trigonometrische Funktion bis auf ein Vorzeichen reproduziert,

$$\frac{d^2}{dx^2} \sin x = -\sin x,$$

eine Eigenschaft, die auf eine enge Verwandtschaft zwischen der Exponentialfunktion und den trigonometrischen Funktionen hinweist (vgl. dazu auch die Diskussion komplexer Zahlen in Kapitel 4.2).

Sigmoidale Funktionen

Eine schematische Darstellung einer sigmoidalen Funktion ist in Abb. 1.11 gegeben. Dieser Funktionentyp ist unverzichtbar bei der Modellierung von

- Sättigungseffekten,
- einer plötzlichen Zustandsänderung eines Systems,
- Aktivierungs- und Inhibitionsprozessen.

Drei Realisierungen einer solchen Funktion sind in der Modellierung besonders wichtig:

1. Hill - Funktion:

$$f(x) = \frac{x^n}{\Theta^n + x^n}$$

Sie findet Anwendung z.B. zur Beschreibung der Bindung von Sauerstoff an Hämoglobin (dann bezeichnet x den Sauerstoffgehalt und $f(x)$ den Anteil von gesättigten Hämoglobin) und anderen biochemischen Fragestellungen (Othmer et al. 1997, Kaplan u. Glass 1995). Die Parameter Θ und n geben die Lage des Wendepunktes und die Steilheit des Übergangsbereichs an.

2. Logistische Funktion:

$$f(x) = \frac{1}{1 + b\,e^{-kx}}$$

Ihre Anwendungen liegen z.B. in der Theorie neuronaler Netze und in vielen Bereichen der Physik (vor allem in der Kern- und Festkörperphysik und der Thermodynamik) (Amit 1989, Koch u. Segev 1989, Hütt et al. 2000). Die Rolle der Parameter b und k soll später noch diskutiert werden (Abb. 1.19).

3. Stufenfunktion (Heaviside - Funktion)

$$f(x) = \begin{cases} 0 & x < 0 \\ 1 & x \geq 0 \end{cases}.$$

Sie wird verwendet, wenn der explizite Verlauf des Übergangs von einem Zustand ($f(x) = 0$) in den anderen Zustand ($f(x) = 1$) für das Verhalten des Systems nicht entscheidend ist und nur die Existenz des Übergangs berücksichtigt werden soll. Aufgrund ihrer einfachen mathematischen Gestalt bildet sie die Grundlage für zahlreiche analytische Resultate zum Übergangsverhalten in verschiedenen biologischen und biochemischen Systemen (Othmer et al. 1997).

Gaußverteilung (Normalverteilung)

Die Normalverteilung beschreibt z.B. die Streuung von Meßdaten um einen Mittelwert μ. Sie wird in den folgenden Kapiteln in verschiedenen Zusammenhängen auftreten, so daß wir ihre vielfältigen mathematischen Eigenschaften im jeweiligen Kontext klären können. Wichtige Anwendungen sind zum Beispiel:

- Beschreibung und Analyse von stochastischen Prozessen (weißes Rauschen),
- Beschreibung von Diffusionsprozessen,
- die meisten Fehlerrechnungen zu experimentellen Daten.

Die mathematische Form der Gaußverteilung ist gegeben durch

$$f(x) = \frac{1}{\sqrt{2\pi}\,\sigma} \exp\left(-\frac{(x-\mu)^2}{2\sigma^2}\right). \tag{1.4}$$

Dabei ist μ der Mittelwert und σ gibt die Breite der Glockenkurve (also die Standardabweichung) an, die sich formal als Abstand vom Zentrum zu den Wendepunkten definieren läßt. Eine sehr klare Vorstellung von der praktischen Verwendung der Gaußverteilung und der Rolle der Parameter in Gleichung (1.4) vermittelt Aufgabe 4 in Anhang C.

1.2.2 Wahrscheinlichkeiten und Elemente der Statistik

Denken wir uns ein System, das mehrere Zustände A,B,C,... besitzt, zwischen denen es spontan hin und her wechseln kann. Ein solches System könnte zum Beispiel ein Ionenkanal sein, dessen Aktivität durch eine Konformationsänderung modifiziert wird. In dieser experimentell motivierten Situation tritt ein relativ abstrakter mathematischer Begriff auf: die Wahrscheinlichkeit $P(X)$ eines Zustandes X. Die Verbindung zu wirklichen Meßgrößen wird durch die zentrale Idee hergestellt, daß die Wahrscheinlichkeiten $P(X)$ durch die relativen Häufigkeiten N_X/N approximiert werden, wobei N_X die Zahl von Ereignissen ist, bei denen das System im Zustand X gefunden wurde, und N die Gesamtzahl der Messungen bezeichnet, $N = \sum_X N_X = N_A + N_B + \dots$. Im mathematisch strengen Sinn hat man also

$$P(X) = \lim_{N\to\infty} N_X/N. \tag{1.5}$$

Bemerkenswert an Gleichung (1.5) ist, daß sie zumindest in der entsprechenden Näherung $P(X) \approx N_X/N$ eine Beziehung zwischen einer Meßgröße (N_X) und einer internen statistischen Eigenschaft des Systems (nämlich der dem System eingeschriebenen Wahrscheinlichkeit $P(X)$) herstellt.
Die Zustände $X = A, B, C, \dots$ bezeichnet man in der Wahrscheinlichkeitstheorie (Stochastik) als *Elementarereignisse*, wenn sie einander ausschließende Ereignisse darstellen (Unabhängigkeit) und das System notwendigerweise einen dieser Zustände annehmen muß (Vollständigkeit). Aus diesen Elementarereignissen lassen sich komplexere Ereignisse z.B. durch Vereinigung, Schnitt und Bildung des Komplementärereignisses[6] konstruieren. Unabhängigkeit und Vollständigkeit der Zustände, z.B.

---

[6] Das Komplementärereignis $\bar{X}$ zu einem Ereignis X ist die Menge aller Ereignisse, die nicht X sind.

$$A \cap B = \emptyset$$

und

$$\overline{A} = B \cup C \cup ...,$$

lassen sich unmittelbar in Eigenschaften der zugehörigen Wahrscheinlichkeiten übersetzen,

$$P(A \cap B) = 0 \quad , \quad P(A \cup B \cup C \cup ...) = 1. \tag{1.6}$$

In der letzten Gleichung wurde implizit die wichtigste Eigenschaft von Wahrscheinlichkeiten unabhängiger Ereignisse benutzt: Der Vereinigung von Ereignissen entspricht die Addition der Wahrscheinlichkeiten:

$$P(A \cup B) = P(A) + P(B).$$

Aus Gleichung (1.6) wird auch klar, daß die Wahrscheinlichkeiten $P(X)$ stets reelle Zahlen zwischen 0 und 1 sind, wobei die Grenzen dieses Intervalls für das unmögliche Ereignis ($P(\emptyset) = 0$) und das sichere Ereignis ($P(E) = 1$ mit der Vereinigung E aller Elementarereignisse) angenommen werden.

Die Wahrscheinlichkeit $P(X)$ eines zufälligen Ereignisses X ändert sich im allgemeinen, wenn man weiß, daß ein anderes (ebenfalls zufälliges) Ereignis Y eingetreten ist. Die neue Wahrscheinlichkeit $P(X|Y)$ bezeichnet man als die *bedingte Wahrscheinlichkeit* von X unter der Bedingung Y. Aus den oben eingeführten einfachen Wahrscheinlichkeiten ergibt sich $P(X|Y)$ durch folgenden Ausdruck:

$$P(X|Y) = \frac{P(X \cap Y)}{P(Y)}. \tag{1.7}$$

Ein einfaches Beispiel soll die Verwendung von Gleichung (1.7) illustrieren, nämlich das *gleichzeitige Würfeln mit zwei Würfeln*:
Die Ereignisse X und Y können sich z.B. auf die Summe der gewürfelten Zahlen beziehen:

$$X = \text{“Summe} \geq 10''$$

$$Y = \text{“Summe gerade”}.$$

Nehmen wir nun an, von dem Ausgang des Würfelns sei das Ereignis Y bekannt. Dann können wir die Wahrscheinlichkeit $P(X|Y)$ dafür, daß unter dieser Bedingung die Summe größer gleich 10 ist, Ereignis X, mit Hilfe von Gleichung (1.7) berechnen:

Zunächst hat man
$$P(Y) = \frac{18}{36} = \frac{1}{2}$$
und
$$P(X \cap Y) = P\Big((4,6) \cup (5,5) \cup (6,4) \cup (6,6) \Big) = \frac{4}{36} = \frac{1}{9}$$
und damit
$$P(X|Y) = \frac{P(X \cap Y)}{P(Y)} = \frac{2}{9}.$$

Nicht ohne Grund haben wir bisher ein System mit diskreten Zuständen diskutiert. Im Fall kontinuierlicher Zustände ist eine Wahrscheinlichkeits*dichte* erforderlich. Eine gedankliche Hilfe bietet dabei der Begriff der *Zufallsgröße*, den man sich als Abbildung der Wirklichkeit auf die reellen Zahlen vorstellen kann. Jedem Zustand Z des Systems wird eine reelle Zahl $x(Z)$ zugewiesen:

Wirklichkeit $\to \mathbb{R}, Z \mapsto \mathrm{x}$.

Auf dieser Grundlage lassen sich nun mathematische Ausdrücke für die Zustandsbezeichnungen formulieren, da der Wert $x = x(Z)$ des Zustandes Z nun explizit in eine Gleichung geschrieben werden kann. Die Abbildung $x(Z)$ ist häufig kanonisch (z.B. Farbintensität oder Länge), gelegentlich muß sie aber explizit gewählt werden (z.B., nun aber wieder diskret, $\{G, A, T, C\} \to \{1, 2, 3, 4\}$ im Fall von DNA-Sequenzen), wobei sicherzustellen ist, daß das Ergebnis der statistischen Analyse nicht von der konkreten Wahl abhängt.[7]
Auf der Basis dieser reellen Zahl x ist es nun leicht, eine Wahrscheinlichkeitsdichte $p(x)$ einzuführen, so daß $p(x)dx$ als die Wahrscheinlichkeit interpretiert werden kann, x im Intervall $[x, x + dx]$ zu finden. Die bekannteste Wahrscheinlichkeitsdichte ist die Normalverteilung, die durch die Gaußkurve gegeben ist (vgl. Kapitel 1.2.1). Die Charakterisierung solcher Wahrscheinlichkeitsdichten und von diskreten Wahrscheinlichkeitsverteilungen erfolgt über sogenannte *Momente* M_n, die im diskreten Fall als[8]

---

[7] So wäre es zum Beispiel ein erheblicher Fehler, auf dem neu zugewiesenen Zustandsraum $\{1, 2, 3, 4\}$ explizit oder implizit einen *Abstand* einzuführen und damit z.B. G als "weiter entfernt" von T als von A zu interpretieren, vgl. dazu auch die Diskussion von Zustandsräumen mit und ohne Abstand in Kapitel 5.3.

[8] Strenggenommen müßte hier $X(Z)$ im Summanden stehen und die Summe über $Z = A, B, \ldots$ summiert werden. Dieser Zwischenschritt ist hier unterdrückt, und wir verstehen die Größen $A, B, \ldots$ bereits als reelle Zahlen.

$$M_n = \sum_{X=A,B,\ldots} X^n P(X)$$

und bei einer kontinuierlichen Zufallsgröße als

$$M_n = \int x^n p(x)\, dx$$

definiert sind. Ganz entsprechend formuliert man sogenannte *zentrale Momente*

$$\tilde{M}_n = \sum_{X=A,B,\ldots} (X - M_1)^n P(X),$$

bzw.

$$\tilde{M}_n = \int (x - M_1)^n p(x).$$

Die bekanntesten Momente sind der Mittelwert $\bar{x} \equiv M_1$ und die Varianz $\sigma^2 \equiv \tilde{M}_2$ der Verteilung $p(x)$. Die Rolle der Parameter in der Normalverteilung (Gleichung (1.4)) läßt sich auf diese Weise eindeutig herausarbeiten. So ist zum Beispiel:

$$M_1 = \int_{-\infty}^{+\infty} x\, \frac{1}{\sqrt{2\pi}\,\sigma}\, \exp\left(\frac{-(x-\mu)^2}{2\sigma^2}\right)\, dx.$$

Partielle Integration führt dann mit

$$\exp\left(-x^2\right) \overset{x\to\pm\infty}{\Longrightarrow} 0 \quad \text{und} \quad \int_{-\infty}^{+\infty} \exp\left(-x^2\right) dx = \sqrt{\pi}$$

auf $M_1 = \mu$. Ähnlich erhält man $M_2 = \mu^2 + \sigma^2$ und $\tilde{M}_2 = \sigma^2$.

Solche statistischen Methoden und Begriffe lassen sich zum Beispiel einsetzen, um zu untersuchen, ob eine DNA-Sequenz rein zufällig ist oder eine gewisse innere Ordnung besitzt. Zwar werden wir auf moderne Methoden dieser Art noch in Kapitel 7.2 eingehen, aber eine erste Betrachtung läßt sich hier schon mit Hilfe von einfachen Wahrscheinlichkeiten durchführen. Abb. 1.12 und 1.13 stellt eine solche Analyse kurz vor. Dazu werden aus einer menschlichen DNA-Sequenz[9] zuerst die relativen Häufigkeiten der einzelnen Basen ermittelt. In einem zweiten Schritt können dann die Häufigkeiten von Paaren und Tripeln in der DNA-Sequenz verglichen werden mit zufälligen Sequenzen,

---

[9] Die verwendete Sequenz codiert für die Thymidylat-Synthase und ist im Internet unter www.ncbi.nlm.nih.gov, www.expasy.ch oder srs.ebi.ac.uk erhältlich.

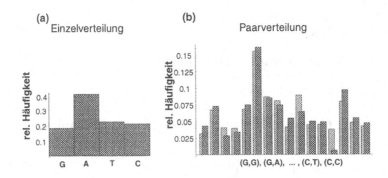

Abb. 1.12. Einfache statistische Analyse einer DNA-Sequenz auf der Grundlage der relativen Häufigkeiten. Der experimentelle Datensatz wird verglichen mit einer randomisierten Sequenz, die die gleichen relativen Häufigkeiten (a) für die Einzelbasen besitzt. Abb. (b) zeigt die resultierenden Verteilungen von Paaren, sowohl für den realen *(dunkelgrau)* als auch für den stochastischen *(hellgrau)* Datensatz. Die entsprechende Verteilung von Tripeln ist in Abb. 1.13 dargestellt

die aus denselben Einzelhäufigkeiten generiert wurden. Es zeigt sich, daß ein großer Teil der in der Tripelverteilung beobachteten Struktur mit dem Profil einer randomisierten Verteilung verträglich ist. An einigen Stellen weicht die wirkliche DNA-Sequenz jedoch signifikant (also weit über statistische Schwankungen hinaus) von der Struktur der zufälligen Sequenz ab (vgl. die Hervorhebungen in Abb. 1.13). Die so gefundenen Unterschiede lassen sich häufig biologisch interpretieren. Fortgeschrittenere statistische Verfahren werden heute dazu verwendet, codierende von nicht-codierenden Sequenzen zu unterscheiden (vgl. Kapitel 7.2).

1.2.3 Anpassung von mathematischen Kurven an experimentelle Daten

Der funktionale Zusammenhang $y(x)$ zweier in Abhängigkeit voneinander gemessener Größen y und x läßt sich häufig effizient nachweisen, wenn versucht wird, an eine Wertetabelle mit Paaren (x_i, y_i) von Datenpunkten eine mathematische Funktion anzupassen. Die Funktion wird dabei oft durch grundlegende Annahmen über das Systemverhalten motiviert. So kann zum Beispiel die Vermutung oder Kenntnis von Sättigungseffekten, linearen Zusammenhängen oder einem exponentiellen Verhalten direkt in einer Anpassungsfunktion (oder Fit-Funktion) realisiert werden. Verbleibende Unsicherheiten werden

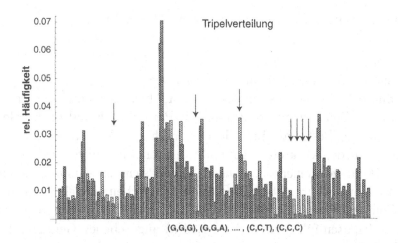

Abb. 1.13. Einfache statistische Analyse einer DNA-Sequenz. Als Fortsetzung von Abb. 1.12 ist hier die Verteilung von Tripeln dargestellt, sowohl für die reale *(dunkelgraue Balken)* als auch für die stochastische *(hellgraue Balken)* DNA-Sequenz. Kombinationen mit signifikanter Abweichung der realen von der stochastischen Verteilung sind durch Pfeile hervorgehoben

durch die Parameter der Fit-Funktion berücksichtigt. Ein solcher *Fit* sollte so geschehen, daß der "Abstand" zwischen den Datenpunkten und der Funktion minimiert wird. Ein geeignetes Maß für diesen Abstand ist die Summe der Differenzen von Datenpunkten und Funktionswerten. Diese Forderung läßt sich unmittelbar als mathematische Bedingung formulieren:

$$S = \sum_{i=1}^{n} \left[y_i^{(ex)} - y_i^{(th)} \right]^2 \overset{!}{=} \min, \tag{1.8}$$

wobei $y_i^{(ex)}$ den zu x_i gehörenden tatsächlichen Meßwert und $y_i^{(th)}$ den sich aus x_i ergebenden Funktionswert bei Annahme der Funktion f bezeichnet, also $y_i^{(th)} = f(x_i)$. Dies ist die Methode der kleinsten Quadrate, die auf den Göttinger Mathematiker C.F. Gauß zurückgeht. An einem Beispiel wird sofort klar, wie diese Gleichung in der Praxis zu verwenden ist. In Abb. 1.14(a) ist ein künstlich erzeugter Datensatz angegeben, den man in einem ersten Versuch durch eine Gerade beschreiben könnte. Die Minimierung der Funktion S aus Gleichung (1.8) erfolgt dann, indem man die Geradengleichung explizit einsetzt,

$$S = \sum_{i=1}^{n} \left[y_i^{(ex)} - \left(m x_i^{(ex)} + b \right) \right]^2,$$

und die notwendigen Bedingungen für ein Minimum,

$$\frac{\partial S}{\partial m} = 0 \quad \wedge \quad \frac{\partial S}{\partial b} = 0 \tag{1.9}$$

untersucht. Für einen vollständigen Nachweis eines Minimums von S ist dann noch eine Diskussion der zweiten Ableitungen erforderlich.[10] Durch diese Bedingungen sind dann die Parameter b und m der Geradengleichung bestimmt. Ein solches Vorgehen ist konzeptionell nicht schwierig, in der konkreten Anwendung aber sehr aufwendig, sofern es von Hand geschehen soll. Daher finden sich die entsprechenden Software-Routinen bereits in verschiedenen Arbeitsumgebungen auf dem Computer implementiert (vgl. Anhang A). Die Anwendung auf die Beispieldaten führt zur in Abb. 1.14(a) angegebenen Geraden, die man in der Literatur auch häufig als *Regressionsgerade* bezeichnet findet. Es gibt verschiedene Wege, die Qualität der Kurvenanpassung an die Daten zu quantifizieren. Die wichtigste Methode ist dabei der sogenannte χ^2-Test, bei dem eine Testgröße die Anzahl von vorliegenden Ereignissen mit der theoretisch (aufgrund der Funktion f) zu erwartenden Häufigkeit vergleicht (Fahrmeir 2001). Schon die graphische Kontrolle, der Blick auf Abb. 1.14(a), zeigt allerdings, daß der Datensatz deutliche und systematische Abweichungen von der Geraden aufweist. Es liegt nahe, einen entsprechenden Fit mit einer Funktion höherer Ordnung zu probieren. In Abb. 1.14(b) ist das Resultat der Anpassung einer quadratischen Funktion an den Datensatz aufgeführt. Es ist offensichtlich, daß die Beschreibung der Daten so wesentlich besser erfolgt. Vor allem zeigt Abb. 1.14(b) nun keine systematische Abweichung der Daten von der Kurve, sondern nur noch eine kleine, ungerichtete Streuung um die Kurve. Zwei technische Bemerkungen zu den Gleichungen (1.8) und (1.9) sind noch erforderlich:

1. Das Quadrieren von jedem Summanden in Gleichung (1.8) verhindert, daß positive und negative Abweichungen einander aufheben.
2. Die Bedingungen (1.9) drücken die Parameter der Funktion durch die Wertepaare (x_i, y_i) aus. Damit ist klar, daß eine Minimierung von S nur dann ein sinnvoller Vorgang ist, wenn mehr Meßdaten als Parameter existieren. Ist dies nicht der Fall, lassen sich die Parameter stets so wählen, daß S verschwindet.

---

[10] Tatsächlich ist im allgemeinen die Funktion S *maximal* für divergierende Parameter (z.B. im Limes $m \to \infty$ oder $b \to \infty$), so daß die Bedingungen (1.9) mit endlichen Parameterwerten von wenigen pathologischen Fällen abgesehen (lokale Maxima bei Funktionen mit starker Parameterabhängigkeit) auf ein Minimum führen.

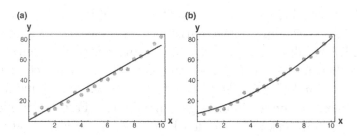

Abb. 1.14. Beispieldatensatz zur Untersuchung von Funktionenanpassungen. Die "Daten" wurden erzeugt, indem eine quadratische Funktion diskretisiert und zu jedem Datenpunkt eine gaußverteilte Zufallszahl addiert wurde. An diesen Datensatz wurde eine Regressionsgerade (Abb. (a)) und eine quadratische Funktion (Abb. (b)) angepaßt

In dem vorangehenden Beispiel konnten wir sehen, daß die Wahl der Funktion, die zum Fit benutzt wird, ein interpretativer Akt ist. In diesem Sinn stellt der Fit von experimentellen Daten mit einer dazu ausgewählten Funktion auch eine Analysestrategie dar. An einem konkreten Beispiel aus der Biologie soll diese Rolle eines Fits nun ausführlich besprochen werden. Den Ausgangspunkt dazu bilden die in Abb. 1.15 dargestellten experimentellen Daten, die an einem botanischen Modellsystem biologischer Rhythmen, dem Crassulaceen-Säurestoffwechsel (engl. *crassulacean acid metabolism*, CAM), genommen wurden. Beim CAM handelt es sich um eine Überlebensstrategie von Pflanzen in trockenen Gebieten (Kluge u. Ting 1978). Die Pflanze speichert in der Nacht aufgenommenes CO_2 in Form von Malat (Äpfelsäure) in den Vakuolen, also im Zellplasma liegenden, von einer Membran (dem Tonoplasten) umgebenen Kompartimenten. Tagsüber wird das CO_2 remobilisiert und bei geschlossenen Stomata (Spaltöffnungen) photosynthetisch genutzt. Die obligatorische CAM-Pflanze *Kalanchoë daigremontiana* zeigt einen ausgeprägten endogenen circadianen Rhythmus der CO_2-Aufnahme unter konstanten externen Bedingungen im Dauerlicht (Lüttge u. Ball 1978).[11] Mit dem CAM liegt ein Modellsystem für das Studium der biologischen Uhr vor, das für interdisziplinäre Forschung schon deshalb in hohem Maße geeignet ist, weil verglichen mit anderen botanischen Systemen lange Zeitreihen (bis zu etwa 22 Tagen im Dauerlicht) möglich sind (Lüttge u. Beck 1992, Rascher et al.

---

[11] Dabei bedeutet "endogen" ein Auftreten ohne äußeren Antrieb, also aus der Pflanze selbst heraus, und "circadian" (wörtlich: "tagesähnlich") eine Oszillation mit einer Periodendauer in der Größenordnung von 24 Stunden.

1998). Dies erlaubt, wie wir auch später (in Kapitel 4.4) noch sehen werden, die Anwendung fortgeschrittener Analysemethoden und damit den Rückschluß auf Kenngrößen, die eine zentrale Bedeutung für die Modellierung haben. Darüber hinaus zeigt der Gaswechselrhythmus von *Kalanchoë daigremontiana* eine Vielzahl von dynamischen Phänomenen, auf deren Grundlage sehr aktuelle Fragen der nichtlinearen Dynamik diskutiert werden können (z.B. Synchronisationseffekte, Phasenübergänge und eine durch Rauschen und Fluktuationen induzierte Signalverstärkung, die man in der Literatur als Kohärenzresonanz bezeichnet) (Beck et al. 2001, Blasius et al. 1999c, Bohn et al. 2001, Hütt et al. 2001).

Die in Abb. 1.15 dargestellten experimentellen Daten zeigen einen solchen Gaswechselrhythmus (also die Netto-CO_2-Aufnahmerate als Funktion der Zeit) unter dem Einfluß periodischer Temperaturpulse. Die zentrale Idee hinter diesem Experiment ist die Vermutung, daß sich in Abhängigkeit von der äußeren Periode, mit der die Pulse verabreicht werden, sehr unterschiedliche dynamische Antworten der Pflanze ergeben. Im Fall der Daten in Abb. 1.15 wurde eine Oszillation der Peakpositionen (also der Lagen der Maxima) erwartet.[12] In Abb. 1.16 sind einzelne Peaks aus der CO_2-Gaswechselkurve dargestellt. Trotz der aufwendigen Technik, die zur Kontrolle der Experimentbedingungen verwendet wird, und des grundsätzlich sehr hohen Grades an Reproduzierbarkeit experimenteller Ergebnisse beim CAM weisen die Peaks in dieser speziellen Meßreihe große Unterschiede auf.[13] Eine Quantifizierung muß daher flexibel genug sein, um diese ausgeprägte Variabilität ohne nennenswerte systematische Fehler berücksichtigen zu können, und gleichzeitig so einheitlich, daß eine Vergleichbarkeit der Ergebnisse für die verschiedenen Peaks gewährleistet ist. Um eine geeignete Extraktion der Peakpositionen zu erreichen, wurde die Anpassung einer äußerst flexiblen mathematischen Funktion an die einzelnen Peaks der Gaswechselkurve versucht, nämlich eine Fit-Funktion der Form

$$F(t) = a_0 \frac{\theta_1^n}{\theta_1^n + t^n} \left(1 - \frac{\theta_2^m}{\theta_2^m + t^m} \right). \tag{1.10}$$

---

[12] Dies ist ein Beispiel für das allgemeine Phänomen von Bifurkationen, die in Kapitel 2.2 behandelt werden. Bestimmte Typen solcher Verzweigungen im Verhalten des Systems führen auf Oszillationen, sobald ein bestimmter Wert eines äußeren Kontrollparameters überschritten wird.

[13] Datensätze von sehr viel höherer Qualität zur gleichen experimentellen Situation werden in (Hütt et al. 2001) diskutiert.

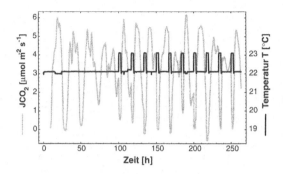

Abb. 1.15. Experimentelle Daten zum Netto-CO_2-Austausch beim Crassulaceen-Säurestoffwechsel *(graue Kurve)* unter einem aufgeprägten Temperaturprofil *(schwarze Kurve)*. Die Datennahme erfolgte mit einer so hohen Sampling-Rate, daß die einzelnen Datenpunkte in der Abbildung nicht mehr aufgelöst werden

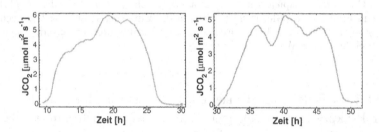

Abb. 1.16. Zwei isolierte Peaks aus der Gaswechselkurve in Abb. 1.15. Die biologische Variabilität in den metabolischen Abläufen führt zu großen Unterschieden in der Kurvenform

In Kenntnis von Kapitel 1.2.1 ist offensichtlich, daß die Funktion $F(t)$ das Produkt zweier Hill-Funktionen ist. Auf diese Weise erreicht man eine nahezu unabhängige Beschreibung der ansteigenden und der abfallenden Flanke. Durch Minimierung der entsprechenden Funktion S aus Gleichung (1.10) kann man nun für jeden der Peaks die fünf Parameter aus Gleichung (1.10) bestimmen, nämlich a_0, θ_1, θ_2, n und m. Beispiele für eine solche Anpassung sind in Abb. 1.17 gezeigt. Es ist zu beachten, daß außer der Vermutung, beim CAM können die ansteigenden und abfallenden Bereiche eines Peaks als unabhängige Prozesse betrachtet werden, mit Gleichung (1.10) keine physiologische Interpretation oder sogar Modellierung versucht wird. Das Ziel ist einzig, eine modellunabhängige Möglichkeit zu finden, die Lagen der Peaks zu extrahieren.

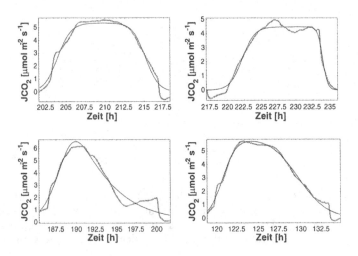

Abb. 1.17. Vier Beispiele für die Anpassung *(schwarze Kurve)* des Produktes zweier Hill-Funktionen (Gleichung (1.10)) an die Einzelpeaks aus der Gaswechsel-kurve *(grau)* in Abb. 1.15. Dieser Fit kann dann benutzt werden, um die Lage der Peaks in einheitlicher Weise zu extrahieren

Es gibt verschiedene Möglichkeiten, von dem Ergebnis des Fits nun zu der Peakposition zu gelangen. Ein wichtiges Kriterium ist dabei, daß an dem Zustandekommen des Wertes möglichst viele Datenpunkte beteiligt sind. Vor diesem Hintergrund kann man zum Beispiel die Lage einer (z.B. der linken) Flanke als Maß für Peakposition wählen, also etwa die Größe θ_2. Eine solche Analyse führt auf das in Abb. 1.18 dargestellte Ergebnis. Eine geeignete Alternative ist die Lage des Maximums selbst, also $(\theta_1 + (\theta_2 - \theta_1)/2)$, was zu einem vergleichbaren Resultat führt.[14]

Das Fazit dieser Betrachtung ist recht klar. Die in Abb. 1.15 dargestell-te Datenlage erlaubt für sich keinen Zugriff auf den zu untersuchenden Sachverhalt, nämlich die Feinstruktur der Antwort der Pflanze auf die periodischen Temperaturpulse. Erst durch die Analyse auf der Grund-lage einer einfachen, aber speziell auf das Problem zugeschnittenen Funktionenanpassung konnte die zugrunde liegende Oszillation aufge-deckt werden.

---

[14] Für weitere Einzelheiten dieses Verfahrens und seiner physiologischen Interpre-tation siehe (Hütt et al. 2001).

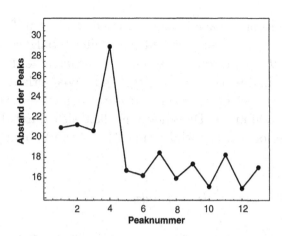

Abb. 1.18. Endergebnis der Analyse der in Abb. 1.15 gezeigten Gaswechselkurve auf der Grundlage der Anpassung von Hill-Funktionen. Gezeigt ist der Abstand zweier benachbarter Peaks als Funktion der laufenden Nummer der Peaks. Die Oszillation in der Lage der Peaks, die auf eine Bifurkation im Metabolismus der Pflanze hinweist, konnte so aufgedeckt werden

1.3 Gewöhnliche Differentialgleichungen

Das letzte mathematische Hilfsmittel, das hier besprochen werden soll, ist die systematische Grundlage nahezu jeder Form von Modellbildung in der Biologie. Beim Aufstellen einer mathematischen Modellbeschreibung wird ein (funktionaler) Mechanismus für die zeitliche Änderung dx/dt einer Größe $x = x(t)$ angegeben. Das mathematische Prinzip einer solchen *Differentialgleichung* ist, daß die zeitliche Änderung einer Größe $x(t)$ wiederum eine Funktion von x ist. Im Fall einer *gewöhnlichen* (engl. *ordinary differential equation*) Differentialgleichung hängt x nur von einer Variablen ab. Ihre allgemeine Form ist daher[15]

$$\frac{dx}{dt} = f(x), \tag{1.11}$$

wenn keine höheren Ableitungen beteiligt sind (gewöhnliche Differentialgleichung *erster Ordnung*). Ist x auch noch eine Funktion einer weiteren Variablen, etwa c, so ließen sich für die Größe $x = x(t, c)$ *partielle* Differentialgleichungen formulieren, z.B. vom Typ

$$\frac{\partial x}{\partial t} + \frac{\partial x}{\partial c} = g(x),$$

---

[15] Man bezeichnet Gleichung (1.11) auch als *autonom*, wenn die rechte Seite nicht explizit (also nur durch x) von t abhängt.

bei denen Ableitungen nach beiden Variablen auftreten.[16]

Die einfachste Form einer gewöhnlichen Differentialgleichung erster Ordnung, $dx/dt = a$, d.h. der Fall einer konstanten zeitlichen Änderung von x, ist mathematisch weitestgehend trivial, erlaubt aber dennoch, einige wichtige Grundregeln für den Umgang mit Differentialgleichungen vorzuführen. Die Gleichung läßt sich durch Integration beider Seiten sofort lösen, nachdem man die x- und t-abhängigen Teile getrennt hat:

$$dx = a\,dt \quad \rightarrow \quad \int_0^t dx = \int_0^t a\,dx$$

Die Integrationsgrenzen des Integrals auf der linken Seite sind dabei als Kurzform für $x(0)$ und $x(t)$ zu lesen. Man hat dann

$$x(t) - x(0) = a\,t$$

und damit

$$x(t) = a\,t + x(0),$$

also eine Gerade mit der Steigung a und dem Achsenabschnitt $x(0)$. Die in der Differentialgleichung codierte Eigenschaft einer über die Zeit konstanten Steigung übersetzt sich bei der Integration also direkt in die Form der Geradengleichung.

Die wichtigste (weil sehr universell anwendbare) Differentialgleichung ist sicherlich durch eine zeitliche Änderung gegeben, die proportional zu x ist: $dx/dt = ax$. Ein Separieren der x- und t-abhängigen Bestandteile führt auf

$$\int_0^t \frac{1}{x}\,dx = \int_0^t a\,dt = a\,t$$

$$\Rightarrow \ln[x(t)] - \ln[x(0)] = a\,t$$

$$\Rightarrow \exp(\ln[x(t)] - \ln[x(0)]) = \exp(at)$$

$$\Rightarrow \exp(\ln[x(t)])\exp\left(\ln\left[\frac{1}{x(0)}\right]\right) = \exp(at)$$

---

[16] In Notation und Beschreibung wurde hier der für Anwendungen in der Modellierung dynamischer Phänomene relevante Spezialfall einer *zeitlichen* Änderung hervorgehoben. Es ist klar, daß das mathematische Werkzeug "Differentialgleichungen" nicht auf diesen Fall beschränkt ist, sondern für jeden funktionalen Zusammenhang $y = f(x)$ formulierbar ist.

$$\Rightarrow x(t)\, \frac{1}{x(0)} = \exp\,(at)$$

und damit auf die Lösung dieser Differentialgleichung:

$$x(t) = x(0)\, \exp\,(at).$$

Bei der oben dargestellten Umformung wurde vor allem ausgenutzt, daß der Logarithmus die Umkehrfunktion der Exponentialfunktion ist, $\ln\,[\exp\,(x)] = x$.

Schon aufgrund der enormen Bedeutung dieses Zusammenhangs in den Naturwissenschaften (vom radioaktiven Zerfall bis zu einigen Aspekten der Populationsdynamik) ist dieser mathematische Weg fast ein Teil der naturwissenschaftlichen Allgemeinbildung. Aber einige weiterführende Gedanken lassen sich an diesem Beispiel diskutieren, etwa was es *graphisch* bedeutet, daß die Steigung proportional zu x wächst. Dabei nutzt man aus, daß in einer Differentialgleichung (1.11) der Wert der Steigung in t unserer gesuchten Funktion $x(t)$ bereits für alle x (und bei einer expliziten t-Abhängigkeit der rechten Seite auch für alle t) vorliegt, nämlich als Funktionswert $f(x)$. In ein (x, t)-Diagramm läßt sich diese Information leicht einzeichnen. Dazu wird an einer Auswahl von (zum Beispiel in Form eines Rasters regelmäßig verteilten) Punkten in der (x, t)-Ebene die Steigung durch einen kurzen entsprechend geneigten Strich repräsentiert. Für eine Auswahl von Funktionen ist diese Darstellung eines *Steigungsfeldes* in Abb. 1.19 gegeben.

Gerade für eine Modellierung von Populationsdynamiken erweist sich ein exponentielles Wachstum als äußerst realitätsfern, da ein unbegrenztes Anwachsen einer Population natürlich nur in einem kleinen Bereich von x den wirklichen Verlauf zu approximieren vermag. Der gedanklich nächste Schritt, die Einführung eines begrenzten Wachstums, führt allerdings unmittelbar zu *nichtlinearen Differentialgleichungen*. Damit ist gemeint, daß die rechte Seite von Gleichung (1.11), also die Funktion $f(x)$, nicht mehr direkt proportional zu x ist, sondern höhere Potenzen von x enthält (z.B. x^2 oder x^3) oder x als Argument einer Funktion auftritt (z.B. $\sin x$ oder $\exp x$).[17] Eine einfache erste Modellrealisierung von begrenztem Wachstum stellt die logistische Differentialgleichung

$$\frac{dx}{dt} = k\,x - a\,x^2$$

---

[17] Mit einer elementaren Methode der Analysis, der sogenannten Taylor-Entwicklung, läßt sich zeigen, daß diese beiden Typen von Nichtlinearitäten äquivalent sind.

dar. Ihre Lösung

$$x(t) = \frac{k\,x(0)}{(k - a\,x(0))\,e^{-kt} + a\,x(0)} \tag{1.12}$$

erhält man erneut durch Trennung der x- und t-abhängigen Anteile:

$$\int_0^t \frac{1}{k\,x - a\,x^2}\,dx = \int_0^t dt' = t\,.$$

Die linke Seite läßt sich umschreiben als

$$\int_0^t \frac{1}{x}\,\frac{1}{k - a\,x}\,dx = \int_0^t \frac{1}{k}\left\{\frac{1}{x} + \frac{a}{k - a\,x}\right\}\,dx.$$

Für den zweiten Summanden im Integral führt die Substitution $x \rightarrow k - a\,x$ auf dieselbe Grundform

$$\int \frac{1}{x}\,dx = \ln x$$

wie für den ersten Term.[18] Man hat also als Lösung des Integrals den Ausdruck

$$\frac{1}{k}\left(\ln x\,(t) - \ln\left[k - ax\,(t)\right] - \ln x\,(0) + \ln\left[k - ax\,(0)\right]\right).$$

Exponenzieren beider Seiten führt dann auf die Lösung (1.12)

$$x(t)\,\frac{1}{k - a\,x(t)}\,\frac{1}{x(0)}\,(k - a\,x(0)) = e^{k\,t}$$

und damit die in Aufgabe 9 angegebene Form. Eine Darstellung dieser Lösung für bestimmte Werte von a, k und $x(0)$ ist in Abb. 1.19 angegeben. Tatsächlich führt diese nichtlineare Differentialgleichung auf die gewünschte Sättigung bei wachsendem t (vgl. Abb. 1.19(b)). Die Abhängigkeit des asymptotischen Verhaltens von den Parametern der Differentialgleichung läßt sich sogar analytisch diskutieren. Wegen

$$e^{-kt} \overset{t\rightarrow\infty}{\longrightarrow} 0$$

für $k > 0$ ergibt sich ein einfacher Ausdruck für das Sättigungsverhalten bei großem t (Lage der Asymptote), nämlich $x_{\max} = k/a$ (vgl. Aufgabe 9 in Anhang C).
Eine ganz andere Realisierung eines begrenzten Wachstums ist durch die Grompertz-Gleichung

---

[18] Man beachte dabei den Vorzeichenwechsel: $z = k - ax \Rightarrow dz/dx = -a$.

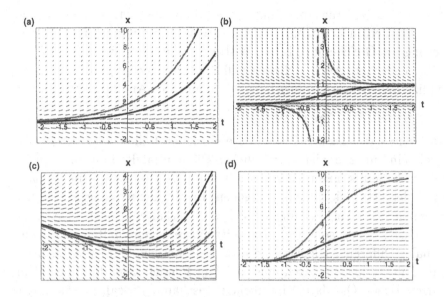

Abb. 1.19. Steigungsfelder für einige spezielle Funktionen. In Abb. (a) ist ein exponentielles Wachstum gezeigt. Die durchgezogenen Kurven entsprechen dabei den Anfangsbedingungen $x(0) = 1$ *(schwarze Kurve)* und $x(0) = 2$ *(graue Kurve)*. In Abb. (b) ist die Lösung der logistischen Differentialgleichung für verschiedene Anfangsbedingungen $x(0)$ gezeigt. Dabei wurde in Gleichung (1.12) zu einer dimensionslosen Variablen übergegangen ($x \to ax/k$) und der verbleibende Parameter k auf $k = 2.3$ gesetzt. Die beiden unteren Abbildungen zeigen Lösungen für explizit zeitabhängige Funktionen, nämlich $dx/dt = x + t$ (Abb. (c)) und die Grompertz-Gleichung (1.13) mit $k = 1$ und $a = 1.5$ (Abb. (d))

$$\frac{dx}{dt} = k\,e^{-a\,t}\,x \qquad\qquad (1.13)$$

gegeben, deren rechte Seite − im Gegensatz zu den bisher vorgestellten Differentialgleichungen − explizit von t abhängt (nicht-autonome Differentialgleichung). Die Struktur von Gleichung (1.13) ergibt sich aus folgender Grundidee: Die Änderung ist proportional zu x, aber die Proportionalitätskonstante nimmt mit wachsender Zeit ab. Die Lösung dieser Gleichung erhält man unmittelbar durch die übliche Separation der Anteile und ein Ausnutzen der Tatsache, daß die Exponentialfunktion sich bei Integration (bis auf einen Faktor $-1/a$) reproduziert:

$$x(t) = x(0)\,\exp\left[\frac{k}{a}\left(1 - e^{-a\,t}\right)\right]. \qquad\qquad (1.14)$$

Die Grompertz-Gleichung hat eine wichtige Rolle in der Modellierung von Tumorwachstum (Laird 1964). Die zeitliche Abnahme der Wachs-

tumskonstanten trägt dabei der durch Raum- und Versorgungsbegren-
zung limitierten Zellteilung im Tumorinnern Rechnung. Eine Visualisierung von Gleichung (1.14) für bestimmte Parameterwerte ist in Abb.
1.19(d) gegeben. Auch in diesem Fall läßt sich der Sättigungswert $x_{\max}$
explizit angeben. Allerdings hängt $x_{\max}$ nun vom Anfangswert $x(0)$ ab:

$$x_{\max} = x(0) \, \exp(k/a).$$

Nachdem wir, ausgehend von den einfachsten Fällen, nun einige Beispiele eindimensionaler gewöhnlicher Differentialgleichungen kennengelernt haben, können wir zu einer ersten Diskussion zweidimensionaler Differentialgleichungen übergehen. Im Zusammenhang mit *Bifurkationen* (also Verzweigungen im Systemverhalten) sollen in Kapitel
2.2 noch weitere, sehr viel grundsätzlichere Eigenschaften eindimensionaler Differentialgleichungen diskutiert werden. Der zweidimensionale Fall ist jedoch durch eine auf dem Pendel (oder formaler: dem
harmonischen Oszillator) beruhende Anschauung ideal, um an dieser
Stelle einige weiterführende Begriffe ins Spiel zu bringen. Vor allem
das Konzept des *Phasenraums* wird einen einfachen Zugang zu den
entsprechenden Verallgemeinerungen in Kapitel 2 und schließlich in
Kapitel 4 erlauben.

Wie in Kapitel 1.1 erwähnt[19] ist der harmonische Oszillator eine Kombination aus dem zweiten Newtonschen Axiom, das eine Kraft F
mit dem Produkt aus Masse m und Beschleunigung a in Verbindung
bringt,

$$F = m\,a = m\,\frac{d^2 x}{d\,t^2},$$

und dem Hookeschen Gesetz über die Auslenkung x, die eine Kraft F
an einer Feder bewirkt:

$$F = -k\,x$$

mit einer Federkonstanten k. Das Vorzeichen entsteht aus der Vorstellung, daß beim Auseinanderziehen die Feder mit der Kraft F wieder in
ihre Ruhelage zurückdrängt, also x und F entgegengesetzt sein müssen.
Man gelangt also zu einer Differentialgleichung zweiter Ordnung der
Form

$$\frac{d^2 x}{dt^2} = -\frac{k}{m}\,x.$$

---

[19] In Kapitel 1.1 sind wir allerdings von der Vorstellung eines Fadenpendels ausgegangen, während hier wegen der einfacheren Notation für die Kräfte ein Feder-
pendel besprochen wird.

An dieser Stelle kann man schon erkennen, daß eine Differentialgleichung zweiter Ordnung im wesentlichen dasselbe ist wie eine zweidimensionale Differentialgleichung (erster Ordnung), denn die
Abkürzung $y = dx/dt$ führt auf das System

$$\frac{dx}{dt} = y \quad , \quad \frac{dy}{dt} = -\frac{k}{m}\, x \qquad (1.15)$$

von Differentialgleichungen *erster* Ordnung. Bei der Beschäftigung mit
dem System (1.15) geht es nun darum, die Funktionen $x(t)$ und $y(t)$
zu finden, die gemeinsam diese Gleichungen befolgen. Natürlich ist
nach wie vor im physikalischen Sinn $x(t)$ der Ort als Funktion der Zeit
und $y(t) = dx/dt$ die Geschwindigkeit. Durch das Anwenden dieser
grundlegenden Idee,

$$\left.\begin{array}{l}\text{eindimensionale} \\ \text{Differentialgleichung} \\ \text{zweiter Ordnung}\end{array}\right\} \xrightarrow{y := dx/dt} \left\{\begin{array}{l}\text{zweidimensionale} \\ \text{Differentialgleichung} \\ \text{erster Ordnung}\end{array}\right.$$

kann man einige konzeptionell relevante Eigenschaften des Gleichungssystems unmittelbar ablesen, ohne nun schon eine explizite Lösung zu
betrachten:

- Zum Festlegen der Anfangsbedingungen für die Differentialgleichung benötigt man zwei Werte, z.B. $x(0)$ und $y(0)$.
- Der gesamte Zustand eines Systems zu einem festen Zeitpunkt t_0 läßt sich *vollständig* durch $x(t_0)$ und $y(t_0)$ angeben.

Beides sind nur Ausdrucksformen der zentralen Aussage:

Die Anzahl von dynamischen Variablen ($\equiv$ Freiheitsgraden) des
Systems ist 2, nämlich $x(t)$ und $y(t)$.

Um nach dieser sehr grundsätzlichen Überlegung ein Gefühl für die in
dem Gleichungssystem (1.15) codierte Dynamik zu bekommen, können
wir nun die Lösung für einen bestimmten Satz von Anfangsbedingungen betrachten:

$$x(0) = x_0, \quad y(0) = 0 \quad \Rightarrow$$

$$x(t) = x_0 \cos \omega t, \quad y(t) = \frac{dx}{dt} = -\omega\, x_0 \sin \omega t,$$

$$\omega = \sqrt{\frac{k}{m}}, \qquad (1.16)$$

was leicht durch Differentiation nachzuprüfen ist.

Im Fall $x_0 = 0$ ist $x(t) = 0$ für alle t und damit auch $y(t) = 0$ (wegen $y = dx/dt$). Das heißt, daß $(x, y) = (0, 0)$ ein *Fixpunkt* (oder Gleichgewichtszustand) des Systems ist. Eine entscheidende Frage ist nun, ob sich die getrennt verlaufende und doch abhängige Dynamik von $x(t)$ und $y(t)$ in einer zusammengefaßten (sowohl x als auch y enthaltenden) Weise darstellen läßt. Ein geeignetes solches Hilfsdiagramm für zweidimensionale Differentialgleichungen ist die (x, y)-Ebene. Zu dieser Einsicht gelangt man durch folgende Überlegung: Der Zustand des Systems zum Zeitpunkt t_0 ist durch Angabe von $x(t_0)$ und $y(t_0)$ vollständig bestimmt, läßt sich also als *Punkt* in der (x, y)-Ebene einzeichnen. Zum Zeitpunkt $t_0 + dt$ entspricht der Zustand einem benachbarten Punkt in der (x, y)-Ebene. Für ein ganzes Zeitintervall (z.B. von 0 bis T) ergibt sich eine *Kurve* in der (x, y)-Ebene.

Für den harmonischen Oszillator sind diese Kurven sogar analytisch unmittelbar aus der Lösung, Gleichung (1.16), abzuleiten. Dazu dient folgende Beobachtung:[20]

$$x(t) = x_0 \cos \omega t, \qquad y(t) = -\omega x_0 \sin \omega t$$

$$\Rightarrow x^2(t) + \frac{y(t)^2}{\omega^2} = x_0^2 \cos^2 \omega t + x_0^2 \sin^2 \omega t = \underbrace{x_0^2}_{= \text{const } \forall t}$$

Bei $x^2(t) + y^2(t)/\omega^2 = \text{const}$ handelt es sich um eine Ellipsengleichung der Form $ax^2 + by^2 = r^2$ mit Konstanten a, b und r, das heißt die Bahnen in der (x, y)-Ebene für den harmonischen Oszillator sind konzentrische Ellipsen um den Punkt $(0, 0)$. Die (x, y)-Ebene als Hilfsdiagramm beim Verständnis solcher Differentialgleichungen bezeichnet man als *Phasenebene* oder (im mehrdimensionalen Fall) als Phasenraum (engl. *phase space*). Für das Pendel ist dieses Diagramm in Abb. 1.20 dargestellt. Zusammenfassend haben die einzelnen Teile der Lösung dieser (Schwingungs-)Differentialgleichung folgende Funktion:

Differentialgleichung selbst $\rightarrow$ Kurvenform (Ellipse),

erste Anfangsbedingung (z.B. $x(0) = x_0$) $\rightarrow$ Parameter der Kurve (Radius; Länge einer Hauptachse),

zweite Anfangsbedingung (z.B. $y(0) = 0$) $\rightarrow$ Lage des Anfangspunktes auf der Kurve.

---

[20] An dieser Stelle soll noch auf die Bedeutung einiger Symbole hingewiesen werden, die aus der formalen Logik kommend in der Mathematik weit verbreitet sind: $\forall$ = "für alle", $\exists$ = "es existiert", $\wedge$ = "und", $\vee$ = "oder".

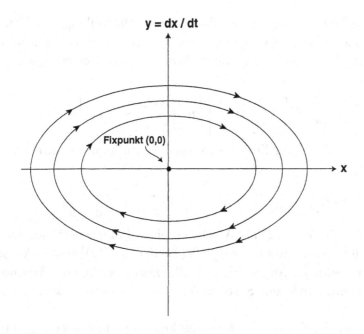

Abb. 1.20. Phasenebene für den harmonischen Oszillator. Die Trajektorien sind Ellipsen, deren Radius der Gesamtenergie des Systems entspricht. Die Zeit verläuft als Parameter auf den Trajektorien

Der Fixpunkt $(0,0)$ ist in der Phasenebene klar zu erkennen: Alles orientiert sich um ihn herum. Wir werden dies als Spezialfall eines sehr allgemeinen Phänomens verstehen, wenn wir die möglichen Formen von Fixpunkten in zweidimensionalen Differentialgleichungen klassifizieren (Kapitel 2.3).

Zuvor aber noch eine Bemerkung die aus der Sicht der Physik ganz wesentlich ist für ein tieferes Verständnis der Dynamik eines Pendels. Es scheint den Differentialgleichungen des harmonischen Oszillators fest eingeschrieben zu sein, daß im Phasenraum elliptische Bahnen auftreten. Schon aufgrund dessen sollte dieses geometrische Phänomen mit einem fundamentalen physikalischen Prinzip verknüpft sein. Diesen Aspekt der physikalischen Bedeutung der Ellipsenbahnen wollen wir nun kurz untersuchen. Die Kraft $F(x)$ in $m\,d^2x/dt^2 = F(x)$ läßt sich, wenn sie nicht explizit von dx/dt oder t abhängt, stets durch ein *Potential* $V(x)$ ausdrücken:

$$F(x) = -\frac{dV}{dx} \quad \rightarrow \quad m\,\frac{d^2x}{dt^2} + \frac{dV}{dx} = 0.$$

Die physikalische Bedeutung dieser neuen Darstellung des Newton-schen Axioms wird offensichtlich, wenn man mit dx/dt multipliziert und dann die Zeitableitung unter Beachtung der Kettenregel faktorisiert:

$$m\,\frac{d^2x}{dt^2}\,\frac{dx}{dt} + \frac{dV}{dx}\,\frac{dx}{dt} = \frac{d}{dt}\left[\frac{1}{2}m\left(\frac{dx}{dt}\right)^2 + V\left(x\right)\right] = 0,$$

wobei sich die auf der linken Seite verwendete Identität direkt verstehen läßt:

$$\frac{d}{dt}V\left(x\left(t\right)\right) = \frac{dV}{dx}\,\frac{dx}{dt} \quad \text{und} \quad \frac{d}{dt}\left(\frac{dx}{dt}\right)^2 = 2\frac{dx}{dt}\,\frac{d^2x}{dt^2}.$$

Wenn sich die Kraft F als Ableitung eines Potentials V ausdrücken läßt, bleibt also die Klammer $[1/2\,m\,(dx/dt)^2 + V(x)]$ zeitlich konstant (d.h. ihre zeitliche Änderung ist Null). Damit stellt die Klammer eine Erhaltungsgröße des Systems dar, die *Gesamtenergie* $1/2\,m\,v^2 + V(x) = E$.

Der Ausdruck $1/2\,m\,v^2$ steht für die kinetische und $V(x)$ für die potentielle Energie. Die als Abkürzung eingeführte Größe $v = dx/dt$ ist die Geschwindigkeit.

Im Fall des harmonischen Oszillators hat man

$$F\left(x\right) = -k\,x \qquad \Rightarrow \qquad V\left(x\right) = \frac{1}{2}\,k\,x^2.$$

Mit $y(t) = dx/dt$ hat man

$$E = \frac{1}{2}\,m\,y^2\left(t\right) + \frac{1}{2}\,k\,x^2\left(t\right)$$

und damit

$$\underbrace{\frac{2\,E}{k}}_{x_0^2} = x^2\left(t\right) + \frac{y^2\left(t\right)}{\omega^2}.$$

Die Ellipsenbahnen in der Phasenebene sind also Bahnen konstanter Energie. Die Gesamtenergie steigt mit wachsendem Bahnradius x_0.

2. Grundbegriffe der nichtlinearen Dynamik

2.1 Differenzengleichungen und Iterationsmethoden

2.1.1 Konzept der Differenzengleichung

In diesem Kapitel werden wir einen neuen mathematischen Begriff kennenlernen, der eine gewisse Verwandtschaft zu Differentialgleichungen aufweist, die sogenannte *Differenzengleichung*. Dieser Begriff, der auf den ersten Blick wie eine fast nutzlose mathematische Spielerei wirkt, wird sich als ein effizientes Werkzeug zum Erlernen der zentralen Elemente der nichtlinearen Dynamik erweisen. Anhand eines einfachen Gedankenexperiments läßt sich die Idee hinter Differenzengleichungen illustrieren: Im Rahmen einer jährlichen Obsternte wird die Menge der geernteten Früchte bestimmt. Man erhält also eine Zeitreihe mit jährlichen Meßpunkten. In diesem Fall stellt der zeitliche Abstand tatsächlich keine Sampling-Rate dar (vgl. Kapitel 1.1), sondern ist nur Ausdruck der Tatsache, daß dieses System keine häufigere Messung erlaubt. Für eine Modellbildung der Systemdynamik wäre vor diesem Hintergrund die folgende (natürlich biologisch vollkommen falsche) Annahme geeignet:

Die Obstmenge im Jahr $t+1$ hängt nur von der Menge im Jahr t ab.

Die mathematische Ausformulierung dieser Annahme führt zum Konzept der *Differenzengleichung* (engl. *finite-difference equation*). Die allgemeine Form einer Differenzengleichung erster Ordnung ist

$$N_{T+T_0} = f\left(N_T\right), \tag{2.1}$$

wobei N_T die Anzahl (bzw. Menge oder, allgemeiner, Meßgröße) zum Zeitpunkt T ist und T_0 die (konstante) Zeit zwischen zwei Messungen bezeichnet. Im obigen Gedankenexperiment war also $T_0 = 1\ Jahr$. Eine Vereinfachung der Notation wird durch das konstante T_0 möglich,

Tabelle 2.1. Sprachgebrauch für Differenzengleichungen (DG)

Typ von DG	Bezeichnung
$N_{t+1} = f(N_t)$	DG 1. Ordnung
$N_{t+1} = f(N_t, N_{t-1})$	DG 2. Ordnung
$f(N_t) \propto N_t$	lineare DG
höhere Potenzen von N_t (z.B. $N_{t+1} = aN_t - bN_t^2$)	nichtlineare DG
Funktionen von N_t (z.B. $N_{t+1} = \sin N_t$)	nichtlineare DG

nämlich die Einführung einer dimensionslosen Zeit $t = T/T_0$. Gleichung (2.1) wird dann zu

$$N_{t+1} = f(N_t).$$

Die konkrete mathematische Form der Funktion f stellt dann das eigentliche Modell dar, in das alle weiteren Annahmen und Kenntnisse über das System eingehen.[1] Weitere Hinweise zum Sprachgebrauch für Differenzengleichungen sind in Tabelle 2.1 angegeben.

Als erstes sollen *lineare* Differenzengleichungen erster Ordnung, also Gleichungen der Form $N_{t+1} = RN_t$, behandelt werden. Der Parameter R hat dabei die Rolle einer *Wachstumsrate*, also zum Beispiel im Fall einer Populationsdynamik die mittlere Anzahl von Nachkommen eines jeden Mitglieds der Generation t. Es gibt nun drei grundsätzliche Methoden der Iteration, um von einem solchen Bildungsgesetz zu einer (diskreten) Zeitreihe zu gelangen:

1. numerisch,
2. analytisch,
3. graphisch.

1. numerisch:

Darunter versteht man das explizite Einsetzen in das Bildungsgesetz. Als Beispiel betrachten wir $R=0.9$ mit einem Anfangswert $N_0=100$. Man hat dann

---

[1] Auf eine in Lehrbüchern zu diesem Thema gebräuchliche Konvention soll noch hingewiesen werden: Im allgemeinen bezeichnet N_t eher echte Meßgrößen, während man für dimensionslose oder normierte Größen x_t als dynamische Variable verwendet. Wir werden diesem Gebrauch hier weitestgehend folgen.

$$N_1 = 0.9 \cdot 100 = 90$$

$$N_2 = 0.9 \cdot 90 = 81$$

$$N_3 = 0.9 \cdot 81 = 72.9 \qquad \text{usw.}$$

Vorteil: Dieses Verfahren funktioniert immer und es gibt keine mathematischen Komplikationen.[2]

Nachteil: Man erreicht keinerlei Informationsgewinn über die spezielle Zeitreihe hinaus. Behandelt werden nur Spezialfälle, ohne daß ein Zugriff auf globale Eigenschaften der Differenzengleichung entstehen könnte.

2. analytisch:

Dieses Verfahren besteht in dem Übersetzen des Bildungsgesetzes (also der "Rekursionsgleichung") $N_{t+1} = f(N_t)$ in eine explizite ("analytische") Gleichung für N_{t+1} als Funktion des Anfangswertes $N_{t+1} = F(N_0)$.

Beispiel:

$$N_{t+1} = RN_t \quad \rightarrow$$

$$N_1 = RN_0 \ , \ N_2 = RN_1 = R^2 N_0 \ ,$$

$$N_3 = RN_2 = R^2 N_1 = R^3 N_0 \qquad \text{usw.}$$

$$\Rightarrow N_{t+1} = R^{t+1} N_0$$

Vorteil: Sobald diese Form vorliegt, sind keine Iterationen mehr nötig und alle Eigenschaften der Differenzengleichung können *direkt* untersucht werden (z.B. alle Spezialfälle, Konvergenzeigenschaften, Abhängigkeit von Parametern, etc.).

Nachteil: Eine solche Funktion existiert fast nie. Zudem gibt es – selbst für die wenigen Fälle, bei denen eine solche Form prinzipiell existiert – kein allgemein anwendbares Verfahren, die Funktion F herzuleiten.

3. graphisch:

Dieses dritte Verfahren ist das für uns interessanteste. Es geht von einem Hilfsdiagramm aus, das formale und inhaltliche Ähnlichkeit mit

---

[2] Einzig bei chaotischen Differenzengleichungen treten aufgrund der endlichen numerischen Genauigkeit signifikant unterschiedliche Zeitentwicklungen bei scheinbar gleichen Anfangsbedingungen auf. Dieses Phänomen werden wir später diskutieren.

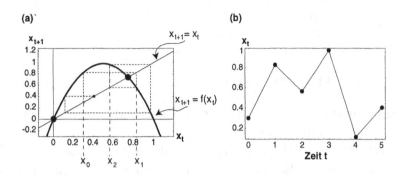

Abb. 2.1. Schema der graphischen Iterationsmethode für Differenzengleichungen. Gezeigt sind die ersten fünf Iterationsschritte sowohl im (x_{t+1}, x_t)-Hilfsdiagramm (Abb. (a)) als auch in ihrer Zeitentwicklung (Abb. (b))

der Phasenebene aufweist, nämlich die (x_{t+1}, x_t)-Ebene. Dort läßt sich die Funktion $f(x_t)$ explizit einzeichnen. Zu jedem Punkt x_t auf der Abszisse kann man nun − graphisch − den Folgewert x_{t+1} auf der Ordinate ablesen. Mit Hilfe der Winkelhalbierenden $x_{t+1} = x_t$ läßt sich nun dieser Wert als neuer Startpunkt auf die Abszisse übertragen. Die beständige Wiederholung dieses Ablaufs führt direkt und ohne Ausführen eines Rechenschritts auf die zu einem Anfangswert gehörende Zeitreihe. Abb. 2.1 faßt dieses Vorgehen zusammen. Aufgrund der prägnanten Muster in der (x_{t+1}, x_t)-Ebene bezeichnet man dieses Verfahren auch als "Spinnennetz"-Methode (Cobweb-Methode). Der **Vorteil** dieser Methode liegt auf der Hand. Konvergenzphänomene und die Abhängigkeit vom Anfangswert werden sofort deutlich. Das Verhalten der Differenzengleichung in Abhängigkeit ihrer Parameter läßt sich systematisch studieren, indem man die Änderung der Kurvenform von $f(x_t)$ untersucht. Als **Nachteil** lassen sich die relativ geringe numerische Genauigkeit und der graphische Aufwand nennen, sofern dieses Verfahren von Hand angewendet und nicht automatisiert wird.

Zur Gewöhnung an diese Methode kann uns erneut die lineare Differenzengleichung als Beispiel dienen. Tatsächlich können wir das Verhalten nun vollständig verstehen. In Abb. 2.2(a) und (b) ist ein Beispiel für $0 < R < 1$ dargestellt. Ähnlich wie im Fall einer linearen Differentialgleichung zeigt sich ein exponentieller Abfall vom Anfangswert auf Null. Im (x_{t+1}, x_t)-Hilfsdiagramm wird sofort klar, daß dieses grundsätzliche Verhalten nicht davon abhängt, welcher Wert des Parameters R in dem Intervall zwischen Null und Eins tatsächlich vorliegt.

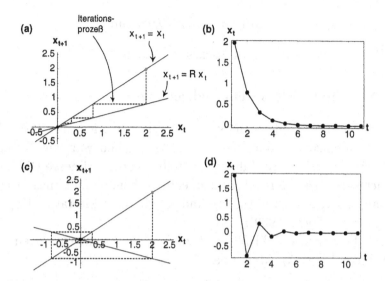

Abb. 2.2. Beispiele zeitlicher Verläufe für eine lineare Differenzengleichung für verschiedene Werte des Parameters R. Gezeigt sind die Zeitverläufe (Abbildungen (b) und (d)) und die Iterationen im Hilfsdiagramm (Abbildungen (a) und (c)) für $R > 0$ (monotones Verhalten) und $R < 0$ (oszillatorisches Verhalten).In beiden Fällen ist $|R| < 1$, so daß sich eine Konvergenz gegen den Fixpunkt $x_t = 0$ ergibt

Einzig die Stärke der Konvergenz änc'ert sich. Führt man ähnliche Untersuchungen auch mit anderen Wertebereichen in R aus (siehe z.B. Aufgabe 6 in Anhang C), so gelangt man zu der folgenden Klassifikation des Verhaltens von $N_{t+1} = RN_t$ in Abhängigkeit von R:
Für positives R hat man:

$0 < R < 1 \quad \rightarrow \quad$ exponentieller Abfall

$R > 1 \quad \rightarrow \quad$ exponentielles Wachstum

$R = 1 \quad \rightarrow \quad$ Gleichgewichtszustand.

In ihrem dynamischen Verhalten etwas spannender sind negative Werte von R. Zwar besitzt diese Parameterwahl keine unmittelbare biologische Interpretation (z.B. als Populationsmodell), sie wird sich bei komplizierteren (nichtlinearen) Differenzengleichungen jedoch als unverzichtbare Hilfsüberlegung zur Klassifikation von Gleichgewichtszuständen erweisen. Aus Abb. 2.2(c) und (d) zusammen mit entsprechenden Untersuchungen für andere Wertebereiche erhält man die folgende Systematik:

$-1 < R < 0 \quad \rightarrow \quad$ alternierender Abfall

$$R < -1 \quad \rightarrow \quad \text{alternierendes Wachstum}$$

$$R = -1 \quad \rightarrow \quad \text{periodisches Verhalten.}$$

2.1.2 Nichtlineare Differenzengleichungen

Der Versuch, das − äußerst naive − Wachstumsmodell, das durch die lineare Differenzengleichung $N_{t+1} = R\,N_t$ gegeben war, aus biologischer Sicht zu verbessern, führt unmittelbar auf nichtlineare Differenzengleichungen, ganz ähnlich zu dem entsprechenden Fall linearer Differentialgleichungen. Drei Ansätze finden sich in der Literatur (Kaplan u. Glass 1995, Kocak 1989):

1. Nicht die gesamte Zahl N_t trägt zu N_{t+1} bei, sondern nur ein gewisser Teil $N_t^{1-b} \leq N_t$. Man erhält:

$$N_{t+1} = R\,N_t^{1-b} \qquad b = \text{const}\,, \ 0 \leq b < 1. \qquad (2.2)$$

2. Wirkliche Populationen bei hohen Populationsdichten zeigen aus einer Vielzahl von Gründen Abweichungen von einem rein exponentiellen Verhalten:

- Begrenzung der *Nahrungsressourcen* wird relevant.
- Das zur Besiedlung zur Verfügung stehende *Gebiet* kann nur eine begrenzte Zahl von Mitgliedern einer Spezies fassen.
- Eine große Anzahl zieht die Aufmerksamkeit von *Jägern* stärker auf sich.

Daher vermindert sich die Wachstumsrate R bei großem N_t, und zwar um so stärker, je größer N_t ist. Die entsprechende Ersetzung $R \rightarrow R - b\,N_t$ führt auf

$$N_{t+1} = (R - b\,N_t)\,N_t = R\,N_t - b\,N_t^2,$$

also auf einen zusätzlichen, nichtlinearen Term $(-b\,N_t^2)$. Die elegantere Form, die man durch Übergang zu der neuen Variablen $x_t = bN_t/R$ erhält, ist die aufgrund ihrer vielfältigen Dynamik meistdiskutierte Gleichung dieses Typs (May 1976), die sogenannte *logistische Differenzengleichung*

$$x_{t+1} = R\,x_t\,(1 - x_t). \qquad (2.3)$$

Tatsächlich besitzt diese Gleichung erneut nur *einen* Parameter. Der andere Parameter war nur eine Skalierung und konnte dadurch eliminiert werden, daß wir die Anzahl N_t nun in den Einheiten R/b messen.

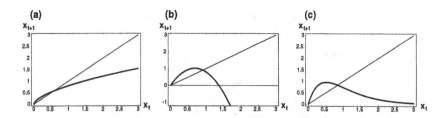

Abb. 2.3. Drei verschiedene mathematische Realisierungen einer Beschränkung des exponentiellen Wachstums einer Population. Gezeigt sind die (x_{t+1}, x_t)-Hilfsdiagramme. Die zugehörigen Differenzengleichungen (2.2), (2.3) und (2.4) entsprechen den Abbildungen (a), (b) und (c)

3. Ein konzeptioneller Nachteil der logistischen Differenzengleichung ist, daß für $x_t > 1$, also $N_t > R/b$, x_{t+1} negativ wird. Da die Größe R/b aus der biologischen Interpretation heraus keine einsichtige Grenze für den Wert N_t darstellt, ist diese mathematische Eigenschaft unerwünscht. Aus diesem Grund verwendet man gelegentlich das Alternativmodell

$$x_{t+1} = x_t \, e^{R(1-x_t)}. \tag{2.4}$$

Eine graphische Gegenüberstellung dieser drei Gleichungen (2.2), (2.3) und (2.4) findet sich in Abb. 2.3.

Schon aus der graphischen Darstellung der drei Differenzengleichungen wird klar, daß die Nichtlinearitäten auf eine wesentlich komplexere geometrische Struktur in der (x_{t+1}, x_t)-Ebene und damit auf eine reichhaltigere Dynamik führen. Es wird notwendig sein, das für lineare Gleichungen entwickelte Klassifikationsschema erheblich weiterzuentwickeln. Ein erster Schritt ist dabei die Diskussion von *Gleichgewichtszuständen*.

2.1.3 Fixpunkte und ihre Stabilität

Der Gleichgewichtszustand eines Systems ist formal definiert als ein Fixpunkt (engl. *fixed point*) der zugehörigen Differenzengleichung. Als *Fixpunkt* x^* bezeichnet man einen Wert, von dessen Erreichen an das System sich ohne äußeren Einfluß nicht mehr ändert. Für eine Differenzengleichung $x_{t+1} = f(x_t)$ läßt sich diese anschauliche Definition sofort mathematisch formulieren:

$$x^* \text{ Fixpunkt} \quad \Leftrightarrow \quad f(x^*) = x^*, \tag{2.5}$$

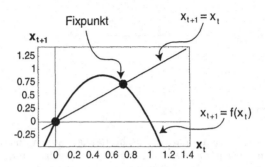

Abb. 2.4. Schema eines (x_{t+1}, x_t)-Hilfsdiagramms für Differenzengleichungen. Fixpunkte zeigen sich als Schnittpunkt der Funktion $f(x_t)$ mit der Winkelhalbierenden

da gerade dann die Stationaritätsbedingung $x_{t+1} = x_t$ erfüllt ist. Im Spezialfall linearer Differenzengleichungen $x_{t+1} = R\, x_t$ gab es nur einen Fixpunkt $x^* = 0$ mit einer − bei populationsdynamischer Lesart − offensichtlichen biologischen Bedeutung (sofern Migrationseffekte vernachlässigt werden).[3]

Prinzipiell gibt es zum Auffinden von Fixpunkten auf der Grundlage der Definition (2.5) zwei Vorgehensweisen: die graphische und die analytische Methode. Die graphische Methode verwendet das schon diskutierte (x_{t+1}, x_t)-Hilfsdiagramm. Aufgrund der Bedingungen $f\,(x^*) = x^*$ ist ein Fixpunkt gegeben durch einen Schnittpunkt der Kurve $x_{t+1} = f\,(x_t)$ mit der Winkelhalbierenden $x_{t+1} = x_t$. Bei der analytischen Methode wird versucht, die Gleichung $f\,(x^*) - x^* = 0$ explizit zu lösen. Wir werden uns im folgenden an der graphischen Vorgehensweise orientieren, die in Abb. 2.4 schematisch zusammengefaßt ist. Der nächste Schritt ist, den Einfluß eines Fixpunktes auf die Dynamik des Systems zu analysieren. Im Mittelpunkt stehen dabei drei Fragen:

1. Welche Fixpunkte gibt es?
2. Wenn die Anfangsbedingung x_0 das System in die *Nähe* eines Fixpunktes bringt, wird dann das System gegen diesen Fixpunkt konvergieren (*lokale Stabilität*)?

---

[3] Der pathologische Fall $R = 1$ führt darauf, daß jeder Punkt ein Fixpunkt der linearen Differenzengleichung ist. Dieser Fall ist jedoch biologisch irrelevant, da eine kleine Abweichung von $R = 1$ die unendlich vielen Fixpunkte sofort eliminiert.

Tabelle 2.2. Klassifikation der lokalen Stabilität von Fixpunkten in Abhängigkeit von der Steigung (also der Ableitung der Funktion f) im Fixpunkt für allgemeine Differenzengleichungen

Steigung	Dynamik
$\lvert m \rvert < 1$	stabiler Fixpunkt
$\lvert m \rvert > 1$	instabiler Fixpunkt
$m < 0$	monotones Verhalten
$m > 0$	oszillatorisches Verhalten

3. Wird das System gegen den betrachteten Fixpunkt konvergieren, ganz gleich welche Anfangsbedingung gewählt worden ist (*globale Stabilität*)?

Es muß im folgenden also darum gehen, Kriterien für die Stabilität von Fixpunkten zu formulieren, um so die unterschiedlichen Fixpunkte zu klassifizieren. Diese Überlegungen werden sich als der zentrale Zugang zur nichtlinearen Dynamik erweisen und uns auch in den folgenden Kapiteln in unterschiedlicher Gestalt wieder begegnen. Die Untersuchung der linearen Differenzengleichungen hat gezeigt, daß die Steigung der Geraden über das dynamische Verhalten in der Nähe des Fixpunktes entscheidet. Eine Übertragung dieser Ergebnisse auf den Fall einer (nichtlinearen) Differenzengleichung $x_{t+1} = f(x_t)$ mit einem Fixpunkt x^* und einer Ableitung im Fixpunkt

$$\left. \frac{d}{dx_t} f(x_t) \right|_{x_t = x^*} =: m \qquad (2.6)$$

ist unmittelbar möglich, da sich die Funktion $f(x_t)$ in der Nähe des Fixpunktes durch eine Gerade mit der Steigung m approximieren läßt. Das Ergebnis dieser Übertragung ist in Tabelle 2.2 zusammengefaßt. Man bezeichnet $m = m(x^*)$ auch als *Eigenwert* des Systems im Fixpunkt x^*, vgl. dazu die Diskussion in Kapitel 2.3. Nun wird klar, warum für uns der populationsdynamisch vollkommen irrelevante Bereich negativer Steigung bei der Untersuchung linearer Differenzengleichungen von Bedeutung war. Im Fall nichtlinearer Differenzengleichungen ergeben sich auf ganz natürliche Weise Fixpunkte mit entsprechender lokaler Stabilität.

Für den Zusammenhang von lokaler und globaler Stabilität sind im wesentlichen zwei Aussagen von Bedeutung:

1. Bei einem System mit mehreren stabilen Fixpunkten kann es keinen global stabilen Fixpunkt geben.
2. Ein (nur) lokal stabiler Fixpunkt hat einen genau begrenzten Einzugsbereich (engl. *basin of attraction*), also einen Wertebereich von Anfangsbedingungen, deren Zeitentwicklung notwendigerweise nach einer endlichen Zeit im Fixpunkt mündet.

In diesem Licht erfordert die in der Übertragung enthaltene Approximation der Funktion f durch eine Gerade noch einen Kommentar: Die Qualität der Approximation (also im wesentlichen ihr Gültigkeitsbereich) ist vollkommen ohne Bedeutung für die Stabilität des betrachteten Fixpunktes. Einzig der Einzugsbereich des Fixpunktes wird hiervon beeinflußt. Eine genauere und umfassendere Diskussion solcher Einzugsbereiche soll hier nicht durchgeführt werden (siehe dazu z.B. Kocak 1989). Für das Verständnis der Dynamik einer Differenzengleichung ist die relevantere Information durch die Lage und Stabilität der Fixpunkte gegeben.

2.1.4 Zyklen und ihre Stabilität

Das nächste wichtige dynamische Phänomen bei Differenzengleichungen sind oszillatorische Verhaltensweisen verschiedener Periodenlänge, also sogenannte Zyklen (engl. *cycles*). Die formale Definition lautet

Ein Zyklus der Periode n einer Differenzengleichung $x_{t+1} = f(x_t)$ liegt vor, wenn

$$x_{t+n} = x_t, \quad \text{aber} \quad x_{t+j} \neq x_t \quad \text{für} \quad j = 1, 2, ..., n-1 \quad .$$

Die erste Bedingung, $x_{t+n} = x_t$, stellt die Periodizität sicher, während die Zusatzbedingung verhindert, daß in Wirklichkeit kleinere Periodenlängen vorliegen. Ohne diese Zusatzbedingung würde zum Beispiel ein einfacher Fixpunkt die Definition eines Zyklus der Periode 2 erfüllen, da $x_{t+1} = x_t$ unmittelbar die Zyklusbedingung $x_{t+2} = x_t$ impliziert. Die Lage des Zeitintervalls $\{t, ..., t+n\}$, auf das die Zyklusdefinition angewendet wird, ist aufgrund der engen kausalen Beziehung benachbarter Zeitpunkte, also

$$x_{t+n} = x_t \quad \Rightarrow \quad x_{t+n+1} = x_{t+1},$$

tatsächlich nicht wichtig.

Unsere (empirischen) Ergebnisse zu linearen Differenzengleichungen konnten wir unmittelbar auf die Klassifikation von Fixpunkten beliebiger eindimensionaler Differenzengleichungen übertragen. Die anschauliche Fixpunkt-Bedingung, nämlich ein Stillstand der Iteration, ließ sich in dem (x_{t+1}, x_t)-Hilfsdiagramm unmittelbar geometrisch interpretieren, nämlich als Schnitt der Kurve $f(x_t)$ mit der Winkelhalbierenden. Eine ähnliche Vorgehensweise ist auch für Zyklen möglich. Ohne schon eine konkrete Gleichung mit einem Zyklus angeben zu können, ist es doch leicht, auf der Grundlage unserer bisherigen geometrischen Betrachtung die prinzipiellen Bedingungen für einen Zyklus genauer zu verstehen. Ein Zyklus der Periode 2 (Z_2) in der Differenzengleichung $x_{t+1} = f(x_t)$ liegt vor, wenn nach genau zwei Iterationsschritten derselbe Wert wieder erreicht ist. Für die Funktion f bedeutet dies:

$$Z_2 \text{ bei } x^* \Leftrightarrow f(x^*) \neq x^* \quad \wedge \quad \underbrace{f(f(x^*))}_{x_{t+2}} = \underbrace{x^*}_{x_t}.$$

Damit entspricht ein Z_2 von $f(x)$ *zwei* Fixpunkten der Funktion $f(f(x))$, nämlich x^* und $f(x^*)$. Sind diese beiden Fixpunkte stabil, so ist auch der Z_2 stabil. Aufgabe 8 in Anhang C vertieft diese Überlegung, die wir im folgenden auch noch für den Spezialfall der logistischen Differenzengleichung näher untersuchen werden. Man kann nun leicht die Funktion $F(x) := f(f(x))$ bilden, in das (x_{t+1}, x_t)-Hilfsdiagramm einzeichnen und − graphisch oder analytisch − die Steigung in den Fixpunkten diskutieren. Eine entsprechende Darstellung findet sich im Abb. 2.5.

Ein Beispiel für einen Zyklus[4] stellt die logistische Differenzengleichung $x_{t+1} = R x_t (1 - x_t)$ für $R = 3.3$ dar. Sie bildet tatsächlich die Grundlage für die Darstellung in Abb. 2.5. Die Parameterabhängigkeit ist so interessant, daß wir sie im folgenden noch ausführlicher untersuchen werden. An dieser Stelle steht aber die Gewöhnung an das dynamische Phänomen "Zyklus" im Vordergrund. In Abb. 2.6 ist eine Iteration mit einem Anfangswert $x_0 = 0.3$ gezeigt. Der schnell erreichte Zyklus der Periode 2 ist leicht zu erkennen. Es stellt sich die Frage, wie sich diese neue Dynamik weiter quantifizieren läßt. Den Ausgangspunkt bildet die Zyklusbedingung für die logistische Differenzengleichung:

---

[4] An dieser Stelle ist eine Bemerkung zum Sprachgebrauch angebracht. Das dem Zyklus eng verwandte Phänomen bei nichtlinearen Differentialgleichungen bezeichnet man im allgemeinen als *Grenzzyklus*, während sich bei Differenzengleichungen der Begriff Zyklus etabliert hat.

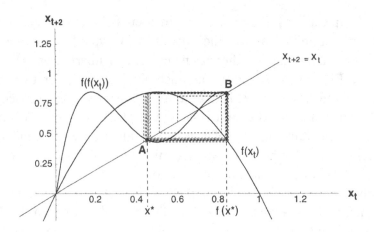

Abb. 2.5. Festlegung der Notation für einen Zyklus der Periode 2 in der (x_{t+1}, x_t)-Ebene. Es ist deutlich zu erkennen, wie die Kanten A und B des Zyklus gerade mit Fixpunkten der Funktion $f(f(x_t))$ zusammenfallen

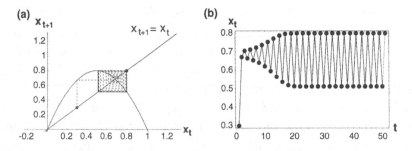

Abb. 2.6. Zyklus der Periode 2 für die logistische Differenzengleichung mit $R = 3.3$ von einem Anfangswert $x_0 = 0.3$ aus. Abb. (a) zeigt die Iteration im Hilfsdiagramm, während in Abb. (b) die entsprechende Zeitreihe dargestellt ist. Nach etwa 20 Iterationsschritten ist der Zyklus erreicht, auf den sich das System stabilisiert

$$x_{t+2} = x_t$$

$$\Rightarrow \quad x_{t+2} = f(x_{t+1}) = f(f(x_t)) = x_t$$

$$\Rightarrow \quad R\,x_{t+1} - R\,x_{t+1}^2 = x_t$$

$$\Rightarrow \quad R\left(R\,x_t - R\,x_t^2\right) - R\left(R\,x_t - R\,x_t^2\right)^2 = x_t$$

$$\Rightarrow \quad R^2 x_t - \left(R^2 + R^3\right)x_t^2 + 2R^3 x_t^3 - R^3 x_t^4 = x_t. \tag{2.7}$$

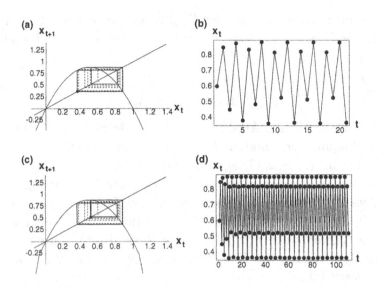

Abb. 2.7. Zyklus der Periode 4 bei $R = 3.52$ für die logistische Differenzengleichung in einer kürzeren (Abb. (a) und (b)) und längeren (Abb. (c) und (d)) Zeitreihe

Graphisch sucht man also in einem (x_{t+2}, x_t)-Hilfsdiagramm die Schnittpunkte des Polynoms auf der linken Seite von Gleichung (2.7) mit der Winkelhalbierenden $x_{t+2} = x_t$. Wegen

$$f(x_t) = x_t \quad \Rightarrow \quad f(f(x_t)) = x_t$$

treten natürlich auch die Fixpunkte der Differenzengleichung in diesem Hilfsdiagramm als Schnittpunkte auf. Die neu hinzugekommenen Schnittpunkte bilden die Kanten des Zyklus. Für den Spezialfall $R = 3.3$ ist diese Situation in Abb. 2.5 dargestellt. Allgemein entspricht ein Zyklus Z_n der Periode n einer Menge von n solchen Schnittpunkten im (x_{t+n}, x_t)-Hilfsdiagramm. Die logistische Differenzengleichung hat zum Beispiel für $R = 3.52$ einen Zyklus der Periode 4, der in Abb. 2.7 dargestellt ist.

Als nächstes wollen wir zuerst allgemein, dann für den speziellen Fall der logistischen Differenzengleichung noch einmal auf die Kriterien für die Stabilität eines Zyklus eingehen. Die enge Analogie zwischen Zyklen und Fixpunkten legt nahe, bei einer Stabilitätsuntersuchung von Zyklen auch vom Begriff der *Steigung* auszugehen. Im Sinne unserer vorangegangenen Definition für Fixpunkte ist ein Zyklus stabil, wenn Anfangsbedingungen, die nahe am Zyklus liegen, im Laufe

der folgenden Iterationen auf den Zyklus gezogen werden. Sei nun x^*
Lösung der Gleichung $x_{t+2} = f(f(x_t)) = x_t$ aber nicht der Gleichung
$x_{t+1} = f(x_t) = x_t$. Dann stellt die Ableitung

$$\frac{d}{dx_t} f(f(x_t))\Big|_{x_t=x^*} = \frac{df}{dx_t}\Big|_{f(x^*)} \cdot \frac{df}{dx_t}\Big|_{x^*} \qquad (2.8)$$

und der entsprechende Ausdruck an der Stelle $x_t = f(x^*)$ ein Maß
für die Steigung der Funktion $f(f(x_t))$ an den Kanten x^* und $f(x^*)$
des Zyklus im (x_{t+2}, x_t)-Diagramm dar. Wie auch bei den Untersuchungen zu Fixpunkten hängt die Stabilität von der Steigung ab. Im
Fall eines Zyklus fließt in diese Steigung der Funktion $f(f(x_t))$ jedoch die Steigung der Funktion f sowohl im Punkt x^* als auch im
weiteren Kantenpunkt $f(x^*)$ ein. Trotz dieser Komplikation ist eine
direkte Übertragung der Klassifikationsregeln für Fixpunkte auf die
Zyklusklassifikation möglich:

> Ein Zyklus Z_2 der Periode 2 der Differenzengleichung $x_{t+1} =$
> $f(x_t)$ ist stabil, wenn sowohl x^* als auch $f(x^*)$ stabile Fix-
> punkte der assoziierten Differenzengleichung $x_{t+1} = F(x_t)$ mit
> $F(x_t) = f(f(x_t))$ sind.

Nun besitzt Gleichung (2.8) und ihr Pendant für $x_t = f(x^*)$ wegen
$f(f(x^*)) = x^*$ eine interessante Symmetrie (vgl. Aufgabe 8 in Anhang
C), die unmittelbar auf

$$\frac{d}{dx_t} F(x_t)\Big|_{x_t=x^*} = \frac{d}{dx_t} F(x_t)\Big|_{x_t=f(x^*)}$$

führt, so daß nur noch *eine* Kante in der durch Gleichung (2.8) gegebenen Weise untersucht werden muß. Man erhält damit formal die
Bedingung

$$\left|\frac{dF(x_t)}{dx_t}\Big|_{x^*}\right| < 1 \quad \Rightarrow \text{stabiler Zyklus der Periode 2.}$$

Betrachten wir noch einmal die einfachste nichtlineare Differenzengleichung, die logistische Gleichung, und ihren Zyklus der Periode 2. In
Abb. 2.8 sieht man, wie sich der Fixpunkt mit wachsendem R desta-
bilisiert und schließlich instabil wird.
Bemerkenswerterweise wird die herausgetriebene Bahn in der
(x_{i+1}, x_i)-Ebene von zwei Fixpunkten der Funktion $F(x)$ aufgefangen,
so daß sich der uns schon bekannte Zyklus der Periode 2 ausbildet. Allerdings geht das Spiel noch weiter: In den Abbildungen 2.8, 2.9 und

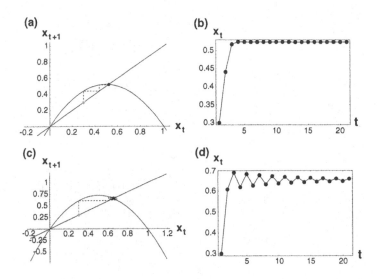

Abb. 2.8. Verlust von Stabilität mit wachsendem Parameter R in der logistischen Differenzengleichung. Den Darstellungen in der (x_{i+1}, x_i)-Hilfsebene (Abbildungen (a), (c), (e) und (g)) sind die entsprechenden Zeitreihen (Abbildungen (b), (d), (f) und (h)) gegenübergestellt. Dabei wurden für den Parameter R die folgenden Werte für die vier Verläufe verwendet: 2.85, 2.96, 3.15 und 3.52. Die Abbildungen (c) und (d) zeigen eine langsame oszillatorische Annäherung an den Fixpunkt, die bei einer weiteren kleinen Vergrößerung von R in ein instabiles Verhalten umschlagen muß (fortgesetzt in Abb. 2.37)

2.10 sind die zu etwas größerem R gehörenden Iterationen im Hilfsdiagramm und als Zeitreihen dargestellt. Man bemerkt, daß die Abfolge von sogenannten *Periodenverdopplungen* (also dem Wechsel von einem Zyklus der Ordnung n zu einem Zyklus der Ordnung $2n$) immer schneller wird. Ebenso läßt sich überprüfen, daß die Kanten dieser Zyklen höherer Ordnung auch wieder als Fixpunkte in dem entsprechend höheren Hilfsdiagramm auftreten (vgl. Abb. 2.11). Doch was passiert *danach*? Einen Eindruck von typischen Zeitreihen bei noch größerem R gibt die Abb. 2.12. Damit haben wir so etwas wie das Wappentier der nichtlinearen Dynamik kennengelernt, nämlich das deterministische Chaos (engl. *deterministic chaos*).

2.1.5 Chaos in Differenzengleichungen

Für das in Abb. 2.12 dargestellte Verhalten der logistischen Differenzengleichung $x_{t+1} = R\, x_t\, (1 - x_t)$ für $R = 3.9$ sind folgende Merkmale charakteristisch:

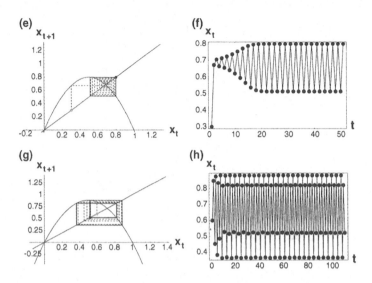

Abb. 2.9. Verlust von Stabilität mit wachsendem Parameter R in der logistischen Differenzengleichung (Fortsetzung von Abb. 2.8). In Abb. (e) und (f) sieht man den charakteristischen zeitlichen Verlauf eines instabilen Fixpunktes. Es zeigt sich jedoch, daß das System auf ein stabiles oszillatorisches Verhalten geführt wird, einen Zyklus der Periode 2. In Abb. (g) und (h) ist noch einmal der Zyklus der Periode 4 aus Abb. 2.7 dargestellt, den man durch eine weitere kleine Erhöhung des Kontrollparameters erhält

- irreguläres (aperiodisches) Zeitverhalten,
- gelegentliche Wiederkehr ähnlicher Strukturen,
- bei einer langen Zeitreihe wird der zur Verfügung stehende Wertebereich relativ vollständig ausgeschöpft,
- die Zeitreihe ändert sich stark bei kleiner Änderung der Anfangsbedingung x_0.

Dabei werden die beiden letztgenannten Merkmale durch die Abbildungen 2.13 und 2.14 unterstützt. Ein solches Verhalten bezeichnet man als deterministisches Chaos. Die Zusammenführung dieser beiden sehr gegensätzlichen Begriffe (deterministisch $\leftrightarrow$ chaotisch) soll auf den erstaunlichen Sachverhalt verweisen, daß hier eine irreguläre (chaotische) Zeitreihe entsteht, *obwohl* der Dynamik ein exaktes mathematisches (und damit deterministisches) Regelwerk zugrunde liegt. Aus der Reihe der (zum Teil sehr abstrakten) *Definitionen* einer chaotischen Dynamik soll hier in Anlehnung an Kaplan und Glass (Kaplan u. Glass 1995) eine Fassung angegeben werden, die in verständlicher

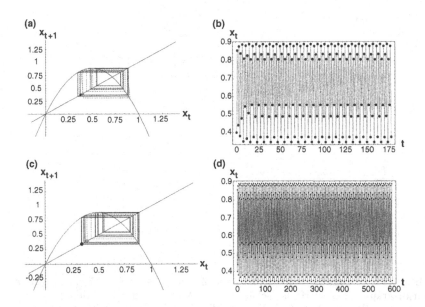

Abb. 2.10. Zyklus der Periode 8 bei $R = 3.56$ (Abb. (a) und (b)) und Zyklus der Periode 16 bei $R = 3.567$ (Abb. (c) und (d))

Weise den Blick auf die Zeitreihe mit der Betrachtung des zugehörigen dynamischen Systems verknüpft:

Chaos ist eine aperiodische beschränkte Dynamik mit einer starken Abhängigkeit von den Anfangsbedingungen in einem deterministischen System.

Hier sind zwei Begriffe näher zu erläutern:

- *beschränkt*: Die Werte $\pm \infty$ treten in der Zeitreihe nicht auf, auch nicht als Grenzwert des beobachteten Ausschnitts; der Wertebereich für x_t ist endlich.
- *deterministisch*: Die Dynamik ist in Gleichungen formulierbar, die nicht auf stochastische Effekte (also Zufallszahlen) zurückgreifen. Eine Zeitreihe ist vollständig reproduzierbar, sobald Regelwerk und *exakte* Anfangsbedingung bekannt sind.

Chaos ist *ein* Spezialfall von dynamischem Verhalten eines Systems. Bei der Behandlung biologischer Phänomene mit mathematischen Methoden treten folgende Fragestellungen im Zusammenhang mit Chaos auf:

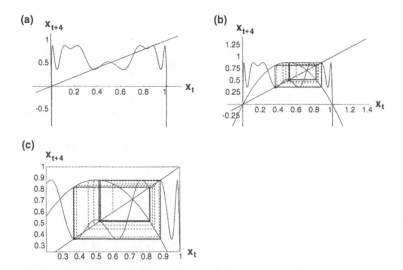

Abb. 2.11. Organisationsschema des Zyklus aus Abb. 2.7 im (x_{t+1}, x_t)-Hilfsdiagramm. Die vierfache Schachtelung (Abb. (a)) der Funktion f ergibt die Kanten des Zyklus (Abb. (b)). Die schnelle Konvergenz der Zeitreihe und die genaue Lage der Kanten läßt sich in der Ausschnittsvergrößerung (Abb. (c)) klar erkennen

1. Ist eine vorliegende Zeitreihe (also ein experimenteller Datensatz) chaotisch?

   → Dies erfordert spezielle, auf nichtlineare Systeme zugeschnittene Analysemethoden (Kapitel 4).

2. Wie gewinnt man aus der Zeitreihe die Grundgleichungen, also das (deterministische) Regelwerk?

   → Diese Frage stellt eine der fundamentalen Aufgaben der mathematischen Biologie dar. Die gedankliche Vorgehensweise ist etwa folgende (vgl. dazu Kapitel 4):

   Zeitreihe → Attraktor (Struktur im Phasenraum) → Kenngrößen der Grundgleichungen (Anzahl der Gleichungen, Grad der Nichtlinearität, Kopplungen) → Modell.

3. Kann ein vorliegendes Modell prinzipiell auf eine chaotische Zeitreihe führen?

4. Wie hängt der Übergang "regulär → irregulär" in der Zeitreihe von den Parametern des Modells ab?

Die Fragestellungen 3. und 4. lassen sich am besten im Rahmen von sogenannten *Bifurkationsdiagrammen* (engl. *bifurcation diagrams*)

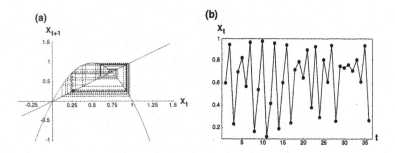

Abb. 2.12. Beispiel für eine chaotisch oszillierende Zeitreihe, die mit Hilfe der logistischen Differenzengleichung mit $R = 3.9$ erzeugt wurde

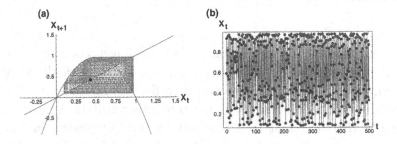

Abb. 2.13. Chaotisches Verhalten der logistischen Differenzengleichung für $R = 3.9$. Sowohl im Hilfsdiagramm (a) als auch in der Zeitreihe (b) erkennt man, daß die irreguläre Abfolge von Werten das zur Verfügung stehende Intervall $[0, 1]$ nahezu vollständig ausschöpft

diskutieren. Eine *Bifurkation* ist eine "Verzweigung" im Systemverhalten, also eine grundlegende Änderung der Dynamik des Systems beim Über- oder Unterschreiten eines bestimmten Parameterwertes. Tatsächlich haben wir einige Beispiele für Bifurkationsphänomene bereits kennengelernt:

- In der linearen Differenzengleichung $x_{t+1} = R\,x_t$ wechselt bei $R = 1$ das asymptotische Verhalten zwischen 0 und $+\infty$ (vgl. Abb. 2.2).
- Die logistische Differenzengleichung $x_{t+1} = R\,x_t\,(1 - x_t)$ besitzt bei $R = 3.3$ einen Zyklus der Periode 2, während man bei $R = 3.5$ einen Zyklus der Periode 4 beobachtet. Dazwischen *muß* eine Bifurkation stattfinden (vgl. Abb. 2.8 und 2.9).

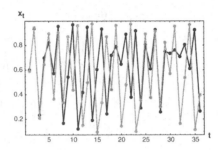

Abb. 2.14. Starke Abhängigkeit der Zeitentwicklung der logistischen Differen-zengleichung im chaotischen Regime von den Anfangsbedingungen. Dargestellt ist der zeitliche Verlauf für zwei benachbarte Anfangsbedingungen ($x_0 = 0.6$ bzw. $x_0 = 0.59$). Man sieht, daß schon nach etwa 6 Iterationsschritten keinerlei erkenn-barer Zusammenhang zwischen den beiden Zeitreihen existiert

Während unsere einfachen Stabilitätsbetrachtungen zur linearen Dif-ferenzengleichung ausreichten, um das Phänomen vollständig zu ver-stehen, ist für eine nähere Untersuchung der Bifurkationen in der lo-gistischen Differenzengleichung eine computergestützte Analyse sehr hilfreich. Hierzu erstellt man eine Art Orientierungskarte, in der zu jedem Wert des Parameters R die möglichen Werte für x_t darge-stellt sind. Praktisch erzeugt man ein solches *Bifurkationsdiagramm* durch Implementierung der folgenden Arbeitsschritte in einer geeig-neten Programmier- oder Software-Umgebung (z.B. Fortran, C oder einem Computeralgebra-Programm, vgl. Anhang A):

1. Wahl eines Wertes für R,
2. Erzeugung (Iteration) einer *langen* Zeitreihe für das gewählte R,
3. Weglassen des Anfangsbereichs (Transient oder Relaxationsphase) der Zeitreihe,
4. Eliminieren aller mehrfach auftretenden Werte in der verbleiben-den Zeitreihe,
5. Eintragen der verbleibenden Werte bei diesem R in das Bifurkati-onsdiagramm,
6. Übergang zum nächsten (benachbarten) R.

In diesem Algorithmus treten (implizit) vier technische Größen auf, die man vorab festlegen muß: die Schrittweite ΔR beim Übergang von ei-nem R zum nächsten, die Länge der erzeugten Zeitreihe, die Länge des Transienten und die Differenz Δx, die zwei Punkte x_t und x_s der Zeitreihe maximal haben dürfen, um in Arbeitsschritt 4 noch als gleich erkannt zu werden. Das Ergebnis eines solchen Verfahrens, das resul-

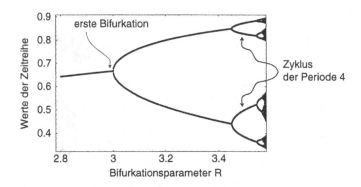

Abb. 2.15. Schematisches Bifurkationsdiagramm für die ersten Bifurkationen der logistischen Differenzengleichung in Abhängigkeit des Parameters R

tierende Bifurkationsdiagramm für die logistische Differenzengleichung in einem kleinen Bereich von R, ist in Abb. 2.15 dargestellt. Das sich ergebende Bild ist erstaunlich klar: Die unterschiedlichen Zyklen sind eindeutig zu erkennen, ebenso wie die genau lokalisierten Bifurkationspunkte, an denen das System von einem Zyklus zum nächsten wechselt. Am rechten Rand von Abb. 2.15 tritt auch die immer schnellere Abfolge von Periodenverdopplungen bis hin zu einem aperiodischen (chaotischen) Verhalten deutlich zutage. Auch die absolute Lage der Punkte eines Zyklus läßt sich dem Bifurkationsdiagramm entnehmen. In einer enorm kondensierten Weise stellt ein solches Diagramm die Informationen einer sehr großen Schar von Einzelzeitreihen dar.
Nachdem nun die logistische Differenzengleichung einen erheblichen Raum eingenommen hat bei unserem Versuch, eine Phänomenologie chaotischen Verhaltens zu erstellen, lohnt sich der Nachweis, daß zwar die Details (z.B. die Lage der Bifurkationspunkte oder die Aufspaltung der Kanten eines Zyklus) von der konkreten Form der Gleichung abhängen, die prinzipielle Struktur jedoch nicht auf die logistische Gleichung beschränkt ist. Aus diesem Grund ist in Abb. 2.16 das Bifurkationsdiagramm einer anderen Differenzengleichung, nämlich

$$x_{t+1} = \frac{1}{2} + R \, \sin\left(2\pi x_t\right),$$

dargestellt. Man beobachtet – wie auch bei einer großen Klasse weite-

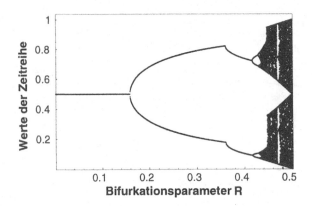

Abb. 2.16. Bifurkationsdiagramm der Differenzengleichung $x_{t+1} = 1/2 + R \sin(2\pi x_t)$. Auch diese Funktion führt auf eine Periodenverdoppelungsroute ins Chaos

rer nichtlinearer Differenzengleichungen – eine ganz ähnliche Abfolge von Bifurkationspunkten wie im vorangegangenen Fall.[5]
Nach diesem mit Hilfe des Bifurkationsdiagramms gewonnenen Überblick über die unterschiedlichen Dynamiken und insbesondere der Bestimmung der Parameterbereiche stabiler Zyklen und chaotischen Verhaltens, sind wir bei einer für die Datenanalyse äußerst relevanten Frage angelangt: Wie läßt sich das chaotische Regime einer solchen Differenzengleichung quantifizieren? Hier ist zu unterscheiden zwischen der Quantifizierung des *Weges* ins Chaos und der Quantifizierung des chaotischen Verhaltens selbst. Während die entscheidende Kenngröße für den ersten Aspekt die Abfolge der Bifurkationspunkte darstellt (z.B. die Periodenverdopplungsroute ins Chaos bei der logistischen Differenzengleichung), wird für den zweiten Aspekt, bei dem einem chaotischen Verhalten selbst eine Zahl zugewiesen werden soll, eine neue Größe benötigt: der sogenannte *Lyapunov-Exponent*.
Ganz allgemein ist der Lyapunov-Exponent λ einer Differenzengleichung ein Maß für die (exponentielle) Konvergenz oder Divergenz nahe beieinander liegender Anfangsbedingungen:

$\lambda < 0 \Rightarrow$ Konvergenz gegen einen Fixpunkt oder Grenzzyklus,

$\lambda > 0 \Rightarrow$ Divergenz; charakteristisch für chaotische Zeitreihe.

---

[5] Neben diesem Weg über eine Abfolge von Periodenverdopplungsbifurkationen gibt es noch weitere sogenannte "Routen ins Chaos", siehe zum Beispiel (Kapitaniak u. Bishop 1999, Ott 1993).

Der Lyapunov-Exponent ist die zentrale Kenngröße für chaotisches Verhalten. Die Divergenz oder Konvergenz wird später bei den mehrdimensionalen Differentialgleichungen im Rahmen der linearen Stabilitätsanalyse eine noch klarere geometrische Interpretation erfahren. In der Diskussion von Differenzengleichungen bietet die Betrachtung des Lyapunov-Exponenten jedoch schon eine erste gute Gelegenheit, uns an diese Quantifizierungsmethode von Chaos zu gewöhnen. Die Frage ist nun, wie man den Lyapunov-Exponenten aus der Zeitreihe einer Differenzengleichung berechnet. Es ist vollkommen klar, daß eine analoge Fragestellung auch auftritt bei den Versuchen, chaotische Effekte in experimentellen Daten nachzuweisen. Wir gehen aus von einer Zeitreihe $\{x_t | \ t = 0, ..., n - 1\}$ der Länge n, die mit einer Differenzengleichung für eine bestimmte Wahl der Parameter erzeugt worden ist.[6] Der Lyapunov-Exponent λ der Differenzengleichung $x_{t+1} = f(x_t)$ ergibt sich dann aus der Zeitreihe zu:

$$\lambda = \lim_{n \to \infty} \frac{1}{n} \sum_{t=0}^{n-1} \log |f'(x_t)|. \tag{2.9}$$

Dabei steht der Grenzübergang $n \to \infty$ formal für eine sehr lange Zeitreihe. Damit wird erreicht, daß der Wert von λ unabhängig von der Länge der betrachteten Zeitreihe ist. Wie üblich ist die Summe über n Elemente in Gleichung (2.9) durch einen Faktor $1/n$ normiert worden. Die genaue Form der Summanden ist vor dem Hintergrund der geometrischen Bedeutung des Lyapunov-Exponenten recht einleuchtend: Die Änderung $f'(x_t)$ von f an der Stelle x_t ist ein Maß für das Auseinanderdriften oder Zusammenlaufen zweier Zeitreihen, die sich zum Zeitpunkt t etwas unterscheiden. Die Betragsstriche stellen vor allem sicher, daß bei der Verwendung des Logarithmus keine mathematischen Komplikationen auftreten, da der Logarithmus einer negativen Zahl nicht (reell) definiert ist. Der Logarithmus selbst tritt auf, um wirklich ein Maß für die *exponentielle* Konvergenz oder Divergenz zu erhalten. In Abb. 2.17 ist das Bifurkationsdiagramm der logistischen Differenzengleichung für einen größeren Parameterbereich als zuvor zusammen mit dem zugehörigen Lyapunov-Exponenten dargestellt. Die zugrunde liegende Systematik, ein negativer Lyapunov-Exponent tritt

---

[6] Wie bereits erwähnt ist die Bestimmung des Lyapunov-Exponenten nicht an das Phänomen der Differenzengleichung gebunden. In Kapitel 4 werden wir ein Verfahren kennenlernen, um Lyapunov-Exponenten aus der Zeitreihe selbst, ohne Rückgriff auf die Funktion f, zu bestimmen.

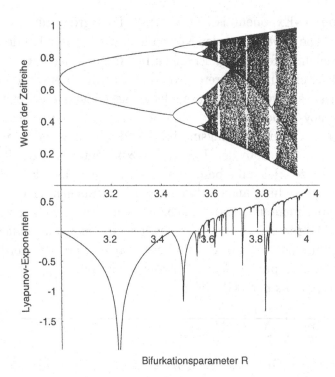

Abb. 2.17. Bifurkationsdiagramm der logistischen Differenzengleichung über einen größeren Bereich in *R (oberer Teil)*. Im *unteren Teil* ist die zugehörige Abhängigkeit des Lyapunov-Exponenten vom Parameter *R* dargestellt. Die Fenster regulärer Dynamik im Bifurkationsdiagramm zeigen sich als deutliche Einbrüche mit Vorzeichenwechsel im Verlauf des Lyapunov-Exponenten. Die Berechnung des Lyapunov-Exponenten erfolgte mit einem Mathematica-Notebook von R. Knapp und M. Sofroniou (Knapp u. Sofroniou 1997)

bei einer regulären Dynamik auf, während ein positiver Exponent die irreguläre Dynamik kennzeichnet, ist klar zu erkennen.

Es bleibt die Frage, ob die formale Definition, Gleichung (2.9), mit unserer Anschauung übereinstimmt. Mit der folgenden – nicht exakten – mathematischen Ideenskizze läßt sich verstehen, auf welche Weise ein negativer Lyapunov-Exponent einer regulären Zeitreihe entspricht. Man hat

$$e^{\lambda} \approx e^{\sum \log |f'(x_t)|} \approx e^{\log |f'(x_1)|} \, e^{\log |f'(x_2)|} \quad \ldots$$

$$\approx |f'(x_1)| \cdot |f'(x_2)| \quad \ldots \quad .$$

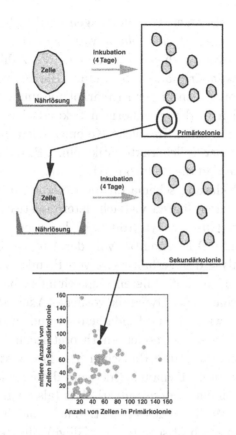

Abb. 2.18. Analyseschema der Größe von Tumorzellpopulationen nach D.E. Axelrod (Axelrod 1997). Einzelheiten dieses Verfahrens sind im Text beschrieben

Für einen Fixpunkt gilt $|f'| < 1$. Das impliziert $e^\lambda < 1$ und damit $\lambda < 0$.

Nun zu einer Anwendung solcher Differenzengleichungen zur *Analyse* experimenteller Daten. Eine der wichtigsten beobachtbaren Eigenschaften von Tumorzellpopulationen ist ihre Heterogenität, also die erhebliche Streuung in den Kenngrößen der Zellen (z.B. in den Wachstumsraten). Dabei wirken – zum Teil noch unverstandene – Mechanismen auf molekularer Ebene, die über einfache Mutationen weit hinausgehen. Ein Maß für diese Heterogenität ist die Verteilung aus Einzelzellen entstehender *Koloniegrößen* nach einer festgelegten Inkubationszeit. Das experimentelle Schema zur Definition der Koloniegröße ist in Abb. 2.18 dargestellt. Im Experiment wird verfolgt, wieviele direkte Nachkommen eine einzelne in einer Nährlösung befindliche Zelle nach einer Inkubationszeit von vier Tagen besitzt. Die einzelnen Zellen dieser sogenannten *Primärkolonie* werden dann in derselben Weise behandelt, und es wird zu jeder von ihnen die Zahl von Zellen der so erzeugten *Sekundärkolonien* bestimmt. Die Korrelation zwischen der Anzahl P von Zellen in der Primärkolonie und der mittleren Anzahl S von Zellen in den zugehörigen Sekundärkolonien kann dann näher untersucht werden. In solche Koloniegrößen fließen die Verteilungen verschiedener Zellcharakteristika ein, z.B. die Zellzyklusdauer, die Apoptoserate und die Zellproduktionsrate.

Als mögliches Erklärungsschema für die Heterogenität von Tumorzellen ist in den letzten Jahren vielfach deterministisches Chaos vorgeschlagen worden (Gusev u. Axelrod 1995, Furusawa u. Kaneko 1998). Ende 1997 konnte D.E. Axelrod von der Rutgers-Universität New Jersey eine Analyse des Verhältnisses von Primär- zu Sekundärkolonien durchführen, die auf Differenzengleichungen beruht und ergibt, daß hier keine chaotische Dynamik vorliegt (Axelrod 1997). An dieser Stelle treffen wir auf eine fundamentale und in ihrer Gesamtheit noch ungelöste Frage der modernen theoretischen Biologie: die Unterscheidung von Chaos und Rauschen. Die Frage ist dabei folgende: Wird eine beobachtete Dynamik (hier nun die Entwicklung von Zellpopulationen) von einem deterministischen (also mathematisch exakt formulierbaren) Mechanismus erzeugt, oder handelt es sich bei der Beobachtung um stochastische (also zufällige) Effekte? Die Vorbedingung für ein weiteres Verständnis der Dynamik und der konkreten physiologischen Realisierung ist die Klärung dieser Frage. Die Analyse der Koloniegröße vor dem Hintergrund dieses Problemfeldes ist in den Abbildungen 2.19 und 2.20 zusammengestellt. Die Kernidee von Axelrod ist, daß das Verhältnis von Primär- zu Sekundärkolonien formal einem Iterationsschritt $x_t \to x_{t+1}$ entspricht, wie wir ihn aus der Betrachtung von Differenzengleichungen kennen. In Abb. 2.19 ist die Anpassung einer quadratischen Gleichung an die Koloniegrößenverteilung im (S, P)-Diagramm für gesunde Zellen dargestellt. Da nun ein solches (S, P)-Diagramm formal unserem bekannten (x_{t+1}, x_t)-Hilfsdiagramm der Differenzengleichung entspricht, läßt sich auch eine Iteration durchführen, die dann als Prognose für die Zeitentwicklung der betrachteten Zellen dienen kann. Eindeutig führt dieses Verfahren auf einen stabilen Fixpunkt, so wie man für die Entwicklung eines Ensembles gesunder Zellen erwarten kann. Abb. 2.20 stellt das Ergebnis einer entsprechenden Analyse für eine Population von Tumorzellen dar.

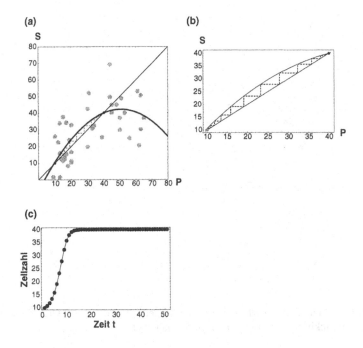

Abb. 2.19. Analyse der Koloniengrößen gesunder Zellen mit Hilfe einer quadratischen Differenzengleichung. Abb. (a) zeigt die angepaße quadratische Gleichung in einer Auftragung der mittleren Größe S der Sekundärkolonien über der Größe P der Primärkolonie ((S, P)-Diagramm) zusammen mit den experimentellen Daten. Die Iteration (Abb. (b)) ergibt einen stabilen Fixpunkt für die zeitliche Entwicklung (Abb. (c)). Die Datenpunkte aus (Axelrod 1997) wurden von D.E. Axelrod zur Verfügung gestellt

Auch hier konvergiert die Zeitentwicklung gegen einen Fixpunkt. Eine Variation der angepaßten quadratischen Funktion führt über weite Bereiche zu demselben Ergebnis, so daß auf der Grundlage der bestehenden experimentellen Daten kein Anlaß besteht, ein chaotisches Verhalten heranzuziehen. Axelrod deutet die beobachtete Heterogenität der Tumorzellpopulationen daher als rein stochastischen Effekt.

2.2 Eindimensionale Differentialgleichungen und Bifurkationen

Bis zu dieser Stelle haben sich unsere Betrachtungen der mathematischen Werkzeuge, mit denen man biologische Systeme modellieren kann, vor allem auf diskrete Methoden konzentriert, also auf solche, bei

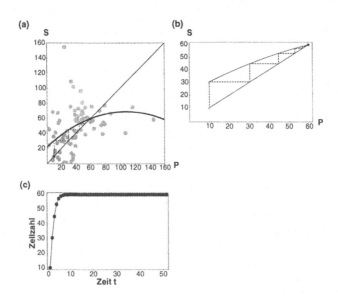

Abb. 2.20. Wie Abb. 2.19, nur für Tumorzellpopulationen. Auch hier ist die zeitliche Entwicklung durch einen Fixpunkt gegeben

denen Iterationen auftreten. Konzeptionell war ein wichtiger Aspekt die sehr anschauliche und wenig formale Untersuchung mit graphischen Methoden. Wir haben versucht eine Art "Landkarte" zu entwerfen und besondere Punkte des dynamischen Verhaltens einzuzeichnen und zu klassifizieren, speziell Fixpunkte und Zyklen und ihre Stabilität.

Wir werden nun entsprechende Fragestellungen für das kontinuierliche Gegenstück zu den Differenzengleichungen diskutieren, für *Differenti-algleichungen*. Die allgemeine Form einer eindimensionalen Differenti-algleichung

$$\frac{dx}{dt} = f(x) \tag{2.10}$$

haben wir bereits in Kapitel 1.2 kennengelernt. In Analogie zu den Differenzengleichungen gibt es hier einen einfachen Zugriff auf Fixpunkte. Es ist dabei hilfreich, sich noch einmal die geometrische Rolle der Steigung vor Augen zu führen. Dazu betrachten wir die Dynamik, die für einen Anfangswert $x(0) = x_0$ aus der Differentialgleichung (2.10) an dem unmittelbar benachbarten Zeitpunkt $0 + \Delta t$ entsteht. Ist zum Beispiel $f(x_0)$ positiv, so ist nach Gleichung (2.10) auch die zeitliche Änderung positiv, also $x(0 + \Delta t) > x_0$, so daß $x(t)$ wächst. Diese Überlegung führt auf das folgende Schema:

$$f(x_0) > 0 \quad \Rightarrow \quad \left.\frac{dx}{dt}\right|_{x=x_0} > 0 \quad \Rightarrow \quad x \text{ wächst}$$

$$f(x_0) < 0 \quad \Rightarrow \quad \left.\frac{dx}{dt}\right|_{x=x_0} < 0 \quad \Rightarrow \quad x \text{ fällt.}$$

Dieser einfache Gedankengang bildet tatsächlich die vollständige mathematische Grundlage für eine Diskussion der Lage und Stabilität von Fixpunkten eindimensionaler Differentialgleichungen. Zuerst läßt sich die Bedingung für einen Fixpunkt angeben:

Ein Punkt x_F ist ein Fixpunkt der Differentialgleichung $dx/dt = f(x)$ genau dann, wenn $f(x_F) = 0$.

Die Begründung erfolgt nach dem bereits formulierten Muster: Mit $f(x_F) = 0$ ist auch

$$\left.\frac{dx}{dt}\right|_{x=x_F} = 0,$$

und damit $x(t)$ konstant. Eine graphische Darstellung dieser Situation ist in Abb. 2.21 gegeben. Hier zeigt sich die klare geometrische Analogie zu Differenzengleichungen, bei denen Fixpunkte als Schnittpunkte der Funktion mit der Winkelhalbierenden auftreten. Das entsprechende Hilfsdiagramm ist nun die $(dx/dt, x)$-Ebene. Ebenso einfach wie die Bedingung selbst läßt sich auch die *Stabilitätsbetrachtung* der Differenzengleichungen auf den Fall der Differentialgleichungen übertragen. In der Nähe des Fixpunktes x_F soll dazu als Gedankenexperiment die Funktion f durch eine Gerade ersetzt werden:

$$\left.\frac{dx}{dt}\right|_{\text{nahe } x_F} \approx m\,x$$

für die zwei unterschiedliche Fälle von lokaler Dynamik existieren:

1. $m < 0 \quad \Rightarrow x(t)$ fällt exponentiell in den Fixpunkt zurück.
2. $m > 0 \quad \Rightarrow x(t)$ entfernt sich exponentiell von dem Fixpunkt.

Auf diese Weise ist eine graphische Klassifikation in stabile $(m < 0)$ und instabile $(m > 0)$ Fixpunkte möglich. Eine schematische Darstellung dieser Unterteilung für eine typische Funktion $f(x)$ ist in Abb. 2.21 angegeben. Aus der Stabilitätsbedingung, der möglichen Anordnung von Nullstellen und der Betrachtung von Abb. 2.21 wird sofort klar, daß stabile und instabile Fixpunkte stets alternierend auftreten, also die benachbarten Fixpunkte eines stabilen Fixpunktes instabil

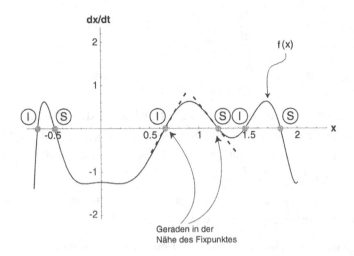

Abb. 2.21. Schematische Darstellung der Stabilität von Fixpunkten in eindimensionalen Differentialgleichungen in der $(dx/dt, x)$-Hilfsebene. Die Fixpunkte treten als Schnittpunkte der Funktion f mit der x-Achse auf. In der Abbildung sind sie aufgrund der Steigungsbedingung in stabile (S) und instabile (I) Fixpunkte unterteilt

sein müssen. Neben der grundsätzlichen Ähnlichkeit zur Klassifikation der Fixpunkte von Differenzengleichungen gibt es zwei wesentliche Unterschiede:

- Bei Differenzengleichungen ist die Stabilitätsbedingung gerade $|m| < 1$.
- Bei Differenzengleichungen gibt es auch ein oszillatorisches Verhalten (für $m < 0$). Im Fall der Differentialgleichungen kann zwar die Funktion $f(x)$ oszillieren, nicht aber das zeitliche Verhalten von $x(t)$.

Der formale Weg, diese Unterschiede näher zu untersuchen, beginnt bei der Übertragung des Differentialquotienten in einen Differenzenquotienten:

$$\frac{dx}{dt} = \lim_{\Delta t \to 0} \frac{x_{t+\Delta t} - x_t}{\Delta t}.$$

Die Approximation $\Delta t = 1$ führt dann auf die zugehörige Differenzengleichung:[7]

---

[7] Um die Argumentation zum oszillatorischen Verhalten transparenter zu machen wird in den folgenden drei Gleichungen zwar $x(t + \Delta t)$ durch x_{t+1} ersetzt, auf der rechten Seite der Differenzengleichung jedoch Δt beibehalten.

$$\frac{x_{t+1} - x_t}{\Delta t} = f(x_t) \quad \Rightarrow \quad x_{t+1} = f(x_t)\,\Delta t + x_t =: g(x_t) \quad (2.11)$$

Aus Gleichung (2.11) ist der Grund für den ersten der beiden Unterschiede leicht zu erkennen: Sei x^* ein (möglicher) Fixpunkt. Man hat

$$\frac{dx_{t+1}}{dx_t}\Big|_{x^*} = \Delta t \frac{df}{dx_t}\Big|_{x^*} + 1, \qquad (2.12)$$

also den Sachverhalt, daß einer Steigung von 1 der Funktion $g(x)$ eine Steigung von 0 in $f(x)$ entspricht.

Ausgehend von den Gleichungen (2.11) und (2.12) läßt sich der grundlegende Unterschied zwischen dem diskreten und dem kontinuierlichen Gleichungstyp mathematisch klar formulieren:

Differenzengleichung: $\Delta t \approx 1$,
Differentialgleichung: $\Delta t \ll 1$.

Dieser prinzipielle Unterschied führt auf das Fehlen eines oszillatorischen Verhaltens bei eindimensionalen Differenzengleichungen. Im Fall der Differentialgleichungen tritt eine oszillatorische Dynamik immer dann auf, wenn die Steigung negativ ist, wenn also nach Gleichung (2.12) die Bedingung

$$\Delta t \frac{df}{dx_t}\Big|_{x^*} + 1 \;\overset{!}{<}\; 0$$

erfüllt ist. Diese Relation ist für $\Delta t \approx 0$ jedoch unmöglich, wohl aber für $\Delta t \approx 1$.

Die Gültigkeit solcher Plausibilitätsüberlegungen zu dynamischen Phänomenen sollte man stets einer weiteren Überprüfung unterziehen, speziell in bezug auf mögliche pathologische Grenzfälle.[8] Der oben angegebene Ausdruck kann auch bei $\Delta t \to 0$ kleiner als Null werden, jedoch nur wenn $df/dx_t|_{x_F} \to \infty$. Aber dann springt das Zeitverhalten tatsächlich (siehe z.B. Abb. 1.19(b)).

Ein noch grundlegenderer Vergleich ist auf der Ebene der Hilfsdiagramme möglich. Aus Gleichung (2.11) wird klar, daß die Abszisse im Hilfsdiagramm der Differentialgleichung wegen $dx = x_{t+1} - x_t$ gerade der Winkelhalbierenden in dem Hilfsdiagramm der Differenzengleichungen entspricht, während die Ordinate sich nicht unterscheidet. Oder umgekehrt, nun aus der Sicht des Funktionengraphen formuliert:

---

[8] Es ist zum Beispiel ein grundsätzliches Phänomen, daß die Anschauung und auch ein Teil der mathematischen Intuition bei der Betrachtung von nichtlinearen dynamischen Systemen versagt, vgl. dazu (Dörner 1993).

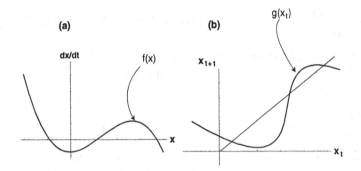

Abb. 2.22. Vergleich der Hilfsdiagramme für eindimensionale Differentialgleichungen (Abb. (a)) und Differenzengleichungen (Abb. (b))

Tabelle 2.3. Schematischer Vergleich von Differentialgleichungen und Differenzengleichungen

Differentialgleichung	Differenzengleichung
$dx/dt = f(x)$	$x_{t+1} = f(x_t) + x_t =: g(x_t)$
$(dx/dt, x)$-Hilfsdiagramm: Abb. 2.22(a)	(x_{t+1}, x_t)-Hilfsdiagramm: Abb. 2.22(b)
Zeitentwicklung: infinitesimal kleine Bewegungen auf $f(x)$	Zeitentwicklung: Sprünge auf $g(x_t)$
jeder Punkt auf $f(x)$ kann nur in eine Richtung verlassen werden. Mögliche Richtungswechsel sind durch Fixpunkte getrennt.	auch hier kann jeder Punkt nur in eine Richtung verlassen werden, aber es kann zwischen Bereichen unterschiedlicher Richtung *gesprungen* werden.

Die Funktion $g(x_t)$ der zugehörigen Differenzengleichung erhält man aus der Funktion f, die in der Differentialgleichung auftritt, nach Gleichung (2.11) durch Addition einer Geraden der Steigung 1 (der Term $+x_t$ in Gleichung (2.11). Abb. 2.22 zeigt diesen Zusammenhang direkt anhand der beiden Hilfsdiagramme.

Ein Fazit aus dem Vergleich dieser beiden Beschreibungsformen ist, daß Differenzengleichungen das wesentlich komplexere dynamische Verhalten besitzen. Bei Differentialgleichungen ist eine größere Zahl von Dimensionen (bzw. dynamischen Variablen, z.B. x, y und z) erforderlich, damit die Kurve $f(x)$ nicht auf die Ebene festgelegt ist. Tabelle 2.3 faßt diesen Vergleich zusammen. Schon hier können wir aufgrund der Betrachtung des $(dx/dt, x)$-Hilfsdiagramms aus Abb. 2.21

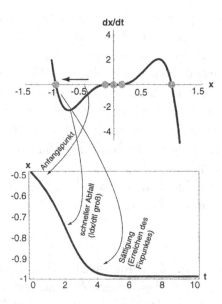

Abb. 2.23. Übersetzungsschema einer Differentialgleichung aus dem $(dx/dt, x)$-Hilfsdiagramm in eine zeitliche Dynamik. Für den Anfangspunkt $x(0) = -0.5$ läßt sich aus dem Hilfsdiagramm ablesen, daß der Wert mit der Zeit kleiner werden muß. Bis etwa $x(t) = -0.9$ ist der Funktionswert $f(x)$ und damit die zeitliche Änderung negativ und dem Betrag nach groß, was sich in der Zeitentwicklung von x als schneller Abfall zeigt. Ab da geht die zeitliche Änderung sehr schnell gegen Null. Man beobachtet ein deutliches Sättigungsverhalten. Das System läuft in den stabilen Fixpunkt $x_F = -1$, in dem es schließlich verbleibt

klar erkennen, daß die Dynamik eindimensionaler Differentialgleichungen erstaunlich einfach ist:

- Eindimensionale Differentialgleichungen besitzen kein oszillatorisches Verhalten. Es gibt nur monotones Wachstum oder monotones Abfallen.
- Es existieren nur drei mögliche Zustände für große t (also formal $t \to \infty$):
$$x \to +\infty \quad , \quad x \to -\infty \quad , \quad x \to \text{Fixpunkt} .$$

Dieser letzte Punkt wird sofort klar, wenn man das graphische Übersetzungsschema vom Hilfsdiagramm in eine wirkliche Zeitreihe (Abb. 2.23) betrachtet. So werden zum Beispiel die asymptotischen Werte $\pm\infty$ genau dann vermieden, wenn die äußersten Fixpunkte (also die Nullstellen der Funktion $f(x)$ mit dem kleinsten und größten x) stabil sind.

Was ist an diesem begrenzten, nahezu langweiligen Verhalten überhaupt interessant? Die Antwort ist ebenso erstaunlich wie einfach: die
Abhängigkeit von externen Kontrollparametern. Dahinter steht die für
Verständnis wie Anwendung sehr grundlegende Frage, wie ein betrach-
tetes System auf Änderung der äußeren Bedingungen reagiert. Bei dem
System kann es sich zum Beispiel um ein Ökosystem oder ein Ensemble
von reaktiven chemischen Substanzen handeln. Die äußeren Bedingungen können sich auf Temperatur, Nahrung oder das Hinzufügen weiterer Elemente beziehen.

Als erstes Beispiel kann die Abhängigkeit der Lösung $x(t)$ der einfachen
nichtlinearen Differentialgleichung

$$\frac{dx}{dt} = r + x^2$$

vom Parameter r dienen. Mathematisch ist die Situation fast trivial:
In der Funktion $f(x) = r + x^2$ gibt r den Achsenabschnitt bei $x = 0$ an,
der hier mit dem Minimum der Funktion zusammenfällt. Die Funktion
selbst ist eine nach oben offene Parabel. Mit r wird also der Graph der
Funktion vertikal verschoben. Auf diese Weise regelt r die Anzahl von
Nullstellen der Funktion $f(x)$. Im Sinne der resultierenden Dynamik
ist dieser Unterschied jedoch von enormer Bedeutung:

Ist $r < 0$, gibt es einen stabilen und einen instabilen Fixpunkt.

Ist $r > 0$, gibt es keine Fixpunkte.

Diese Situation bezeichnet man als *Sattel-Knoten-Bifurkation* (engl.
saddle-node bifurcation). Die zugehörigen Hilfsdiagramme sind in Abb.
2.24 dargestellt. In einem *Bifurkationsdiagramm*, in dem ganz in Analogie zu Differenzengleichungen die Lage der Fixpunkte (und ihre Stabilität) als Funktion des Parameter r aufgetragen ist, sind alle wesentlichen dynamischen Informationen über das System enthalten. Dort
wird die Lage der Fixpunkte als Funktion des Kontrollparameters r
dargestellt, wobei instabile Fixpunkte durch gestrichelte Linien gekennzeichnet werden. Wie schon im Fall der Differenzengleichungen
enthält ein solches Diagramm in kondensierter Form die Information
sehr vieler einzelner Hilfsdiagramme. Man kann sagen, daß die Dynamik dieser Differentialgleichung mit Vorliegen des Bifurkationsdiagramms vollständig verstanden ist. Nun sieht $dx/dt = r + x^2$ weder
mathematisch spektakulär noch für die Formulierung eines Modells besonders nützlich aus. Tatsächlich dient diese Sattel-Knoten-Bifurkation
einer einfachen Parabel aber als *Baustein* für kompliziertere Modelle,

(dx/dt , x)-Hilfsdiagramme:

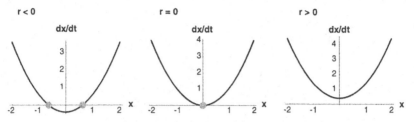

zugehöriges Bifurkationsdiagramm:

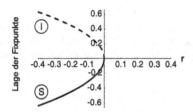

Abb. 2.24. Struktur einer Sattel-Knoten-Bifurkation, die durch den Funktionen-baustein $f(x) = r + x^2$ beschrieben ist. In der *oberen* Hälfte ist eine Reihe unterschiedlicher $(dx/dt, x)$-Hilfsdiagramme aufgeführt, während das *untere* Diagramm die Zusammenfassung dieser Befunde in Form eines Bifurkationsdiagramms darstellt. Mit I und S sind der instabile und der stabile Zweig (also die r-Abhängigkeit des instabilen und des stabilen Fixpunktes) bezeichnet

und zwar in der in Abb. 2.25 dargestellten Weise. Wenn der Baustein das System lokal (in einem gewissen Wertebereich der Observablen x) zu approximieren vermag, dann wird das System an dieser Stelle in Abhängigkeit eines der Größe r entsprechenden Kontrollparameters eine Sattel-Knoten-Bifurkation zeigen. Diese Bifurkation ist dann ein geeignetes *Minimalmodell* für das System in dem betrachteten Wertebereich.

Im Fall der Sattel-Knoten-Bifurkation verschwinden irgendwann alle Fixpunkte. Nun gibt es gerade in ökologischen Modellen gelegentlich Fixpunkte, die zwar ihre Stabilität ändern können, wenn die äußeren Bedingungen sich wandeln, die aber auf jeden Fall als Fixpunkte erhalten bleiben sollen. Ein einfaches Beispiel sind Wachstumsmodelle einer einzelnen Spezies. Es ist klar, daß $N(0) = 0$ unabhängig von der Wachstumsrate und der Kapazität des Systems (also der maximalen Zahl von Mitgliedern dieser Spezies) stets ein Fixpunkt sein soll. Der elementare Funktionenbaustein für eine entsprechende Bifurkation ist

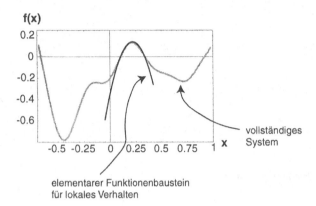

Abb. 2.25. Bedeutung eines elementaren Funktionenbausteins bei der Beschreibung realer Vorgänge. Auch bei einer komplexeren globalen Struktur der Funktion $f(x)$ können die lokalen Bifurkationseigenschaften dennoch durch einen solchen Baustein beschreibbar sein

gegeben durch $dx/dt = rx - x^2$, also im wesentlichen durch die – bei Differentialgleichungen harmlose – logistische Gleichung, die wir in Kapitel 1.2 bereits kennengelernt haben. Die Funktion $f(x)$ ist eine Parabel durch $(0,0)$, zu der eine Gerade mit der Steigung r addiert wurde. Der wesentliche Effekt ist, daß sich die Lage des Maximums mit r ändert:

$$\frac{df}{dx} = r - 2x \stackrel{!}{=} 0 \qquad \Rightarrow \qquad x_{\max} = \frac{r}{2}.$$

Die resultierende Änderung der Fixpunkte in Abhängigkeit von r beschreibt eine sogenannte *transkritische Bifurkation*. Über den gesamten Wertebereich von r (mit Ausnahme des Punktes $r = 0$) existieren zwei Fixpunkte. Dabei ist klar, daß es sich um einen stabilen und einen instabilen Fixpunkt handeln muß. Der Fixpunkt $x = 0$ ändert jedoch bei $r = 0$ seine Stabilität (vgl. Abb. 2.26(d)). Eine Spezies mit diesem elementaren Funktionenbaustein wäre also nur für Werte des Kontrollparameters r größer als Null überlebensfähig.

Die letzte Klasse von Bifurkationen, die hier eingeführt werden soll, hat große Bedeutung für Systeme mit Phasenübergängen, etwa für Membranen oder Substanzen mit verschiedenen Aggregatzuständen. Der Grundgedanke ist, daß ein stabiler Zustand am Bifurkationspunkt instabil wird und *gleichzeitig* neue stabile Zustände entstehen. Beobachtet werden dann ausgeprägte Änderungen im Systemverhalten, aber auch plötzliche Unterschiede zwischen scheinbar gleichartigen Sy-

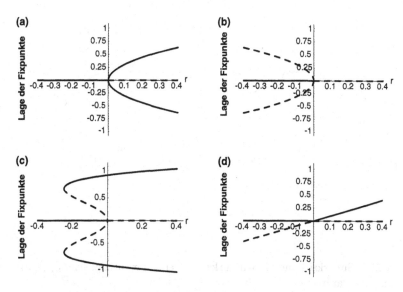

Abb. 2.26. Zusammenstellung einfacher Bifurkationsdiagramme eindimensionaler Differentialgleichungen. Gezeigt sind Beispiele für eine superkritische (Abb. (a)) und eine subkritische (Abb. (b)) Gabelbifurkation, ebenso wie die im Text diskutierte stabilisierte subkritische Gabelbifurkation (Abb. (c)). In Abb. (d) ist der Verlauf der transkritischen Bifurkation dargestellt

stemen. Das wichtigste dieser Systeme wird durch den folgenden elementaren Baustein beschrieben:

$$\frac{dx}{dt} = rx - x^3. \tag{2.13}$$

Die zugehörige Bifurkation unter Änderung des Parameters r bezeichnet man als (superkritische) *Gabelbifurkation* (engl. *pitchfork bifurcation*), wobei der Zusatz "superkritisch" bedeutet, daß die neuen Fixpunkte *oberhalb* des Bifurkationspunktes (den man auch als "kritischen Punkt" bezeichnet) auftreten. Eine entsprechende Sequenz von Hilfsdiagrammen zu diesem elementaren Funktionenbaustein ist in Abb. 2.27 dargestellt, während das Bifurkationsdiagramm in Abb. 2.26(a) gezeigt ist. In diesem Beispiel wirkt der x^3–Term stabilisierend, d.h. die bei größerem r neu hinzukommenden Fixpunkte sind stabil. Wenn man an dieser Stelle das Vorzeichen ändert, also den Baustein

$$\frac{dx}{dt} = rx + x^3 \tag{2.14}$$

untersucht, so entsteht eine Umkehr des asymptotischen Verhaltens und damit eine Umkehr der Stabilität der Fixpunkte. Die Ersetzung

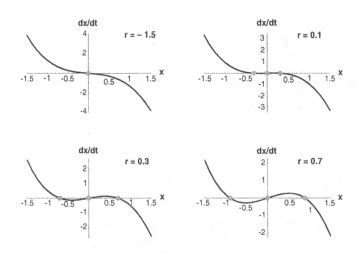

Abb. 2.27. Superkritische Gabelbifurkation der Differentialgleichung (2.13) bei Änderung des Parameters r

$r \to -r$ und stabil $\to$ instabil

liefert das Bifurkationsdiagramm für eine sogenannte *subkritische Gabelbifurkation*, bei der nun die neuen Fixpunkte unterhalb des Bifurkationspunktes liegen (Abb. 2.26(b)).

Ist der Wert x auf der "falschen" Seite der instabilen Fixpunkte (für $r > 0$ sogar überall) läuft das System notwendigerweise gegen $\pm \infty$. Das ist im vorangehenden Fall $dx/dt = rx - x^3$ nicht so. Dort ist der instabile Fixpunkt eingerahmt von stabilen Fixpunkten. Für eine Modellierung natürlicher Systeme ist also $rx + x^3$ kein geeigneter Baustein, denn reale Systeme vermeiden asymptotisch unendliche Werte. Das wirklich kanonische Beispiel für eine solche subkritische Gabelbifurkation ist ein Funktionenbaustein, der das asymptotische Verhalten wieder stabilisiert. Dies kann mit einem negativen x^5-Term geschehen:[9]

$$\frac{dx}{dt} = r\,x + x^3 - x^5. \tag{2.15}$$

Gleichung (2.15) liefert das Bifurkationsdiagramm für eine *stabilisierte* subkritische Gabelbifurkation. Die entsprechende (nun recht aufwendige) Sequenz von Hilfsdiagrammen ist in Abb. 2.28 gezeigt. An dieser Stelle zeigt sich noch einmal ganz eindeutig der erhebliche Vorteil einer kondensierten Darstellung in Form eines Bifurkationsdiagramms (Abb.

---

[9] Natürlich würde ein entsprechender Term mit x^7 oder x^9 denselben Effekt haben. Die grundsätzliche Betrachtung ändert sich dadurch nicht.

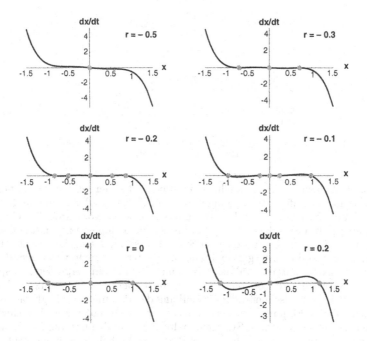

Abb. 2.28. Stabilisierte subkritische Gabelbifurkation in der Differentialgleichung (2.14) in Abhängigkeit des Parameters r

2.26(c)), aus dem der schnelle Wandel der Stabilität und der Anzahl der Fixpunkte systematisch klar hervorgeht.[10] In Gleichung (2.15) ist nun der Wertebereich wieder eingerahmt von stabilen Fixpunkten.

Es gibt noch eine ganze Reihe solcher elementarer Bausteine, die in einfachster mathematischer Form ein bestimmtes dynamisches Verhalten repräsentieren. Ein Beispiel für die vereinheitlichende Wirkung solcher Bausteine ist die Gleichung

$$\frac{dx}{dt} = -x^3 + qx + r \qquad (2.16)$$

mit zwei Kontrollparametern q und r, die wir bei festem $q > 0$ in Abhängigkeit von r betrachten wollen. Eine umfassendere Diskussion dieses Bausteins wird in Kapitel 6.4 erfolgen. Das Bifurkationsdiagramm ist in Abb. 2.29 dargestellt. In einem bestimmten Bereich von r mit $|r| < r_s$ gibt es drei Fixpunkte, von denen die beiden äußeren stabil sind. Das Bifurkationsdiagramm zu Gleichung (2.16) ermöglicht

---

[10] So ist in Abb. 2.26(c) zum Beispiel klar zu erkennen, daß die Stabilisierung durch zwei zusätzliche Sattel-Knoten-Bifurkationen erreicht wird.

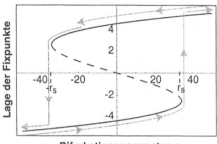

Bifurkationsparameter r

Abb. 2.29. Schematische Darstellung eines hysteretischen Verhaltens bei periodischer Variation des Bifurkationsparameters r im Bifurkationsdiagramm des Systems aus Gleichung (2.16) für $q > 0$. Die Fixpunkte sind wie zuvor durch die schwarzen Linien dargestellt, wobei die gestrichelte Linie einem instabilen Fixpunkt entspricht. Die bei dieser Parametervariation vom System tatsächlich eingenommene Abfolge von Fixpunkten ist durch die grauen Pfeile angedeutet. Bei niedrigem r befindet sich das System in dem unteren stabilen Fixpunkt. Wird r nun vergrößert, so springt das System spontan in den oberen Fixpunkt, sobald der untere Fixpunkt aufhört zu existieren. Bei einer anschließenden Absenkung des Parameters r folgt das System jedoch dem oberen Fixpunkt, wiederum bis dieser verschwindet. Sein Verschwinden hat einen erneuten Sprung des Systemverhaltens, nun in den unteren Fixpunkt, zur Folge. In realen Systemen, die ein solches Hysterese-Verhalten besitzen, beobachtet man infolge dessen zwei überraschende dynamische Verhaltensformen: Zum einen springt das System bei kontinuierlicher Variation eines äußeren Kontrollparameters (z.B. Temperatur) spontan in einen anderen Zustand, zum anderen können bei gleichen Werten des Kontrollparameters je nach Vorgeschichte unterschiedliche Zustände des Systems auftreten

nun ein Gedankenexperiment, das von enormer Bedeutung für die biologische Modellbildung ist. Dazu betrachten wir ein r_0 mit $r_0 > r_s'$. Die externen Bedingungen (gegeben durch den Wert von r) sollen sich nun zyklisch ändern,

$$- r_0 \ \to \ 0 \ \to \ r_0 \ \to \ 0 \ \to \ - r_0,$$

und wir wollen anhand des Bifurkationsdiagramms das Verhalten eines fiktiven, durch Gleichung (2.16) repräsentierten biologischen Systems verfolgen. Dieser Verlauf ist in Abb. 2.29 dargestellt. Zwei ganz charakteristische Besonderheiten fallen auf:

- Das System liegt auf dem Hinweg in einem anderen Gleichgewichtszustand vor als auf dem Rückweg.
- An zwei Stellen treten spontan (bei nur sehr kleiner Änderung von r) irreversible Sprünge im Verhalten des Systems auf.

Dieses Verhalten bezeichnet man als *Hysterese*. Es stellt die wichtigste beobachtbare Signatur eines Phasenübergangs erster Ordnung dar und hat in dieser Form eine nahezu unbegrenzte erklärende und modellierende Rolle in der Beschreibung realer Systeme (Murray 1989, Neff et al. 1998, Strogatz 1994).

An einem konkreten ökologischen Beispiel, nämlich einer häufigen Form von Insektenplagen, sollen diese Konzepte nun vorgeführt werden. Eine bestimmte Raupenart, *heliothis virescens*, die Raupe des Kieferspanners, tritt an vielen Orten, speziell in Ostkanada und dem Süden der USA auf und richtet großen Schaden in Baumbestand oder Bepflanzung an. Beobachtet wird, daß es gelegentlich (alle paar Jahre) riesige Plagen durch diese Raupe gibt, während sie zu anderen Zeiten fast nicht auftritt. Zu diesem Phänomen gibt es eine sehr elegante mathematische Beschreibung von Ludwig, Jones und Holling (Ludwig et al. 1978). Ausgangspunkt ihres Modells ist die elementare aber modelltechnisch enorm weitreichende Erkenntnis, daß die Zeitskalen von Raupen (τ_R) und Bäumen (τ_B) sehr unterschiedlich sind,

$$\tau_R \ll \tau_B,$$

daß also alle Variablen, die Bäume beschreiben, aus der Sicht der Raupen zeitlich nahezu konstant sind. Man gelangt dann unmittelbar zu einem Modell für die zeitliche Änderung der Raupenzahlen $N(t)$:

$$\frac{dN}{dt} = R N \left(1 - \frac{N}{K} \right) - p(N). \tag{2.17}$$

Der Ausdruck $R N (1 - N/K)$ beschreibt ein übliches logistisches Wachstum mit der Rate R und der Kapazität K. Bei $p(N)$ handelt es sich um eine Sterberate, die eingeführt wird, da die Raupe als wichtige Beute für Vögel gesehen werden muß. Für diese Sterberate kann zum Beispiel eine Hill-Funktion als Ansatz gewählt werden:

$$p(N) = \frac{B N^2}{A^2 + N^2}$$

. mit Parametern A und B.

Der erste Schritt bei der mathematischen Diskussion von Gleichung (2.17) ist der Übergang zu dimensionslosen Größen. Wie in vielen Fällen einer solchen Modellbildung gibt es hier verschiedene Möglichkeiten. Unsere Strategie ist, den Term mit $p(N)$ durch die dimensionslose Formulierung zu vereinfachen. Dazu bietet es sich an, N in Einheiten von A zu zählen, also zu einer dimensionslosen Raupenzahl $x = N/A$ überzugehen. Man hat dann

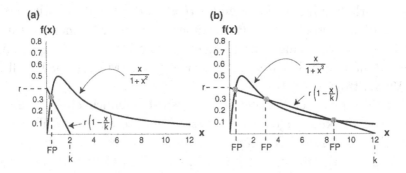

Abb. 2.30. Hilfsdiagramm zur graphischen Bestimmung der Lage der Fixpunkte in Abhängigkeit der Systemparameter k und r für das im Text diskutierte Beispiel spontan auftretender Insektenplagen. Die elegante Darstellung der Fixpunkte als Schnitt der beiden Kurven erlaubt in diesem Fall eine sehr viel einfachere Diskussion der Parameterabhängigkeit der Fixpunkte als in dem üblichen $(dx/dt, x)$-Diagramm. Der entscheidende Vorteil ist hier die direkte geometrische Interpretation der Parameter k und r als Schnittpunkte der Geraden mit den beiden Achsen. Eine Betrachtung in dem üblichen $(dx/dt, x)$-Diagramm ist natürlich dennoch möglich (vgl. Abb. 2.31)

$$A \frac{dx}{dt} = R A x \left(1 - \frac{A}{K} x \right) - \frac{B x^2}{1 + x^2} .$$

und nach Division durch den Parameter B:

$$\frac{A}{B} \frac{dx}{dt} = \frac{R}{B} A x \left(1 - \frac{A}{K} x \right) - \frac{x^2}{1 + x^2} .$$

Einführen einer neuen Zeitskala durch die Substitution $t \to B t/A$ und weiterer dimensionsloser Gruppen (von Parametern) $r = R A/B$ und $k = K/A$ führt auf

$$\frac{dx}{dt} = r x \left(1 - \frac{x}{k} \right) - \frac{x^2}{1 + x^2} \tag{2.18}$$

mit den offensichtlichen Fixpunkten

$$r \left(1 - \frac{x}{k} \right) = \frac{x}{1 + x^2} \quad \lor \quad x = 0 .$$

Hinter dem Ausdruck $r(1-x/k) = x/(1+x^2)$ für den ersten der beiden Fixpunkte verbirgt sich eine sehr elegante Schreibweise: Der Fixpunkt wird dargestellt als Schnitt zweier Kurven, von denen nur eine (die mathematisch einfachere) mit den externen Kontrollparametern r und k variiert. Diese geometrische Herangehensweise der Fixpunktbestimmung ist in Abb. 2.30 gezeigt. Die Rolle von r und k wird hier sofort

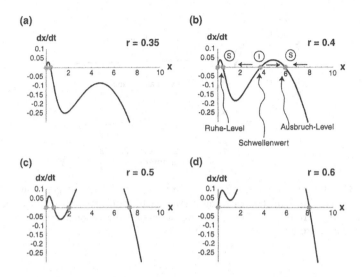

Abb. 2.31. Darstellung der Insektenplagendynamik im $(dx/dt, x)$-Hilfsdiagramm in Abhängigkeit des Parameters r für $k=10$. Die ökologische Bedeutung der Fixpunkte ist in Abb. (b) angegeben. Es zeigt sich, wie das System mit wachsendem r einen Übergang vom Ruhefixpunkt zum Ausbruchsfixpunkt vollzieht

deutlich und insbesondere erkennt man, daß maximal drei Fixpunkte vorliegen können.

Die nächste Frage betrifft die Stabilität der Fixpunkte. Bei $x = 0$ liegt ein instabiler Fixpunkt vor (sofern $r > 0$ und k nicht sehr klein ist), was sofort aus der Betrachtung der Ableitung df/dx an der Stelle $x = 0$ folgt:

$$\frac{df}{dx} = -\frac{r\,x}{k} + r\left(1 - \frac{x}{k}\right) + \frac{2\,x^3}{(1 + x^2)^2} - \frac{2\,x}{1 + x^2},$$

also

$$\left.\frac{df}{dx}\right|_{x=0} = r > 0.$$

Eine qualitative Analyse bei positivem festem k unter Variation von r (Abb. 2.31) zeigt den Wandel der Fixpunkte und gibt durch die x-Werte (also, bis auf eine Normierung, die Raupenzahlen) bereits einen Eindruck von den ökologischen Implikationen. Mit wachsendem r rückt der Schwellenwert (also der instabile Fixpunkt, der die Einzugsbereiche der stabilen Fixpunkte trennt) näher zum unteren stabilen Fixpunkt, der einen Ruhezustand (geringe Raupenzahl) kennzeichnet. Damit wird der Einzugsbereich des oberen (Ausbruchs-)Fixpunktes

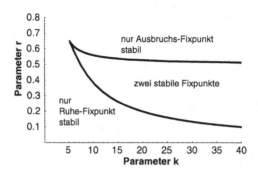

Abb. 2.32. Phasendiagramm für das durch Gleichung (2.18) gegebene Modell. Dargestellt sind die Bereiche bestimmter stabiler Fixpunkte in der (k, r)-Ebene. Die eingezeichneten Trennlinien (Phasengrenzen) geben die Lage der entsprechenden Bifurkationspunkte an

größer und das Auftreten einer Raupenplage wahrscheinlicher. Bei noch größerem r bleibt schließlich (zumindest für diesen Wert von k) nur noch der obere Fixpunkt als stabiler Zustand übrig.

Der nächste Schritt besteht darin, die Änderung des dynamischen Verhaltens unter Variation von r und k gemeinsam zu untersuchen. Dazu ist eine Erweiterung des herkömmlichen Bifurkationsdiagramms erforderlich, da nun *zwei* Parameter variiert werden. In Abb. 2.32 sind Bereichen der (k, r)-Ebene die zugehörigen stabilen Fixpunkte zugewiesen. Eine solche Darstellung bezeichnet man als *Phasendiagramm*. Die eingezeichneten Kurven (Phasengrenzen) in Abb. 2.32 beschreiben die Lage der entsprechenden Bifurkationspunkte in Abhängigkeit von r und k. Zur genaueren mathematischen Analyse dieser Phasengrenzen können wir erneut die elegante Vorstellung von Fixpunkten als Schnitt zweier Kurven verwenden. Dann lautet die Bedingung für einen Bifurkationspunkt in dem durch Gleichung (2.18) gegebenen Modell:

Eine Bifurkation liegt vor, wenn $r(1-x/k)$ tangential an $x/(1+x^2)$ ist.

Dabei bedeutet "tangential" eine Übereinstimmung in Punkt und Steigung:

$$r\left(1 - \frac{x}{k}\right) = \frac{x}{1+x^2} \quad \wedge \quad \frac{d}{dx} r\left(1 - \frac{x}{k}\right) = \frac{d}{dx}\left(\frac{x}{1+x^2}\right). \quad (2.19)$$

Daraus erhält man durch Ableitung und Auflösen des Gleichungssystems nach r und k einen impliziten Ausdruck

$$(r,k) = \left(\frac{2\,x^3}{x^2 - 1} \,,\, \frac{2\,x^3}{(1 + x^2)^2} \right)$$

für Punktpaare (r, k), die der Bedingung (2.19) folgen. Durch Variation von x entstehen dann die Phasengrenzen in Abb. 2.32.

Das Phasendiagramm erlaubt nun eine direkte ökologische Interpretation, in die auch die langsame Baumdynamik, die sich in einer langsamen Änderung der Kapazität k niederschlägt, einbezogen werden kann. Aus dem Phasendiagramm wird sofort klar, daß der Wald mit seinem Alterungsprozeß eine Bifurkation in der Raupendynamik auslösen und so die Ausbrüche selbst erzeugen kann: Bei festem r kann eine Erhöhung von k eine Stabilitätsänderung der Fixpunkte herbeiführen (vgl. Abb. 2.32). Dieser bemerkenswerte Effekt ist ein Spezialfall der Entstehung von Bifurkationen in der Beschreibung ökologischer Systeme durch langsames Wandern ("Drift") der Parameter des Systems. Auf diese Weise wird klar, daß eine wichtige formale Ursache für das Auftreten von Phasenübergängen in einem Modell eines biologischen Systems die *Trennung von Zeitskalen* darstellt. Auf diesen Punkt werden wir in Kapitel 4.1 noch einmal kurz eingehen, um dann in Kapitel 6.4 die Rolle von Phasenübergängen für ein Verständnis ökologischer Prozesse näher zu beleuchten.

2.3 Mehrdimensionale Differentialgleichungen

Im Kapitel 1.2.3 haben wir bereits einige Eigenschaften von zweidimensionalen Differentialgleichungen am Beispiel des harmonischen Oszillators diskutiert. Das wichtigste Hilfsmittel stellte dort die *Phasenebene* dar, in der die dynamischen Variablen des Systems gegeneinander aufgetragen sind. Kurven in dieser Ebene repräsentieren die möglichen zeitlichen Entwicklungen des Systems. Ihre geometrischen Eigenschaften lassen sich dynamisch interpretieren, im Fall des harmonischen Oszillators konnten wir zum Beispiel nachweisen, daß die Länge einer Hauptachse der Ellipsenbahnen der Gesamtenergie des Systems proportional ist. Die Zeit ist ein Parameter entlang der Kurven (Trajektorien) in der Phasenebene. Ist die Anzahl dynamischer Variablen größer als zwei, muß man zu einem höherdimensionalen *Phasenraum* übergehen und gegebenenfalls Projektionen auf verschiedene Ebenen untersuchen.

In diesem Kapitel wollen wir die Verwendung des Phasenraums als Hilfsmittel zum Verständnis dynamischer Systeme etwas umfassender untersuchen. Ganz im Sinne der entsprechenden Betrachtung eindimensionaler Differentialgleichungen in Kapitel 2.2 soll die grundsätzliche Methode und die geometrische Anschauung im Vordergrund stehen. Die erste Frage, die uns beschäftigen wird, handelt von den Gleichgewichtszuständen des Systems: Wie können Fixpunkte in der Phasenebene eingezeichnet werden? Dazu betrachten wir die allgemeine Form eines zweidimensionalen Systems von (autonomen, vgl. Kapitel 1.3) Differentialgleichungen:

$$\frac{dx}{dt} = f(x, y) \quad , \quad \frac{dy}{dt} = g(x, y).$$

Die Fixpunkte dieses Systems sind gegeben durch die Bedingung

$$\frac{dx}{dt} = 0 \quad \wedge \quad \frac{dy}{dt} = 0,$$

also durch *gemeinsame* Nullstellen der Funktionen f und g. Aber auch die Nullstellen der Einzelfunktionen (f oder g) sind von Interesse für die Dynamik des Systems. Bei $f = 0$ verschwindet die zeitliche Änderung von x. Natürlich kann sich (wegen g i.a. ungleich Null) y immer noch ändern und so x von seinem eigenen Gleichgewichtszustand wegziehen. Dennoch ist die durch die Bedingung $f = 0$ gegebene Kurve in der (x, y)-Ebene eine Hilfe bei der Untersuchung eines solchen Systems. Man bezeichnet sie und die entsprechende Kurve aus der Bedingung $g = 0$ als *Nullcharakteristiken* (engl. *nullclines*) des Systems. Man erhält damit auch eine andere Formulierung der Fixpunktsbedingung:

Die Fixpunkte eines Systems von Differentialgleichungen sind gegeben durch die Schnittpunkte aller Nullcharakteristiken.

Die Bedeutung der Nullcharakteristiken liegt auf der Hand: Sie teilen die Phasenebene in große Bereiche auf, in denen die zeitliche Änderung jeder dynamischen Variablen ihr Vorzeichen nicht wechselt. Ein Vorzeichenwechsel von dx/dt oder dy/dt findet nur über eine Nullcharakteristik hinweg statt. Nach dem Eintragen der Nullcharakteristiken und der Vorzeichen der zeitlichen Änderung von x und y ist ein weiterer Schritt auf dem Weg zu einer Skizze der Lösung in der Phasenebene durch das *Steigungsfeld* gegeben. Dazu zeichnet man an vielen Stellen der Phasenebene (z.B. an den Punkten eines regelmäßigen Gitters mit einer geeignet gewählten Schrittweite) den Quotienten aus dx/dt und dy/dt als Geradenstück ein, also einen Strich mit der Steigung dx/dy. In Abb. 2.33 (a) und (b) ist dieses Vorgehen schrittweise dargestellt. Als ein erstes Beispiel betrachten wir das folgende lineare System:

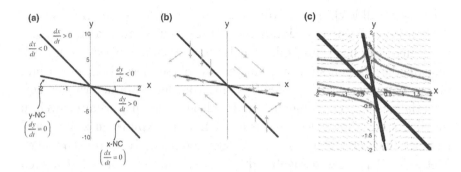

Abb. 2.33. Drei Stufen zur Erstellung eines qualitativen Phasenporträts für eine zweidimensionale Differentialgleichung. Abb. (a) zeigt die Nullcharakteristiken und das Vorzeichen der Differentialquotienten in den so abgegrenzten Bereichen der Phasenebene. Abb. (b) enthält zusätzlich eine Skizze des Steigungsfeldes, das dann in Abb. (c) vervollständigt und mit Beispieltrajektorien versehen wurde

$$\frac{dx}{dt} = 5x + y \quad , \quad \frac{dy}{dt} = -x - y. \qquad (2.20)$$

Die zugehörigen Nullcharakteristiken sind gegeben durch:

$$\frac{dx}{dt} = 0 \quad \Rightarrow \quad y = -5x$$

und

$$\frac{dy}{dt} = 0 \quad \Rightarrow \quad y = -x.$$

Bei $(x, y) = 0$ liegt offensichtlich ein Fixpunkt des Systems vor. Nun sieht man deutlich, wie durch die Nullcharakteristiken die Phasenebene in Regionen unterteilt wird, in denen dx/dt und dy/dt ein bestimmtes, in der Region nicht wechselndes Vorzeichen besitzen (Abb. 2.33(a)). Dadurch ist die Struktur des Steigungsfeldes und im wesentlichen auch der Verlauf der Trajektorien weitestgehend bestimmt. Im ersten Quadranten ($x > 0, y > 0$) zum Beispiel ist $dx/dt > 0$ und $dy/dt < 0$. Die Elemente dy/dx des Steigungsfeldes weisen also von links oben nach rechts unten. Entsprechende weitere Bestandteile sind in Abb. 2.33(b) eingezeichnet. Die genaue Form der Trajektorien in der Phasenebene läßt sich an dieser Stelle bereits ahnen. Die restliche Arbeit kann man nun leicht einem geeigneten Softwarepaket überlassen. In Abb. 2.33(c) ist ein Ausschnitt der Phasenebene mit einem ausführlicheren Steigungsfeld und einigen numerisch bestimmten Beispieltrajektorien dargestellt. Die Dynamik in Abb. 2.33(c) ist ein Beispiel für einen sogenannten Sattelpunkt: Trajektorien aus einer bestimmten Richtung (in diesem Fall leicht schräg von oben oder unten) werden im zeitlichen Verlauf in die Nähe des Fixpunktes gebracht, um dann in eine andere Richtung (hier nach links oder rechts) abgestoßen zu werden. Die entscheidenden Fragen sind nun, in welcher Weise diese Richtungen und das prinzipielle Verhalten des Systems von den Parametern der Differentialgleichungen abhängen und welche anderen Verhaltensweisen möglich sind. Eine solche Klassifikation von Fixpunkten zweidimensionaler linearer Differentialgleichungen kann mit Hilfe von einfachen Methoden der linearen Algebra durchgeführt werden. Dazu betrachten wir die allgemeine Form[11]

$$\frac{dx}{dt} = ax + by \quad , \quad \frac{dy}{dt} = cx + dy, \tag{2.21}$$

die sich in eine Matrixschreibweise übertragen läßt:[12]

$$\begin{pmatrix} dx/dt \\ dy/dt \end{pmatrix} = \begin{pmatrix} a & b \\ c & d \end{pmatrix} \begin{pmatrix} x \\ y \end{pmatrix}. \tag{2.22}$$

Eine Klassifikation der Fixpunkte in Abhängigkeit der Parameter a, b, c und d beschäftigt sich mit den algebraischen Eigenschaften der Koeffizientenmatrix aus Gleichung (2.22). Um einen gedanklichen Zugriff auf dieses abstrakte Vorgehen zu erhalten, untersuchen wir zuerst einen Spezialfall des allgemeinen Systems aus Gleichung (2.21), nämlich eine Schar von linearen zweidimensionalen Differentialgleichungen [13]

$$\frac{dx}{dt} = ax \quad , \quad \frac{dy}{dt} = -y \tag{2.23}$$

mit einem Parameter a. Die zeitliche Änderung von x in Gleichung (2.23) hängt nicht von y ab und ebenso tritt x nicht in der Gleichung für dy/dt auf. Man bezeichnet (2.23) daher als *entkoppeltes* System. Aufgrund dieser Eigenschaft läßt sich Gleichung (2.23) unmittelbar mit den Methoden, die wir in Kapitel 1.2.4 kennengelernt haben, analytisch lösen. Man hat

---

[11] Dem System aus Gleichung (2.21) ist natürlich ein Fixpunkt an der Stelle $(x, y) = (0, 0)$ eingeschrieben. Daher stellt Gleichung (2.21) nicht das allgemeinste System dar. Jedoch läßt sich jedes lineare System mit einem Fixpunkt (x_F, y_F) durch eine einfache Variablentransformation $x \to x - x_F$ und $y \to y - y_F$ sofort in die Form (2.21) überführen. Der Fixpunkt (x_F, y_F) wird so auf $(0, 0)$ geschoben und das im folgenden beschriebene Klassifikationsschema bleibt anwendbar.

[12] Die Rechenregeln zur Matrixmultiplikation werden in Kapitel 6.1 noch einmal etwas ausführlicher besprochen. Bei Bedarf sei an dieser Stelle ein kurzer Blick auf Abb. 6.12 empfohlen.

[13] Es ist klar, daß Gleichung (2.23) einen Spezialfall von Gleichung (2.21) darstellt, nämlich für $b = c = 0$ und $d = -1$.

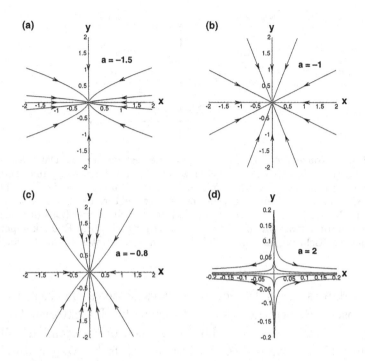

Abb. 2.34. Phasenporträts zu dem Differentialgleichungssystem aus Gleichung (2.23) für verschiedene Werte des Parameters a

$$x\left(t\right) = x_0\, e^{a\,t} \quad , \quad y\left(t\right) = y_0\, e^{-t}$$

mit Integrationskonstanten x_0 und y_0, die durch Angabe der Anfangsbedingungen fixiert werden können: $x_0 = x(0)$, $y_0 = y(0)$. Offensichtlich ist die Zeitentwicklung von $y(t)$ durch einen exponentiellen Abfall bestimmt, während im Fall von $x(t)$ der zeitliche Verlauf (und damit die Stabilität des Fixpunktes $(x, y) = (0, 0)$) vom Parameter a abhängt. Für $a < -1$, $a = -1$ und $a > -1$ ergeben sich vollkommen unterschiedliche Lösungsporträts in der Phasenebene. Einige Beispiele sind in Abb. 2.34 dargestellt. Sie sind bestimmt durch die Frage, ob der exponentielle Abfall in x- oder in y-Richtung überwiegt. Für $a > 0$ kehren die Trajektorien ihre x-Bewegung um, und der Fixpunkt wird instabil (Abb. 2.34(d)). Bei der Behandlung des allgemeinen Systems, Gleichung (2.21), werden wir versuchen, den Ansatz über Exponentialfunktionen weitestgehend beizubehalten, da uns gerade dieses Vorgehen hier erlaubt hat, die Rolle des Parameters a in Gleichung (2.23) aufzudecken. Allerdings zeigt sich eine mathematische Komplikation. Wir hatten bei der Diskussion von Gleichung (2.20) bereits

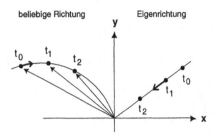

Abb. 2.35. Konzept des Eigenvektors in einer schematischen Darstellung. Die Abb. zeigt eine Phasenebene, in der Trajektorien auf einen Fixpunkt zulaufen. Dabei sind zwei unterschiedliche Fälle aufgeführt, nämlich beliebige Trajektorien *(linke Seite)* und Trajektorien entlang eines Eigenvektors des Systems zu diesem Fixpunkt. Die Kernidee ist, daß sich im Fall der Eigenrichtung (also der Richtung des Eigenvektors) zwar mit der Zeit die Entfernung, d.h. die Radialkomponente, nicht aber die Richtung, also der Winkel zu dem betrachteten Fixpunkt, ändert

gesehen, daß es in der Phasenebene eines Systems offensichtlich charakteristische Richtungen gibt, auf denen die Trajektorien Geraden sind und an denen sich benachbarte Bahnen orientieren. In Fall von Gleichung (2.23) waren diese Richtungen einfach gegeben durch die x- und die y-Achse. Dies ist jedoch eine Eigenschaft entkoppelter Systeme. Bei dem aus Gleichung (2.20) entstandenen Sattelpunkt (Abb. 2.33) erkennt man eindeutig die von den Achsen unabhängige Lage dieser Richtungen. Die etwas bildhafte Definition solcher charakteristischer Richtungen, nämlich, daß sich mit der Zeit zwar der Abstand vom Fixpunkt, nicht aber der Winkel ändert, ist in Abb. 2.35 noch einmal schematisch dargestellt. In einer vektoriellen Schreibweise mit

$$\vec{x} = \begin{pmatrix} x \\ y \end{pmatrix} \quad \text{und} \quad A = \begin{pmatrix} a & b \\ c & d \end{pmatrix}$$

läßt sich diese Fragestellung formalisieren. Dabei ist $\vec{x} = \vec{x}\,(t)$ nun ein Vektor in der Phasenebene mit den Komponenten x und y, der seine Lage mit der Zeit ändert, ähnlich wie es in Abb. 2.35 angedeutet ist. Wir suchen also für das System (2.22),

$$\frac{d}{dt}\,\vec{x} = A \cdot \vec{x},\tag{2.24}$$

nach Bahnen $\vec{x}\,(t)$ in der Phasenebene, bei denen sich mit t zwar der Abstand vom Fixpunkt $(x, y) = (0, 0)$ ändert, aber nicht die Richtung,[14] also nach Trajektorien der Form

---

[14] Die geometrische Anschauung, die hinter dieser Trennung von Abstand und Richtung steht, werden wir im weiteren Verlauf dieses Kapitels und später in Kapitel

$$\vec{x}(t) = e^{\lambda t}\,\vec{v} \tag{2.25}$$

mit einem konstanten Vektor $\vec{v} = (v_x, v_y)$ und einem Parameter λ. Einsetzen der Form (2.25) in Gleichung (2.24) führt auf

$$\frac{d}{dt}\,\vec{x}(t) = \lambda\,e^{\lambda t}\,\vec{v} \overset{!}{=} A \cdot e^{\lambda t}\,\vec{v},$$

also auf eine neue Gleichung

$$A\vec{v} = \lambda\vec{v}, \tag{2.26}$$

die eine Bestimmung von λ und $\vec{v}$ in Abhängigkeit der Parameter a, b, c und d erlaubt. Man bezeichnet (2.26) im allgemeinen als *Eigenwert-Gleichung*. Der Vektor $\vec{v}$ ist der Eigenvektor des Systems zum Eigenwert λ. Er gibt die charakteristische, das Phasenporträt des Systems prägende Richtung an, die wir oben und in Abb. 2.35 qualitativ beschrieben haben. Die explizite Berechnung der Eigenwerte und Eigenvektoren für konkrete Gleichungssysteme erfordert einige mathematische Disziplin. Für die Eigenwerte soll der Weg hier kurz skizziert werden. Er führt über die sogenannte *charakteristische Gleichung* des Systems, nämlich

$$\det\left[A - \lambda\begin{pmatrix} 1 & 0 \\ 0 & 1 \end{pmatrix}\right] = 0,$$

also

$$\det\begin{pmatrix} a - \lambda & b \\ c & d - \lambda \end{pmatrix} = 0$$

und damit

$$\lambda^2 - \tau\lambda + \Delta = 0 \tag{2.27}$$

mit $\tau = a + d$ und $\Delta = ad - bc$. Im Sprachgebrauch der linearen Algebra ist τ die *Spur* und Δ die *Determinante* der Matrix A. Die Lösungen λ von (2.27) sind gerade die Eigenwerte im Sinne von Gleichung (2.25) und (2.26). Man hat

$$\lambda_{1,2} = \frac{\tau \pm \sqrt{\tau^2 - 4\Delta}}{2}. \tag{2.28}$$

Einsetzen der λ_i in Gleichung (2.25) ergibt ein Gleichungssystem, mit dem sich die Komponenten der zugehörigen Eigenvektoren $\vec{v}$ bestimmen lassen. Mittlerweile bieten viele Software-Pakete (zum Beispiel

---

4.2 mit der Einführung von Polarkoordinaten vertiefen können. Die Richtung ist dann durch den Winkel z.B. zur x-Achse gegeben.

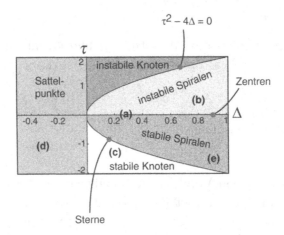

Abb. 2.36. Klassifikation der Fixpunkte zweidimensionaler linearer Differential-gleichungen anhand der Spur τ und der Determinanten Δ der zugehörigen Koef-fizientenmatrix. Beispiele von Phasenporträts zu den einzelnen Bereichen in der (τ, Δ)-Ebene sind in Abb. 2.37 angegeben, auf die sich auch die Buchstaben (a) – (e) beziehen, die hier in der (τ, Δ)-Ebene eingetragen sind. Als Sterne und Zentren bezeichnet man bestimmte "entartete" (d.h. keine Fläche, sondern nur eine Linie in der (τ, Δ)-Ebene einnehmende) Konfigurationen. Ein Beispiel für einen Stern stellt Abb. 2.34(b) dar

Computeralgebra-Programme wie Maple oder Mathematica, vgl. An-hang A) die Möglichkeit einer automatischen Bestimmung der Eigen-werte und Eigenvektoren einer eingegebenen Matrix. Unser Schwer-punkt liegt daher auf der generellen Idee, nicht auf den Rechenver-fahren. Bereits in dem einfachen Fall, der Abb. 2.34 zugrunde liegt, konnten wir sehen, daß die Eigenwerte unmittelbar die Stabilität des Fixpunktes festlegen. Aus Gleichung (2.27) läßt sich erkennen, daß der Wert der λ_i nicht einzeln von den Parametern a, b, c und d be-stimmt wird, sondern durch die Kombinationen τ und Δ dieser Pa-rameter. Entsprechend muß eine Klassifikation der Fixpunkte auch in Abhängigkeit dieser Kenngrößen erfolgen, also in einer (τ, Δ)-Ebene. Ein solches Schema ist in Abb. 2.36 dargestellt, typische Phasenpor-träts für die verschiedenen Bereiche finden sich in Abb. 2.37. Die mit Abb. 2.36 eingeführten Begriffe Sattelpunkt, Knoten und Spirale, ebenso wie die Strukturen an den Grenzlinien, nämlich Zentren und Sterne, sind zentral für das gesamte Feld der nichtlinearen Dynamik. Damit ist uns eine weitgehende Beschreibung der dynamischen Phäno-mene gelungen, die in *linearen* Differentialgleichungssystemen auftre-

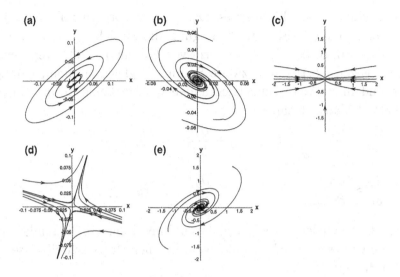

Abb. 2.37. Beispiele von Phasenporträts zweidimensionaler linearer Differential-gleichungen: (a) Zentrum, (b) instabile Spirale, (c) stabiler Knoten, (d) Sattelpunkt und (e) stabile Spirale. In der Phasenebene lassen sich charakteristische Eigenschaf-ten des Systems sehr leicht erkennen, zum Beispiel die Stabilität des Fixpunktes oder die zugehörigen Eigenrichtungen

ten können. Bei dem Übergang zu *nichtlinearen* Systemen stellen sich zwei Fragen:

1. Wie lassen sich die Klassifikationsmethoden des linearen Falls auf nichtlineare Differentialgleichungen übertragen?
2. Gibt es neue dynamische Verhaltensformen, die im linearen Fall nicht auftreten?

Der Transfer der linearen Methoden auf nichtlineare Systeme erfolgt — wie schon im eindimensionalen Fall — durch *Linearisierung* einer Funktion um einen Punkt. Wie wir bereits wissen läßt sich in der Nähe eines Punktes x_0 eine Funktion $f(x)$ durch eine Gerade approximieren:

$$f(x)|_{\text{nahe } x_0} \approx f(x_0) + \frac{df}{dx}\bigg|_{x=x_0} \cdot (x - x_0), \tag{2.29}$$

wobei das entscheidende Element die Steigung df/dx im zweiten Term darstellt. Wir wollen nun die Kernidee von Gleichung (2.29) verwen-den, um eine lineare Approximation des allgemeinen Gleichungssy-stems

$$\frac{dx}{dt} = f(x,y) \quad , \quad \frac{dy}{dt} = g(x,y) \tag{2.30}$$

in der Nähe eines Fixpunktes (x_F, y_F) zu formulieren. Nun hat man aufgrund der Fixpunktbedingung die Beziehung $f(x_F, y_f) = g(x_f, y_f) = 0$, so daß der erste Term von Gleichung (2.29) verschwindet. Dagegen existiert der zweite Summand gleich zweimal, nämlich in x und in y. Aus Symmetriegründen werden beide Terme einfach addiert.[15] Man hat dann

$$\frac{dx}{dt} \approx \left.\frac{\partial f}{\partial x}\right|_{x=x_F} \cdot (x - x_F) + \left.\frac{\partial f}{\partial y}\right|_{y=y_F} \cdot (y - y_F),$$

$$\frac{dy}{dt} \approx \left.\frac{\partial g}{\partial x}\right|_{x=x_F} \cdot (x - x_F) + \left.\frac{\partial g}{\partial y}\right|_{y=y_F} \cdot (y - y_F), \qquad (2.31)$$

wobei die partiellen Ableitungen darauf hinweisen, daß die Funktionen f und g von zwei Variablen abhängen. In einer Matrixschreibweise hat (2.31) die Form

$$\begin{pmatrix} dx/dt \\ dy/dt \end{pmatrix} = J \begin{pmatrix} x - x_F \\ y - y_F \end{pmatrix}$$

mit der sogenannten Jacobi-Matrix J, deren Einträge gerade die ersten Ableitungen sind:

$$J = \left. \begin{pmatrix} \frac{\partial f}{\partial x} & \frac{\partial f}{\partial y} \\ \frac{\partial g}{\partial x} & \frac{\partial g}{\partial y} \end{pmatrix} \right|_{(x_F, y_F)}.$$

Gleichung (2.31) ist von derselben Form wie das allgemeine lineare System (2.21). Das Verhalten eines nichtlinearen Systems von Differentialgleichungen läßt sich auf diese Weise in der unmittelbaren Nähe der Fixpunkte nach demselben Schema wie ein lineares System klassifizieren, also vor allem nach dem in Abb. 2.36 dargestellten Muster, wobei nun die Kenngrößen τ und Δ der Spur und der Determinanten der zugehörigen Jacobi-Matrix entsprechen.

Als eine einfache Anwendung diskutieren wir das System

$$\frac{dx}{dt} = x + e^{-y} \quad , \quad \frac{dy}{dt} = -y \qquad (2.32)$$

mit einem nichtlinearen Term $\exp(-y)$ in der Gleichung für x. Die Nullcharakteristiken lassen sich sofort bestimmen:

$$\frac{dx}{dt} = 0 \quad \Rightarrow \quad x = -e^{-y} \quad \Rightarrow \quad y = -\ln(-x),$$

---

[15] Eine ausführliche mathematische Begründung findet man unter dem Stichwort "mehrdimensionale Taylorentwicklung" in Lehrbüchern der Analysis (z.B. Forster 1995).

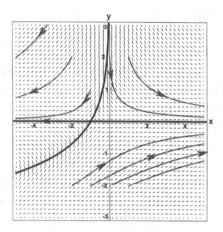

Abb. 2.38. Phasenporträt für das System aus gekoppelten nichtlinearen Differentialgleichungen aus Gleichung (2.32). Die Abbildung zeigt die Nullcharakteristiken des Systems *(schwarz)*, ebenso wie das Steigungsfeld und einige Beispieltrajektorien *(grau)*. Die Existenz einer anziehenden und einer abstoßenden Richtung, aus der sich die Organisation der Trajektorien um den Fixpunkt $(-1, 0)$ ergibt, ist klar zu erkennen

$$\frac{dy}{dt} = 0 \quad \Rightarrow \quad y = 0,$$

ebenso wie das Steigungsfeld, so daß eine Skizze der Lösungen in Analogie zu Abb. 2.33 erfolgen kann. Sie ist in Abb. 2.38 dargestellt. Der Fixpunkt des Systems liegt also bei $(x_F, y_F) = (-1, 0)$. Aus Gleichung (2.32) erhält man zudem die Jacobi-Matrix J im Fixpunkt $(-1, 0)$,

$$J = \begin{pmatrix} 1 & -1 \\ 0 & -1 \end{pmatrix},$$

sowie die zugehörigen Eigenwerte $\lambda_1 = 1$ und $\lambda_2 = -1$ mit ihren Eigenvektoren $v_1 = (1, 2)$ und $v_2 = (1, 0)$. Während v_2 und seine durch $\lambda_2 > 0$ festgelegte abstoßende Wirkung in Abb. 2.38 klar zu erkennen ist, erfordert die andere (anziehende) Eigenrichtung ein genaueres Hinsehen. Offensichtlich ist allerdings, daß eine solche Anziehung existiert. Nun bleibt noch nachzuprüfen, ob das lineare Klassifikationsschema aus Abb. 2.36 hier wirklich funktioniert. Aus den Einträgen der Matrix J ergibt sich sofort $\tau = 0$ und $\Delta = -1$, was nach Abb. 2.36 tatsächlich dem in Abb. 2.38 deutlich erkennbaren Sattelpunkt entspricht.

Die zweite zentrale Frage im Umgang mit nichtlinearen Systemen betrifft mögliche weitere Formen von dynamischem Verhalten. Hier hängt die Antwort erheblich von der Dimension des Systems (also von der Anzahl von Gleichungen) ab. In Kapitel 2.2 konnten wir zeigen, daß im eindimensionalen Fall lineare und nichtlineare Differentialgleichungen ein vergleichbar eingeschränktes dynamisches Repertoire besitzen, das eine ganz klare geometrische Ursache hat: Jedem Punkt des Phasenraums ist eindeutig und zeitlich unveränderlich eine Richtung zugeordnet, in die der Zustand des Systems sich von dort aus bewegt. In einem eindimensionalen "Phasenraum" sind daher keine geschlossenen Bahnen, die einem oszillatorischen Verhalten entsprechen würden, oder noch kompliziertere geometrische Gebilde möglich. In zwei Dimensionen sind dann erstmals geschlossene Bahnen zu realisieren, im dreidimensionalen Phasenraum schließlich noch komplexere Strukturen. Die Krümmung und Gestaltung der Trajektorien erfordert allerdings zwingend Nichtlinearitäten in den Gleichungen des Systems. Mit einer solchen geometrischen Anschauung läßt sich also begründen, daß mehrdimensionale nichtlineare Differentialgleichungen ein größeres Spektrum an dynamischen Verhaltensformen aufweisen. Insbesondere sollten stabile Oszillationen möglich sein. Damit liegt jedoch noch keine konkrete Realisierung eines solchen Verhaltens vor. Um dies zu erreichen, ist eine gewisse modellbauliche Geschicklichkeit erforderlich. Wir betrachten dazu die sogenannten *Polarkoordinaten* r und ϕ zu den üblichen (kartesischen) Koordinaten x und y. Sie sind definiert über die Beziehungen

$$x = r \cos \phi \quad , \quad y = r \sin \phi, \tag{2.33}$$

so daß r den Abstand vom Koordinatenursprung und ϕ den Winkel zur x-Achse angibt. Eine stabile Oszillation, ein sogenannter *Grenzzyklus* (engl. *limit cycle*), zeichnet sich nun dadurch aus, daß in der r-Koordinate ein stabiler Fixpunkt vorliegt. Diese geometrische Einsicht läßt sich durch unsere Beschäftigung mit eindimensionalen Differentialgleichungen sofort umsetzen. Eine mögliche Form ist

$$\frac{dr}{dt} = r \left(1 - r^2\right) \tag{2.34}$$

mit einem stabilen Fixpunkt bei $r = 1$. Abb. 2.39(a) zeigt diese Gleichung in der $(dr/dt, r)$-Hilfsebene. Um einen wirklichen Grenzzyklus, also ein zweidimensionales Phänomen, zu erhalten, müssen wir diese Differentialgleichung noch um die Bedingung ergänzen, daß sich der Winkel gleichförmig (d.h. mit konstanter Rate) ändert, z.B.

$$\frac{d\phi}{dt} = 1.$$

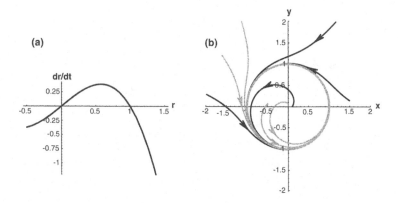

Abb. 2.39. Realisierung eines Grenzzyklus als Fixpunkt einer eindimensionalen Differentialgleichung für die zugehörige Radialkomponente r. Die Dynamik von r wird ergänzt durch die Annahme einer konstanten Winkelgeschwindigkeit $d\phi/dt$ =const. Die Rücktransformation der Polarkoordinaten r und ϕ in kartesische Koordinaten x und y führt dann unmittelbar auf den in Abb. (b) gezeigten Grenzzyklus

Mit Hilfe der Koordinatentransformation, Gleichung (2.33), lassen sich diese beiden eindimensionalen Differentialgleichungen in ein System zweier gekoppelter Differentialgleichungen für x und y übersetzen. Die Lösungen können dann in der üblichen Weise in der (x, y)-Ebene dargestellt werden (Abb. 2.39(b)). Man erkennt das gewünschte Verhalten: Die Trajektorien werden schnell auf den Kreis (Grenzzyklus), der dem System durch Gleichung (2.34) eingeschrieben ist, gezogen und umlaufen ihn von da an mit konstanter (Winkel-) Geschwindigkeit. Die Zeitverläufe der beiden dynamischen Variablen $x(t)$ und $y(t)$ sind damit Oszillationen mit einer Periode 1 und einer Amplitude 1. Neben Gleichung (2.34) sind noch andere Realisierungen eines stabilen Fixpunktes in r denkbar, etwa die einfachere Lösung

$$\frac{dr}{dt} = r\,(1-r)\,. \tag{2.35}$$

Abb. 2.40 zeigt diese Form im Vergleich zu Gleichung (2.34). Die Unterschiede im Hilfsdiagramm führen allerdings einzig auf ein weniger schnelles Erreichen des Grenzzyklus in der (x, y)-Ebene (Abb. 2.40(b)).

Ein sehr berühmtes Beispiel für ein System mit Grenzzyklus stellt der sogenannte van-der-Pol-Oszillator dar (van der Pol 1926, Cartwright 1952), der durch die gekoppelten Differentialgleichungen

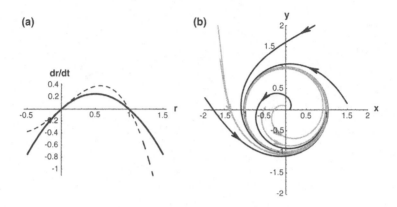

Abb. 2.40. Alternativer Aufbau eines Grenzzyklus mit Hilfe von Gleichung (2.35). Im Hilfsdiagramm (a) ist diese einfachere Form mit der entsprechenden Funktion aus Abb. 2.39(a) (gestrichelte Linie) verglichen. Wie erwartet ist der grundsätzliche Verlauf der Trajektorien in der Phasenebene (b) ähnlich wie in Abb. 2.39(b)

$$\frac{dx}{dt} = \mu \left(y + x - \frac{1}{3} x^3 \right) \quad , \quad \frac{dy}{dt} = -\frac{1}{\mu} x \qquad (2.36)$$

gegeben ist. Abb. 2.41(a) zeigt das Steigungsfeld, zusammen mit den Nullcharakteristiken und einigen Beispieltrajektorien. In Abb. 2.41(b) ist der zeitliche Verlauf von x dargestellt. Man erkennt deutlich, daß

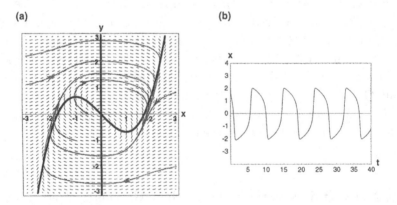

Abb. 2.41. Dynamisches Verhalten des van-der-Pol-Oszillators aus Gleichung (2.36). Abb. (a) zeigt die Phasenebene mit den Nullcharakteristiken und einigen Beispieltrajektorien. In Abb. (b) ist die zeitliche Entwicklung der dynamischen Variablen $x(t)$ dargestellt

das System eine schnelle und eine langsame Zeitkonstante besitzt. Während die schnelle Dynamik für die steilen Flanken verantwortlich ist, erzeugt die langsame (große) Zeitkonstante die breiten Maxima und Minima, also Bereiche, in denen sich $x(t)$ nur sehr wenig ändert. Diese charakteristische Form der Oszillation ähnelt vielen in der Natur beobachteten periodischen Phänomenen (zum Beispiel sind viele circadiane Rhythmen und das periodische Feuern von Nervenzellen von diesem Typ), was den van-der-Pol-Oszillator zu einem wichtigen Modellsystem der Biologie macht (Strogatz 1994, Cartwright 1952, Parlitz u. Lauterborn 1987).

Komplexere, ebenfalls mit linearen Differentialgleichungen nicht erreichbare Dynamiken sind relativ schwierig zu erzeugen. Es läßt sich geometrisch argumentieren, daß hierzu mindestens drei nichtlineare gekoppelte Differentialgleichungen nötig sind. Ein wichtiges System, die Lorenz-Gleichungen, werden wir in Kapitel 4.2 kennenlernen. Die durch solche Systeme erzeugten irregulären Zeitreihen gleichen in vielen Aspekten denen, die wir in Kapitel 2.1.5 diskutiert haben. Diese Systeme bilden ein weiteres Beispiel für deterministisches Chaos.

3. Zelluläre Automaten

3.1 Grundidee zellulärer Automaten und Begriff des Netzwerks

In diesem Kapitel werden wir eine weitere Methode der Modellbildung kennenlernen, die sich in vielen Aspekten als Verallgemeinerung der Differenzengleichungen lesen läßt. Im Fall der Differenzengleichungen gelangt man durch Anwenden der Funktion f vom Zustand zur Zeit t zum Zustand zur Zeit $t+1$. Ordnet man nun mehrere solche Systeme in einer Reihe an und erlaubt jedem Einzelsystem, seine unmittelbaren Nachbarn zu beeinflussen, so ergibt sich eine neue Klasse von mathematischen Modellen, sogenannte *zellulären Automaten*.[1] Das Ziel einer solchen Herangehensweise ist die Modellierung von Systemen, die aus einer Vielzahl von interagierenden Elementen bestehen, sogenannte "komplexe Systeme". Zelluläre Automaten (engl. *cellular automata*) stellen ein Werkzeug bereit, um Musterbildungsphänomene und Selbstorganisationsprozesse auf lokale Wechselwirkungen zurückführen zu können. Hinter diesen Begriffen steht ein sehr klar umrissenes theoretisches Konzept (Bar-Yam 1997, Wolfram 1984): Prozesse der Selbstorganisation sind in dieser Sprache dadurch charakterisiert, daß räumlich angeordnete Elemente unter dem Einfluß lokaler (also zwischen benachbarten Elementen wirksamer) Regeln charakteristische Strukturen (Muster) ausbilden (siehe Abb. 3.1). Jedes Element besitzt dabei eine Reihe von möglichen Zuständen (zum Beispiel "krank" - "gesund" oder "dafür" - "dagegen", aber auch (quasi-)kontinuierliche Größen wie Farbe, Häufigkeit oder Stärke). In theoretischen Untersuchungen spricht man vom sogenannten Zustandsraum (engl. *state space*) als Menge aller möglichen Zustände der betrachteten Elemente. Die Regeln repräsentieren die Einflußnahme der Nachbarn auf ein Element. Sie ge-

---

[1] Dies ist eine Vereinfachung des wirklichen Sprachgebrauchs. So bezeichnet man solche Systeme auch als *coupled-map lattices*, sofern die dynamische Variable kontinuierlich ist, und spricht von zellulären Automaten nur im diskreten Fall.

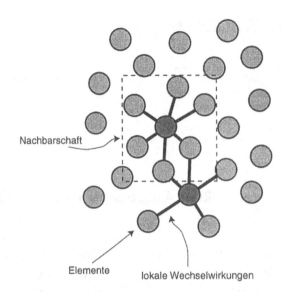

Abb. 3.1. Grundidee eines Selbstorganisationsprozesses. Die Skizze zeigt eine räumliche Anordnung von Elementen zu einem bestimmten Zeitpunkt. Jedes dieser Elemente befindet sich in einem bestimmten Zustand (nicht graphisch dargestellt). Für ein Element in der Mitte *(dunkelgrau)* ist die relevante Nachbarschaft, die auf seinen zukünftigen Zustand Einfluß nimmt *(graue Balken)* eingezeichnet. Anhand der zwei hervorgehobenen Elemente deutet sich an, wie aufgrund der Wechselwirkung mit nächsten Nachbarn langreichweitige Strukturen entstehen können

ben an, ob und wie sich der Zustand eines Elementes in Abhängigkeit seiner Nachbarschaftskonstellation ändert. Sie enthalten Parameter, die einen direkten Einfluß auf die Eigenschaften der Muster besitzen. Den Schritt vom Zeitpunkt t zum Zeitpunkt $t+1$ auf der Grundlage der Regeln des Systems bezeichnet man als *Update*. Im allgemeinen liegen raumzeitliche Strukturen vor, also Muster im Raum, die sich mit der Zeit verändern. Ein wichtiger Spezialfall ist jedoch durch stationäre räumliche Strukturen gegeben, die sich einmal ausbilden, um dann als stabiler Zustand bestehen zu bleiben. Erst eine Änderung der äußeren Bedingungen vermag das System in eine andere Struktur zu überführen. Die zentrale theoretische Fragestellung ist dann, welche Muster das System als Antwort auf bestimmte äußere Bedingungen ausbildet. Ein Selbstorganisationsprozeß ist in diesem Formalismus also charakterisiert durch die folgenden Angaben:

Zustandsraum, lokale Regeln und Werte der Parameter.

Ist der Einfluß der Umgebung auf das System von Interesse, muß auch noch die Wirkung äußerer Bedingungen auf das System spezifiziert werden. Beispiele für Strukturbildungsprozesse, die diesem Denkmuster folgen, sind (Murray 1989, Bar-Yam 1997, Klüver 2000):

- Fellzeichnungen bei Tieren (also die biochemisch regulierte Pigmentverteilung),
- Ausbreitung ansteckender Krankheiten (Epidemien),
- Meinungsbildungsprozesse.

Das Ziel einer theoretischen Untersuchung solcher Prozesse ist, die Mechanismen der Selbstorganisation aufzudecken, also die in dem System wirksamen lokalen Regeln, die für die beobachteten Strukturen verantwortlich sind. Die Hoffnung ist, daß sich sehr viele verschiedene Einzelphänomene auf einige wenige Grundprinzipien zurückführen lassen und somit auf ein und dieselbe Weise in ihrer Funktion verständlich werden.

Trotz der konzeptionellen Analogie zwischen zellulären Automaten und Differenzengleichungen gibt es doch eine ganze Reihe von Unterschieden. Während Differenzengleichungen durch eine mathematische Funktion f festgelegt sind, lassen zelluläre Automaten ein viel allgemeineres Regelwerk zu, das im einfachsten Fall auch durch eine Übersetzungstafel von Nachbarschaftskonstellationen in einen neuen (also zeitlich späteren) Zustand der Einzelzelle gegeben sein kann. Darüber hinaus ist der Zustandsraum (also die Menge aller Zustände, die für eine dynamische Variable oder Zelle des Systems möglich sind) bei zellulären Automaten nahezu beliebig, während er im Fall der Differenzengleichungen stets als Intervall von reellen Zahlen vorliegt. Wir werden sehen, daß der Zustandsraum zellulärer Automaten in vielen Fällen nicht einmal eine Abstandsfunktion besitzt. In Abb. 3.2 ist dieser Vergleich zwischen Differenzengleichungen und zellulären Automaten noch einmal zusammengefaßt.

Die Kernidee zellulärer Automaten ist, daß die beobachtete Dynamik durch das Zusammenwirken *vieler* Elemente entsteht. Dabei tritt das Einzelelement mit seiner eigenen Dynamik stark in den Hintergrund. Es ist klar, daß nun die räumliche Anordnung der Elemente, also die *Architektur* des Systems eine große Rolle spielt. In diesem Kapitel versuchen wir nun, uns Schritt für Schritt an das neue Konzept zu gewöhnen, um schließlich einige zelluläre Automaten mit Relevanz für die Biologie kennenzulernen. Zuerst betrachten wir einige Grundelemente der Theorie von *Netzwerken*.

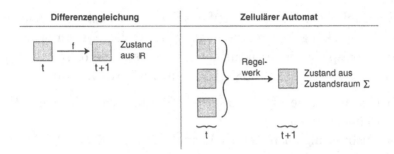

Abb. 3.2. Vergleich der mathematischen Konzepte hinter Differenzengleichungen und zellulären Automaten. In dieser Lesart zeigen sich zelluläre Automaten als naheliegende Fortführung von Differenzengleichungen für eine oder mehrere Raumdimensionen. Über die räumliche Komponente hinaus ist die wichtigste Verallgemeinerung die Möglichkeit, bei zellulären Automaten ein sehr beliebiges Regelwerk verwenden zu können, während die Iteration von Differenzengleichungen eine wohldefinierte mathematische Funktion $f(x)$ erfordert

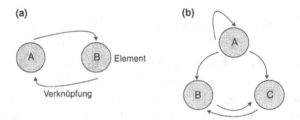

Abb. 3.3. Organisationsschema eines einfachen Netzwerks mit zwei (Abb. (a)) bzw. drei (Abb. (b)) Elementen

Netzwerke bestehen aus Elementen, die über Verknüpfungen miteinander in Wechselwirkung treten. In Abb. 3.3 sind Beispiele solcher Strukturen für zwei und drei Elemente dargestellt. Man sieht sofort die Vielzahl von Möglichkeiten, durch Verknüpfungen unterschiedliche Netzwerkarchitekturen zu erzeugen.

Ein solches Bild läßt sich auch als Kurzform oder graphische Darstellung eines Systems von Differenzengleichungen auffassen. Sei A_i der Zustand von Element A zum Zeitpunkt i. Dann stellt Abb. 3.3(b) das folgende Gleichungssystem dar:

$$A_{i+1} = f_A(A_i)$$

$$B_{i+1} = f_B(A_i, C_i)$$

$$C_{i+1} = f_C(A_i, B_i).$$

Tabelle 3.1. Mögliche Input-Output-Relationen für ein Element in einem booleschen Netzwerk mit nur einem Input an jedem Element. Letztere Einschränkung ergibt unmittelbar, daß es nur die vier in der Tabelle dargestellten Verknüpfungen geben kann

Name der Abbildung	Input 0	1
Identität	0	1
Inverses	1	0
Null	0	0
Eins	1	1

Um nun die Dynamik des Netzwerks studieren zu können, ist es notwendig, die Funktionen f_A, f_B und f_C festzulegen. Sie bestimmen den Input und Output von jedem Element in Abhängigkeit des vorangegangenen Netzwerkzustandes. Die ungeheure Beliebigkeit in der Auswahl dieser Funktionen können wir durch Betrachtung eines wichtigen Spezialfalls umgehen: die sogenannten *booleschen Netze*. Der mögliche Input und Output von jedem Element ist dabei eine *boolesche Variable*, also eine Größe, die nur die Werte 0 und 1 annehmen kann. Damit läßt sich nun der Zustand eines Netzwerks angeben, also die Abfolge der Zustände der einzelnen Elemente. Für ein Netzwerk mit zwei Elementen sind die möglichen Zustände dann einfach

$$(0,0), \quad (0,1), \quad (1,0) \quad \text{und} \quad (1,1).$$

Die mathematischen Funktionen hinter den Verknüpfungen der beiden Elemente, die sogenannten *Input-Output-Relationen*, geben nun an, unter welchen Bedingungen für ein Element der Zustand 0 oder der Zustand 1 vorliegt. Solche booleschen Regeln lassen sich in Form einer Tabelle darstellen. Wir betrachten dazu den einfachsten Fall, nämlich ein boolesches Netzwerk mit nur einem Input an jedem Element. In Tabelle 3.1 sind die vier in diesem Fall möglichen Verknüpfungen angegeben, zusammen mit ihren Bezeichnungen. Im Fall der inversen Abbildung zum Beispiel führt ein Input von 0 zu einem Output des Elementes von 1 und ein Input von 1 zu einem Output von 0.

Damit haben wir alle Bestandteile aufgeführt, die zur vollständigen Angabe eines Netzwerkes notwendig sind. Ganz im Stil unserer Betrachtungen zu Differentialgleichungen, die weniger eine exakte Behandlung einzelner Systeme als vielmehr eine qualitative Gesamtan-

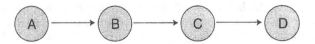

Abb. 3.4. Offenes Netzwerk aus vier Elementen, dessen Architektur unmittelbar auf das System von Differenzengleichungen (3.1) führt

sicht der prinzipiellen Eigenschaften war, soll nun versucht werden, einen Einblick in die *möglichen* Dynamiken bestimmter Architekturen zu erhalten. Wir orientieren uns dabei an (Kaplan u. Glass 1995). Dazu betrachten wir das offene lineare Netzwerk aus vier Elementen, das in Abb. 3.4 angegeben ist. Man hat Funktionen f_B, f_C und f_D mit

$$B_{t+1} = f_B(A_t), \quad C_{t+1} = f_C(B_t), \quad D_{t+1} = f_D(C_t) \qquad (3.1)$$

und liest ohne Kenntnis ihrer genauen mathematischen Form das Schema ab, nach dem der Wert A_t des Elements A zum Zeitpunkt t durch das Netzwerk propagiert:

$$B_{t+1} = f_B(A_t), \quad C_{t+2} = f_C(f_B(A_t)),$$

$$D_{t+3} = f_D(f_C(f_B(A_t))). \qquad (3.2)$$

Damit läßt sich nur aus der Tatsache, daß das Element A keinen Input besitzt, der Zustand zu jedem Zeitpunkt $t \geq 3$ als Funktion von A_0 angeben. Man hat zum Beispiel

$$A_t = A_0 \qquad \forall\, t$$

und

$$D_t = D_3 \qquad \forall\, t > 3.$$

Das System bewegt sich also auf einen Fixpunkt zu, den es nach drei Zeitschritten (bzw. im allgemeinen Fall von N Elementen nach $N-1$ Zeitschritten) erreicht.

Das andere Extrem der Netzwerkarchitektur stellt das geschlossene lineare Netzwerk, das sogenannte *Schleifennetzwerk*, dar (siehe Abb. 3.5). Ein geschlossenes Netzwerk mit N Elementen besitzt die folgenden grundlegenden Eigenschaften, die durch eine Übersetzung in Differenzengleichungen und eine Diskussion wie in Gleichung (3.2) sofort klar werden:

- Falls eine Null-Abbildung oder eine Eins-Abbildung vorkommen, erreicht das System nach spätestens N Zeitschritten einen Fixpunkt.

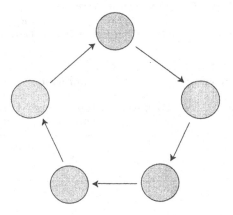

Abb. 3.5. Schema eines Schleifennetzwerks

- Enthält das Netzwerk nur Identitätsabbildungen, so bekommt das Element A nach N Zeitschritten denselben Wert wie am Anfang als Input, und nichts ändert sich von da an. Das System läuft also in einen Fixpunkt.
- Schleifen-Netzwerke mit einer *geraden* Zahl von Invers-Abbildungen besitzen eine interessantere Dynamik: Derselbe Input gelangt nach N Zeitschritten wieder zu A, aber der Zustand des Netzes bleibt im allgemeinen nicht konstant über die Zeit. Man hat also einen Zyklus der Periode N.
- Schleifen-Netzwerke mit einer *ungeraden* Zahl von Invers-Abbildungen: Bei A kommt nach N Zeitschritten immer das Inverse an. Die Zeitentwicklung führt also in einen Zyklus der Periode $2N$.

Ein Nutzen von Netzwerken liegt in der effizienten Umsetzung komplexer Aktivator-Inhibitor-Szenarien. Im allgemeinen werden aktivierende oder inhibitorische Wirkungen durch sigmoidale Funktionen beschrieben, die eine Parametrisierung der Wirkung in Abhängigkeit der Konzentration darstellen. Eine Approximation dieses Verlaufs durch Stufenfunktionen (siehe Abb. 3.6) eröffnet die Möglichkeit, die Wirkung einer Substanz auf eine andere mit Hilfe von booleschen Variablen zu beschreiben. Die zugehörige logische Tabelle 3.2 bietet die Grundlage, um solche Zusammenhänge in der Sprache boolescher Netzwerke auszudrücken. Aktivierung und Inhibition sind so in nahezu trivialer Weise über eine Identität und eine Invers-Abbildung formuliert. Dieser Ansatz wird natürlich erst sinnvoll, wenn es um das Studium sehr

Tabelle 3.2. Einfache Realisierung von Aktivierungs- und Inhibitionsprozessen in booleschen Netzwerken. Der Input von B entspricht der Konzentration einer Substanz A, die den Output (also die Aktivität) von B reguliert, vgl. Abb. 3.6

Aktivierung		Inhibition	
Input von B	Output von B	Input von B	Output von B
1	1	1	0
0	0	0	1

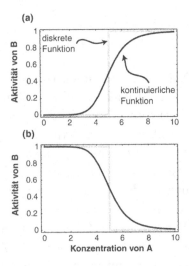

Abb. 3.6. Approximation von (realistischen) Aktivierungs- und Inhibitionsprozessen (kontinuierliche Funktionen, hier als *schwarze Linien* dargestellt) durch Stufenfunktionen (diskrete Funktionen, *graue Linien*). Dieses Vorgehen ist die Grundlage einer schematischen Realisierung solcher Prozesse durch Netzwerke und schließlich durch zelluläre Automaten

vieler vernetzter Elemente geht. Eine gewisse Idee der Stärken dieser Methode gibt aber schon die Umsetzung einer Wechselwirkung von drei Substanzen, die in Tabelle 3.3 dargestellt ist. Dort ist die inhibitorische Wirkung einer Repressor-Substanz R auf die zeitliche Entwicklung eines Enzyms E dargestellt, zusammen mit dem Einfluß eines Korepressors I. Die Analyse solcher Phänomene in größeren Netzwerken ist heute ein wichtiges Aufgabengebiet der Bioinformatik.

Tabelle 3.3. Wahrheitstafel für einen einfachen Inhibitionsvorgang unter Beteiligung eines Korepressors (I_t). Die Bildung eines Enzyms, dessen Menge durch die Variable E_t gegeben ist, wird durch das Zusammenwirken von Repressor R_t und Korepressor I_t gehemmt (nach Kaplan u. Glass 1995)

R_t	I_t	E_{t+1}
1	1	0
1	0	1
0	1	1
0	0	1

Tabelle 3.4. Regelwerk von *"Life"* als Beispiel für einen einfachen zellulären Automaten, der in der Lage ist, komplexe Strukturen zu erzeugen. Wie stets bei zellulären Automaten wird der Zustand einer Zelle zum Zeitpunkt $t + 1$ in Abhängigkeit der Nachbarschaftskonstellation zum Zeitpunkt t angegeben

Anzahl lebendiger Nachbarn bei t	2	3	$0, 1, 4 - 8$
Zustand bei t+1	tot	lebendig	tot

3.2 Methoden zum Erstellen von Regelwerken

Nach diesem kurzen Eindruck kollektiver Eigenschaften von Netzwerken in Abhängigkeit ihrer Architektur und der Möglichkeit, bestimmte biologische Abläufe durch Netzwerke zu modellieren, können wir nun zu der wichtigsten Klasse solcher Netzwerke, den zellulären Automaten, zurückkehren. Diese zeichnen sich als Spezialfall allgemeiner Netzwerke durch ein regelmäßiges Raumgitter aus, bei dem Verknüpfungen nur zu den nächsten Nachbarn bestehen. An dieser Stelle ist es angebracht, die wesentlichen Annahmen und Begrifflichkeiten zellulärer Automaten noch einmal ohne Rückgriff auf Differenzengleichungen und Netzwerke zusammenzufassen:

1. Alle verwendeten Raumkoordinaten sind nicht kontinuierlich, sondern diskret.
2. Jedem Punkt (*Zelle*) in dem Raumgitter sind Werte (*Zustände*) aus einem Zustandsraum Σ zugeordnet. Häufig ist aus praktischen Gründen (z.B. um einen endlichen Zustandsraum zu erhalten) eine Diskretisierung der Zustände erforderlich.

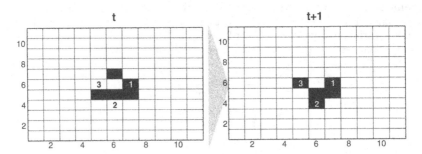

Abb. 3.7. Beispiel für das Anwenden der Update-Regeln von *"Life"*. Die lebendigen Elemente sind durch schwarze Kästchen gekennzeichnet. Gezeigt ist ein Zeitschritt, bei dem die durch Ziffern hervorgehobenen "Zellen" drei Nachbarn besitzen und damit zum nächsten Zeitpunkt lebendig bleiben bzw. werden. Schon durch dieses einfache Beispiel wird klar, wie die einfachen Regeln sehr komplexe raumzeitliche Muster hervorrufen können

3. Die Zeit ist diskret. Ein Update der Werte an den Punkten des Raumgitters geschieht also in diskreten Zeitintervallen.

4. Deterministisches Regelwerk.

   Die Ausgestaltung des Automaten erfolgt durch die Formulierung eines Regelwerks, das den Zustand eines Punktes zum Zeitpunkt $t + 1$ vollständig durch seinen (bestehenden) Wert zum Zeitpunkt t und die bestehenden Werte seiner nächsten Nachbarn festlegt.

Das vielleicht populärste Beispiel eines zellulären Automaten ist *"Life"*, ein Regelwerk, das auf J. Conway zurückgeht (Berlekamp et al. 1982, Gaylord u. Nishidate 1996). Dabei handelt es sich − je nach eigenem Geschmack − entweder um ein einfaches Modell einer raumzeitlichen Populationsdynamik oder um eine Form von elementarem Computerspiel. Das zugehörige Regelwerk ist in Tabelle 3.4 angegeben. Eine Anwendung dieser Regeln zeigt Abb. 3.7. Dort sieht man, wie ein solches Raumgitter vom Zeitpunkt t (linkes Bild) zum Zeitpunkt $t + 1$ überführt wird. Der Punkt Nr. 1 (mit den Koordinaten (7,6)) besitzt drei "lebendige" Nachbarn und ist somit im nächsten Zeitschritt weiterhin lebendig, die leere Stelle Nr. 2 bei (6,4) ändert aufgrund ihrer drei lebendigen Nachbarn nun den Zustand und ist im nächsten Zeitschritt ebenfalls lebendig. Einer dieser Nachbarn (bei (5,5)) unterschreitet jedoch die Mindestzahl lebendiger Nachbarn und verschwindet zum nächsten Zeitpunkt. Die auf diese Weise zu erzeugenden Strukturen reichen von stabilen stationären oder oszillierenden Konstellationen bis zu Formationen, die sich über das Raumgitter be-

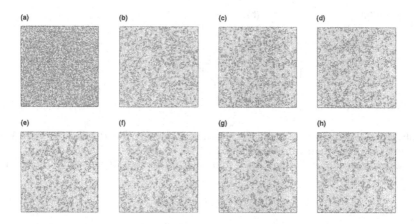

Abb. 3.8. Momentaufnahmen eine 100 × 100-Gitters des ''*Life*''-Automaten. Bild (a) zeigt den (randomisierten) Anfangszustand, alle weiteren Bilder besitzen einen Abstand von zwei Zeitschritten. Die lebendigen Elemente sind *dunkel*, die toten Zellen *hell* dargestellt

wegen (sogenannte *gliders*). Es wird geschätzt, daß bis zum Ende der achtziger Jahre für kein wissenschaftliches Problem mehr Computerrechenzeit verwendet worden ist als für die Untersuchung und Klassifikation der verschiedenen raumzeitlichen Muster von ''*Life*''. Abb. 3.8 zeigt einige Momentaufnahmen des ''*Life*''-Automaten ausgehend von randomisierten Anfangsbedingungen. Man sieht, daß die Zahl lebendiger Elemente schnell abnimmt und schließlich eine große Zahl von unabhängigen, aus wenigen Elementen bestehenden räumlichen Konfigurationen erreicht wird.

Die Anwendungen zellulärer Automaten sind sehr vielfältig, vor allem durch die große Freiheit bei der Gestaltung der Regelwerke. Einige Themenschwerpunkte sind (Gaylord u. Nishidate 1996, Ermentrout u. Edelstein-Keshet 1993)

- Diffusionsphänomene,
- Epidemien,
- Evolutionstheorien,
- raumzeitliche Populationsdynamiken.

Eine bemerkenswerte Eigenschaft zellulärer Automaten ist, daß schon sehr einfache Regeln auf äußerst komplexe Strukturen führen können. Wir werden sehen, daß selbst bei nur einer Raumdimension (sogenannte *eindimensionale* Automaten) die Klassifikation der auftretenden Zeitentwicklungen sehr schwierig ist. Sie stellt noch heute einen

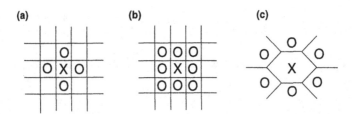

Abb. 3.9. Verschiedene Arten der Nachbarschaft für die Regelwerke zellulärer Automaten: Von-Neumann-Nachbarschaft (Abb. (a)), Moore-Nachbarschaft (Abb. (b)) auf einem quadratischen Gitter und eine Nachbarschaft aus sechs Elementen auf einem hexagonalen Gitter (Abb. (c))

Gegenstand aktueller Forschungsarbeit dar.

Man muß sich über einige praktische Probleme Gedanken machen, wenn man einen zellulären Automaten entwerfen will, etwa über die konkrete technische Realisierung des Update oder die Situation an den Enden des (notwendigerweise endlichen) Raumgitters (Problem der Randbedingungen). Ebenso muß man spezifizieren, was mit "Nachbarschaft" gemeint ist. Diese technischen Fragen sollen nun kurz diskutiert werden. In Abb. 3.9 sind die drei gebräuchlichsten Formen von Nachbarschaften dargestellt: die von-Neumann-Nachbarschaft (4 nächste Nachbarn), die Moore-Nachbarschaft (8) und die hexagonale Nachbarschaft (6). In einigen Fällen der Modellierung durch zelluläre Automaten legt das System selbst eine der Nachbarschaften nahe, in den meisten Fällen jedoch muß der Einfluß dieser Wahl auf die Resultate explizit diskutiert werden.

In Abb. 3.10 sind zwei Arten skizziert, den Rand des Raumgitters in das Update-Verfahren zellulärer Automaten einzubeziehen: sogenannte periodische und absorbierende Randbedingungen. Bei periodischen Randbedingungen denkt man sich die oberste Reihe als (untere) Nachbarn der untersten Reihe, ähnlich fügt man die rechten und linken Enden des Raumgitters zusammen.[2]

Eine Alternative stellt die Einführung eines absorbierenden Randes dar (Abb. 3.10(b)). Dabei wird ein neutrales (die Muster auf dem Raumgitter am wenigsten beeinflussendes) Element aus dem Zustandsraum des Automaten als Rahmen um das ursprüngliche Raumgitter gelegt,

---

[2] Geometrisch führt ein solches "Zusammenkleben" auf einen sogenannten Torus, also − anschaulich ausgedrückt − die Oberfläche eines Kuchenkringels (Donut).

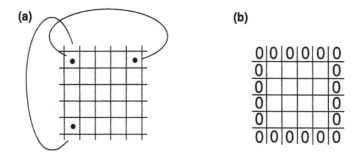

Abb. 3.10. Zwei gebräuchliche Arten der Randbedingungen für zelluläre Automaten: periodische Randbedingungen (Abb. (a)) und die Einführung eines absorbierenden Randes (Abb. (b))

so daß jeder Randpunkt wieder die zur Anwendung der Update-Regeln erforderliche Zahl von Nachbarn besitzt.[3]

Der von seinem theoretischen Hintergrund her anspruchsvollste technische Diskussionspunkt betrifft das Update-Verfahren. Die offensichtlichste Möglichkeit ist das sogenannte Full-Lattice-Update, bei dem die Regeln gleichzeitig auf alle Punkte des Raumgitters angewendet werden. Beim sogenannten Monte-Carlo-Update wird ein Punkt des Raumgitters ausgewürfelt und einem Update unterzogen, danach erst wird der nächste Punkt ausgelost. Im statistischen Mittel (über sehr viele Zeitschritte) entsprechen N^2 solche Monte-Carlo-Zeitschritte einem Zeitschritt beim Full-Lattice-Update. Dabei bezeichnet N die Kantenlänge des Raumgitters. Fortgeschrittenere Verfahren sind sogenannte Sublattice-Updates, die physikalisch mit einem Transport von Energie durch das System verbunden sind. Tatsächlich bietet die physikalische Interpretation bei all diesen Verfahren den zentralen Schlüssel zu einem tieferen Verständnis der Funktionsweise zellulärer Automaten. So entspricht zum Beispiel in einer thermodynamischen Leseart das Full-Lattice-Update einer Dynamik bei konstanter Energie, während ein Monte-Carlo-Update die Zeitentwicklung eines Systems bei konstanter Temperatur (also ständigem Energieaustausch mit der Umgebung) erzeugt (Bar-Yam 1997).

---

[3] In vielen Fällen wird das geeignete Element einfach Null sein, z.B. bei Automaten mit einem (diskretisierten) Zahlenintervall als Zustandsraum. In anderen Modellen muß das geeignete neutrale Element speziell ausgewählt werden. Im Fall von *"Life"* zum Beispiel hat der "tot"-Zustand gerade diese Rolle.

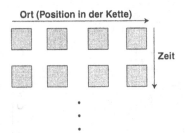

Abb. 3.11. Darstellungsschema der Zeitentwicklung eindimensionaler zellulärer Automaten. Waagerecht ist die Kette der Einzelzellen aufgetragen, während senkrecht von oben nach unten die zeitliche Entwicklung gezeigt ist

3.3 Wichtige Anwendungen

Als nächstes wollen wir einige besonders wichtige Regelwerke etwas intensiver besprechen, um danach zu einem biologisch motivierten Beispiel zu kommen, der Selbstorganisation einer Lipidmembran, bei dem deutlich wird, wie sich einfache biologische und biophysikalische Annahmen in das Regelwerk eines zellulären Automaten übersetzen lassen. Die folgende Liste stellt die nun näher auszuführenden konzeptionell wichtigen Beispiele zusammen:

1. eindimensionale boolesche Automaten,
2. Übersetzung partieller Differentialgleichungen in Regelwerke für zelluläre Automaten: Beispiel Diffusionsgleichung,
3. erregbare Medien als zellulärer Automat,
4. erregbares Medium mit stochastischen Elementen: das Forest-Fire-Modell.

1. Eindimensionale boolesche Automaten
Die Bezeichnung dieser Klasse zellulärer Automaten weist auf zwei Einschränkungen hin: Während wir die Beschränkung auf einen booleschen Zustandsraum (Zustände 0 und 1) bereits bei Netzwerken kennengelernt haben, kommt nun noch die Einschränkung auf nur eine Raumkoordinate hinzu. Rein technisch soll sie vor allem eine sehr effiziente Darstellung der Zeitentwicklung eines solchen Automaten erlauben (vgl. Abb. 3.11). Ein weiterer Vorteil dieser Automaten ist die Klassifizierbarkeit der zugehörigen Regeln. Wir haben es nun – im eindimensionalen Fall – mit zwei nächsten Nachbarn eines Elements zu tun. Betrachten wir also ein erstes in gewisser Weise populationsdynamisch motiviertes Beispiel: Ein Punkt soll auf 1 gesetzt werden,

wenn beide Nachbarn im Zustand 1 sind, er soll bei nur einem Nachbarn im Zustand 1 unverändert bleiben und bei keinem Nachbarn mit
dem Wert 1 auf 0 gesetzt werden. Man sieht sofort, wie sich diese
Liste in das vollständige Schema möglicher Regelwerke einfügt, wenn
man begreift, daß es nur 8 Nachbarschaftskonstellationen bei eindimensionalen booleschen Automaten gibt, deren Update man spezifizieren
muß:

$$(111) \quad (110) \quad (101) \quad (100) \quad (011) \quad (010) \quad (001) \quad (000).$$

Verwendet wurde, daß der Wert eines Punktes n zum Zeitpunkt $t+1$
nur von den Werten der Punkte $n-1$, n und $n+1$ zum Zeitpunkt t
abhängt. Rein kombinatorisch sind also zwei Zustände (0 und 1) auf
drei Plätze zu verteilen und somit $2^3 = 8$ verschiedene Konstellationen möglich. Durch diese Überlegung wird auch das grundsätzliche
Vorgehen beim Umgang mit zellulären Automaten noch einmal sehr
deutlich: Die relevanten Informationen sind durch den *Zustandsraum*
und die *Update-Regeln* gegeben. Sie bilden die Basis für die simulierten
Zeitentwicklungen.

Ein solches Regelwerk ist gerade dann vollständig spezifiziert, wenn
es für jede der 8 möglichen Nachbarschaftskonstellationen das Update
(also den von der Zentralzelle im nächsten Zeitschritt angenommenen
Wert) festlegt. Auch hier gibt es zwei Möglichkeiten (nämlich 0 und 1)
für jede der 8 Konstellationen und damit $2^8 = 256$ unterschiedliche Regelwerke für eindimensionale boolesche zelluläre Automaten. Erinnert
werden soll hier noch an das Konzept der *binären Zahlen*. Dort werden Zahlen nicht in bezug auf die Basis 10 (also mit Ziffern 0,1,...,9)
angegeben, sondern bezogen auf die Basis 2 (also mit Ziffern 0 und 1).
Zweistellige Zahlen drücken so die Zahlen von 0 bis 3 aus, dreistellige
Zahlen überspannen den Bereich von 0 bis 7, usw. Ganz analog zu
der uns natürlicher erscheinenden Darstellung von Zahlen zur Basis
10, bei der den verschiedenen Stellen unterschiedliche Zehnerpotenzen
zugeordnet sind, z.B.

$$1357 \equiv 1 \cdot 10^3 + 3 \cdot 10^2 + 5 \cdot 10^1 + 7 \cdot 10^0,$$

entspricht eine binäre Zahl einer Entwicklung nach Zweierpotenzen,
z.B.

$$100101 \equiv 1 \cdot 2^5 + 0 \cdot 2^4 + 0 \cdot 2^3 + 1 \cdot 2^2 + 0 \cdot 2^1 + 1 \cdot 2^0$$

$$= 32 + 4 + 1 = 37.$$

Abb. 3.12. Beispiel eines Update-Schrittes (a) für einen booleschen zellulären Automaten mit zyklischen Randbedingungen nach der Regel 232 und eine zugehörige Zeitentwicklung (b)

Letzteres Anwenden der üblichen (dekadischen) Rechenregeln liefert dann die Übersetzung der binären Darstellung (100101) in die Darstellung zur Basis 10 (also hier 37). Es ist üblich geworden, die Regelwerke boolescher Automaten als binäre Zahlen aufzufassen und so elegant durchzunumerieren. Dazu muß man sich einzig über die Reihenfolge der Nachbarschaftskonstellationen einigen. Auch hier hilft das Konzept der binären Zahlen, indem man die Konstellationen einfach nach ihrer Zahlengröße ordnet: (111), (110), ..., (000).

Wir kommen nun zurück zu unserem Beispiel einer sehr einfachen Populationsdynamik, die sich stark an dem Regelwerk von *"Life"* orientiert. Bei dieser eindimensionalen Version von *"Life"* sollen alle Nachbarschaften, die mindestens zwei Elemente im Zustand 1 besitzen, im nächsten Zeitschritt auf 1 gesetzt werden, während alle anderen Konstellationen in 0 überführt werden. Das so entworfene Regelwerk

$$\begin{array}{cccccccc}
111 & 110 & 101 & 100 & 011 & 010 & 001 & 000 \\
\downarrow & \downarrow & \downarrow & \downarrow & \downarrow & \downarrow & \downarrow & \downarrow \\
1 & 1 & 1 & 0 & 1 & 0 & 0 & 0
\end{array}$$

entspricht also der binären Zahl 11101000 und damit der Regel 232. In Abb. 3.12(a) ist schematisch dargestellt, wie ein Update-Schritt nach der Regel 232 durchgeführt wird. Abb. 3.12(b) zeigt eine Zeitentwicklung ausgehend von zufälligen (randomisierten) Anfangsbedingungen. Auch hier ist der Ort horizontal und die Zeit vertikal aufgetragen. Es zeigt sich, daß in diesem naiven Populationsmodell aus den Anfangsbedingungen sehr schnell ein stationärer Zustand erwächst. Innerhalb der ersten Zeitschritte bilden sich stabile Konstellationen heraus, die zeitlich stationär sind und keine Migrationsphänomene (d.h. kein "Wandern", keine räumliche Bewegung) aufweisen. Die meisten der anderen Regelwerke zeigen tatsächlich eine sehr viel reichhaltigere Dynamik. Einige Beispiele sind in Abb. 3.13 dargestellt. Zum Teil können diese

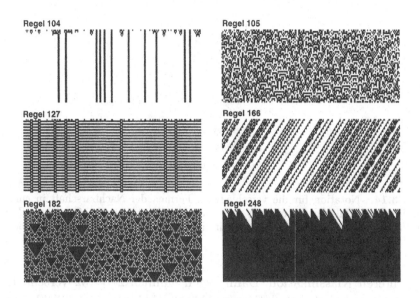

Abb. 3.13. Zeitliche Entwicklung verschiedener eindimensionaler boolescher zellulärer Automaten mit randomisierten Anfangsbedingungen

Automaten als einfache, äußerst schematische Modelle wirklicher biologischer, vor allem aber ökologischer Prozesse gesehen werden. Unser Beispiel eines positiven oder negativen Einflusses gewisser Nachbarschaftskonstellationen auf die Zeitentwicklung einer Population zeigt in Grundzügen die Idee hinter diesem Vorgehen. Dort hatten wir gesehen, daß das zugehörige Regelwerk eine stark stabilisierende Wirkung auf das System hat und zufällige Anfangsbedingungen sehr schnell in stabile stationäre Konstellationen überführt. Solche Beobachtungen lassen sich im Fall biologisch motivierter Regelwerke sehr direkt auf das Verhalten des zugrunde liegenden Systems übertragen und können so zu einem tieferen Verständnis der dort wirksamen Mechanismen führen.

Nachdem es uns nun gelungen ist, die Regelwerke durchzunumerieren, stellt sich die Frage, ob auch die resultierenden Dynamiken (oder *raumzeitlichen Muster*) in irgendeiner weitergehenden Weise klassifizierbar sind. Bei 256 verschiedenen Automaten mag es noch möglich sein, diese Muster individuell zu charakterisieren. Eine direkte Erweiterung dieser Klasse von Automaten auf eine 5-elementige Nachbarschaft (vgl. Abb. 3.14) führt jedoch schon zu einer kaum vorstellbaren Menge verschiedener Automaten und damit zu der Notwendigkeit einer

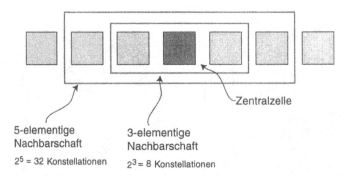

Abb. 3.14. Notation für die verschiedenen Formen der Nachbarschaft in eindimensionalen zellulären Automaten und resultierende statistische Gewichte (Zahl der Nachbarschaftskonstellationen), die in die Anzahl möglicher Regeln einfließen

effizienteren Klassifikation. Dann liegen nämlich $2^5 = 32$ verschiedene Nachbarschaftskonstellationen (11111), (11110), ..., (00000) vor, so daß sich 2^{32} unterschiedliche Regelwerke ergeben, also knapp 4.3 Milliarden. Ende der sechziger Jahre hat S. Wolfram eine phänomenologische Aufteilung der Muster solcher zellulärer Automaten in vier Klassen vorgeschlagen (Wolfram 1986, 1984):

Wolfram-Klasse I: Zeitliche Entwicklung des Automaten führt auf einen Fixpunkt.

Wolfram-Klasse II: Entwicklung führt auf eine oder mehrere lokalisierte periodische Strukturen.

Wolfram-Klasse III: Entwicklung führt auf irreguläre (chaotische) Muster ohne Ordnung auf einer großen Längenskala.

Wolfram-Klasse IV: Entwicklung führt auf komplexe Strukturen mit ausgeprägten langreichweitigen Korrelationen (Muster auf einer Längenskala, die sehr viel größer als das Einzelelement ist), jedoch ohne Vorhersagbarkeit der Zeitentwicklung.

Tabelle 3.5 zeigt, wie sich die Beispiele aus Abb. 3.13 in dieses Klassifikationsschema einfügen. Vertreter der schwierigsten Klasse, der Wolfram-Klasse IV, finden sich in großer Zahl unter den Regelwerken für 5-elementige Nachbarschaften. Allerdings deutet sich auch bei einer 3-elementigen Nachbarschaft dieses Verhalten schon an, zum Beispiel in den Zeitentwicklungen für die Regeln 111 und 120, die in Abb. 3.15 dargestellt sind. In Kapitel 7.2 werden wir eine quantitative Analyse zellulärer Automaten mit Methoden der Informationstheorie diskutieren. Dort werden wir auch weitere Beispiele für Automaten der

Tabelle 3.5. Zuordnung der verschiedenen Regeln eindimensionaler zellulärer Automaten aus Abb. 3.13 zu den Wolfram-Klassen, die im wesentlichen den Grad der Komplexität charakterisieren

Regel	104	105	127	166	182	248
Wolfram-Klasse	I	III	II	I	III	I

Regel 111

Regel 120

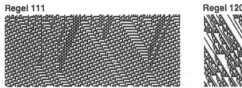

Abb. 3.15. Erste Hinweise auf langreichweitige komplexe Strukturen in der Zeitentwicklung eindimensionaler zellulärer Automaten mit einer 3-elementigen Nachbarschaft

Wolfram-Klasse IV kennenlernen. Ein erstes intuitives Verständnis für das wichtige Phänomen langreichweitiger Strukturen aufgrund lokaler Wechselwirkungen erlangt man durch die gleichzeitige Rolle jeder Zelle als Zentralzelle, rechte und linke Nachbarzelle und die Vorstellung, daß auf diese Weise Information durch das System transportiert wird. Abb. 3.16 illustriert diesen Punkt.

Die Wolfram-Klassifikation ist nützlich und beruht auf der auch theoretisch bedeutsamen Erkenntnis, was die relevanten Strukturmerkmale einer Zeitentwicklung zellulärer Automaten sind. Eine direkte Verbindung zwischen dem Regelwerk und der Wolfram-Klasse existiert jedoch bisher nicht. Auch neuere Arbeiten gehen den Weg über die empirische Betrachtung, wenn auch in Kombination mit einigen anspruchsvollen statistischen und informationstheoretischen Methoden der Analyse solcher Muster (siehe z.B. (Langton 1990) und (Mitchell et al. 1993), vgl. auch Kapitel 5.3 und 7.2).

2. Übersetzung partieller Differentialgleichungen in Regelwerke für zelluläre Automaten: Beispiel Diffusionsgleichung

Grundidee unserer bisherigen Diskussion zellulärer Automaten war, für eine bestimmte Situation (z.B. ein bestimmtes biologisches System) ein geeignetes Regelwerk zu entwerfen, auf dessen Grundlage der zelluläre Automat ein Modell für das betrachtete System darstellt. Die

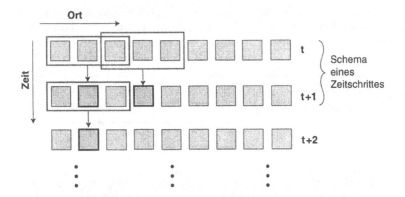

Abb. 3.16. Update-Verfahren für eindimensionale zelluläre Automaten. Die Zeit ist wie zuvor in vertikale Richtung, der Ort in horizontale Richtung aufgetragen. Für den Zeitschritt von t nach $t+1$ ist schematisch dargestellt, wie eine Zelle mit ihren beiden Nachbarn zu dem Wert der Zelle zum nächsten Zeitpunkt verrechnet wird. Einige solcher Blöcke aus drei Zellen sind in der Abbildung durch graue Rahmen hervorgehoben, wobei man die wechselnden Rollen der Einzelzelle (Zentralzelle, rechter oder linker Nachbar) erkennt

Strategie war dabei, bekannte Eigenschaften des Systems phänomenologische durch Nächst-Nachbar-Wechselwirkungen nachzubilden. Hier werden wir nun eine vollkommen andere Methode kennenlernen, ein entsprechendes Regelwerk herzuleiten. Dazu ist erforderlich, daß die (raumzeitliche) Dynamik des Systems durch eine (partielle) Differentialgleichung zufriedenstellend approximiert wird. Durch Überführung der dort auftretenden Differentialquotienten in Differenzenquotienten gelangt man unmittelbar zu einer Regel für einen zellulären Automaten. Am Beispiel einer einfachen Diffusionsdynamik soll dieses Vorgehen illustriert werden. Dieses Beispiel ist absolut zentral, da sich so ein intuitives und klares Verständnis der Funktionsweise und auch der Leistungsfähigkeit von zellulären Automaten ergibt. Das Ficksche Diffusionsgesetz

$$\frac{\partial c}{\partial t} = -D\frac{\partial^2 c}{\partial x^2} \tag{3.3}$$

gibt an, wie sich z.B. eine räumliche Verteilung $c(0, x)$ einer Substanz zum Zeitpunkt $t = 0$ mit der Zeit entwickelt. In Gleichung (3.3) ist nur eine Raumdimension aufgeführt. Die folgenden Überlegungen lassen sich jedoch unmittelbar auf zwei oder drei Dimensionen verallgemeinern. Gleichung (3.3) läßt sich durch Umschreiben der Differentiale in

Differenzen leicht in eine diskrete Näherung an den eigentlichen Diffusionsprozeß verwandeln. Man hat

$$\frac{1}{\Delta t}\left[c\left(t+\Delta t,x\right)-c\left(t,x\right)\right]$$

$$=-D\frac{\partial}{\partial x}\frac{1}{\Delta x}\left[c\left(t,x+\Delta x\right)-c\left(t,x\right)\right],$$

woraus sich im Limes Δx, $\Delta t \to 0$ wieder Gleichung (3.3) ergeben würde. Das Umschreiben des verbleibenden Differentialquotienten geschieht zielorientiert: Wir wollen ein Regelwerk erreichen, das zeitliche Updates aufgrund von *Nachbarschafts*konstellationen ermöglicht. Dazu ist es notwendig die räumlichen Differenzen symmetrisch um x zu verteilen.[4] Man erhält dann

$$\frac{1}{\Delta t}\left[c\left(t+\Delta t,x\right)-c\left(t,x\right)\right]=-D\frac{1}{\Delta x^2}\times$$

$$\left[\{c\left(t,x\right)-c\left(t,x-\Delta x\right)\}-\{c\left(t,x+\Delta x\right)-c\left(t,x\right)\}\right]. \qquad (3.4)$$

Der Wechsel zu einem zellulären Automaten erfolgt nun, indem man die minimalen (und dimensionslosen) räumlichen und zeitlichen Abstände eines Automaten, nämlich $\Delta t = 1$ und $\Delta x = 1$, in Gleichung (3.4) einsetzt:

$$c\left(t+1,x\right)-c\left(t,x\right)$$

$$=-D\left[c\left(t,x\right)-c\left(t,x-1\right)-c\left(t,x+1\right)+c\left(t,x\right)\right].$$

Der Übergang zu einer für zelluläre Automaten gebräuchlicheren Notation, $c_t\left(x\right)$ anstelle von $c(t,x)$ und ein Sortieren der linken (Zeitpunkt $t+1$) und rechten (Zeitpunkt t) Seite der Gleichung führt schließlich auf die endgültige Form der Automaten-Regel für einen Diffusionsprozeß:

$$\underbrace{c_{t+1}\left(x\right)}_{Zeitpunkt\ t+1}=\underbrace{D\left(c_t\left(x-1\right)+c_t\left(x+1\right)\right)+\left(1-2\,D\right)c_t\left(x\right)}_{Zeitpunkt\ t}. \qquad (3.5)$$

In Abb. 3.17 ist die Zeitentwicklung dieses Automaten und einer räumlich zweidimensionalen Variante von Gleichung (3.5) ausgehend von einer zufälligen Anfangsverteilung dargestellt. In beiden Fällen zeigt sich das erwartete Verhalten, nämlich eine Dynamik, die sehr schnell gegen eine Gleichverteilung konvergiert. Damit stellt sich Gleichung (3.5)

---

[4] Das formale Argument ist dabei, daß nur dieses Vorgehen die Isotropie des Raums erhält. Andere Verfahren würden eine unerwünschte Vorzugsrichtung in das System tragen.

(a)   (b)

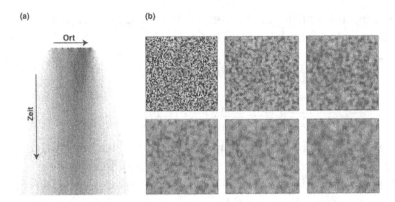

Abb. 3.17. Zeitentwicklung eines zellulären Automaten auf der Grundlage der Diffusionsgleichung. Abb. (a) zeigt den eindimensionalen Fall, der unmittelbar durch Anwendung der in Gleichung (3.5) aufgestellten Regel entsteht. In Abb. (b) sind Momentaufnahmen eines entsprechenden zweidimensionalen zellulären Automaten dargestellt (für $t = 1,10,20,\ldots,50$)

als eine geeignete Implementierung des Diffusionsgesetzes in Form eines zellulären Automaten dar. Allerdings ist zu beachten, daß es sich natürlich um eine *Approximation* der ursprünglichen Differentialgleichung handelt. Die Näherung schlägt fehl, wenn die Diffusionskonstante nicht klein gegen die räumliche und zeitliche Diskretisierung ist.[5] Der Zustandsraum dieses "Diffusionsautomaten" ist kontinuierlich und entspricht den reellen Zahlen.[6]

Der Nutzen dieser allgemeinen Methode beim Design zellulärer Automaten liegt vor allem in der Schaffung eines mathematisch soliden Gerüstes für grundlegende physikalische und quantitativ verstandene biologische Prozesse. Im Gegensatz zu den Differentialgleichungen können bei den Regelwerken in einfacher Weise zusätzliche Effekte einbezogen und so Arbeitshypothesen über die beobachtete Dynamik getestet werden.

3. Erregbare Medien als zellulärer Automat

---

[5] Dabei ist zu beachten, daß die Diffusionskonstante physikalisch eine Verknüpfung von räumlicher und zeitlicher Skala herstellt.

[6] An dieser Stelle sei noch einmal darauf hingewiesen, daß solche Systeme in der Forschungsliteratur auch als *coupled-map lattices* bezeichnet werden. Im strengen Sinn liegt erst beim Übergang zu einem diskreten, beschränkten Zustandsraum ein zellulärer Automat vor, zum Beispiel durch Binärcodierung der reellen Zahlen.

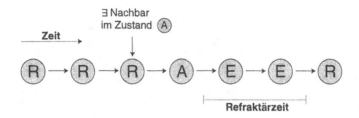

Abb. 3.18. Typische Abfolge der Zustände eines Elementes in einem erregbaren Medium

Ein *erregbares Medium* (engl. *excitable medium*) ist eine Modellvorstellung einer speziellen raumzeitlichen Dynamik, die vielseitige Anwendung besitzt (Ermentrout u. Edelstein-Keshet 1993, Winfree 1972, 1974). Sie wird häufig beschrieben als ein "System mit Wellenpropagation und Refraktärzeit". Formal verbirgt sich dahinter ein räumlich angeordnetes Ensemble von identischen Elementen, für die (mindestens) drei Zustände existieren:

R: Ruhend,
A: Angeregt,
E: Erholend (refraktär).

Ein einzelnes Element durchläuft diese Zustände nun stets in derselben Reihenfolge: Vom ruhenden Zustand wechselt es (zum Beispiel aufgrund einer entsprechenden Nachbarschaftskonstellation) in den angeregten Zustand. Nach einer bestimmten Zeit (meist ein Automaten-Zeitschritt) fällt das Element in den erholenden Zustand, in dem es eine fest vorgegebene Zeit (die sogenannte Refraktärzeit τ) verweilt. In dieser Zeit kann das Element nicht angeregt werden. Danach geht das Element wieder in den ruhenden Zustand über, in dem es bleibt, bis eine geeignete Nachbarschaftskonstellation (die Bedingung ist meist, daß *ein* angeregtes Element in der Nachbarschaft enthalten ist) es wieder in den angeregten Zustand überführt. Eine solche Sequenz für ein einzelnes Element ist in Abb. 3.18 dargestellt. Nun liegen alle Informationen zur Implementierung eines solchen erregbaren Mediums vor: Der Zustandsraum $\Sigma = \{R, A, E\}$ ist spezifiziert und auch das Regelwerk ist mit den oben formulierten Angaben zur Zustandsabfolge vollständig festgelegt. In der Sprache zellulärer Automaten hat man folgende Update-Regeln:

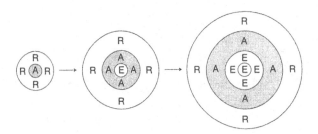

Abb. 3.19. Zentraler Mechanismus für die Ausbildung von propagierenden Wellenfronten in erregbaren Medien. Die Sequenz zeigt wie bei hinreichender Dichte ruhender Zellen die Wellenausbreitung notwendigerweise aus der Organisation des erregbaren Mediums, Abb. 3.18, folgt

1. Ist das (ij)-te Element im Zustand $a_{ij} = R$ so geht es im nächsten Zeitschritt in den Zustand A über, wenn in seiner Nachbarschaft $\mathcal{N}(a_{ij})$ (mindestens) ein Element im Zustand A ist.

2. Ist ein Element im Zustand A, so geht es stets im nächsten Zeitschritt in den Zustand E über.

3. Ein Element im Zustand E geht nach τ Zeitschritten in den Zustand R über.

Diese Regeln lassen sich in einer mathematischen Kurzschreibweise angeben, die sich auch im folgenden als nützlich erweisen wird:

$$a_{ij} \equiv R \xrightarrow{A \in \mathcal{N}(a_{ij})} A \;,\; a_{ij} \equiv A \to E \;,\; a_{ij} \equiv E \xrightarrow{a_{ij} = E \text{ für } \Delta t \geq \tau} R.$$

Dabei kennzeichnet der Pfeil das Update von t nach $t + 1$ und die Angabe über dem Pfeil die Bedingung, unter der diese Regel zur Anwendung kommt.

Schon aus dem Regelwerk (genauer aus der damit festgelegten Zustandsabfolge des Einzelelements) folgt, daß eine charakteristische Dynamik dieses Systems propagierende Wellenfronten sind. Das Entstehungsschema solcher Wellen ist in Abb. 3.19 dargestellt. Ein weiterer Effekt in der Zeitentwicklung eines solchen als zellulärer Automat realisierten erregbaren Mediums ist in Abb. 3.20 gezeigt. Durch das Zusammentreffen mehrerer Wellenfronten oder durch die Präparation (über die Anfangsbedingungen) offener Wellenfronten treten qualitativ unterschiedliche Muster, nämlich Spiralwellen (engl. *spiral waves*), auf. Tatsächlich werden in der Natur solche spiralförmigen Ausbreitungen von Anregungen in verschiedenen Systemen beobachtet, z.B. in chemischen Reaktionen, in Herzzellen und in den Erregungsmustern in

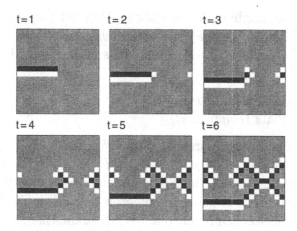

Abb. 3.20. Entstehung von Spiralwellen an den Enden ausgedehnter Wellenfronten in einem erregbaren Medium. Die Abbildung zeigt die ersten Zeitschritte unter vorgegebenen Anfangsbedingungen. Durch die relativ kleine Zahl von Zellen ist die Umsetzung der Update-Regeln und das schrittweise Entstehen einer spiralförmigen Struktur sehr klar zu erkennen

neuronalen Strukturen (Winfree 1974, Cladis u. Palffy-Muhoray 1995, Walleczek 2000).

Interessantere und in vielen Aspekten realistischere Modellvorstellungen lassen sich entwickeln, wenn man statt mit einer festen Refraktärzeit τ mit einer Wahrscheinlichkeit p des Übergangs $E \rightarrow R$ vom refraktären in den ruhenden Zustand arbeitet. Dies entspricht einer Verteilung von Zeiten um die mittlere Refraktärzeit $\bar{\tau} = 1/p$. Solche Modelle, in denen Parameter keine festen Werte besitzen, sondern durch Wahrscheinlichkeitsverteilungen einbezogen werden, bezeichnet man als *stochastische zelluläre Automaten*.

4. Erregbare Medien mit stochastischen Elementen: das Forest-Fire-Modell

Ein Modell mit einiger ökologischer Relevanz und gleichzeitig einer Vielfalt von verschiedenen, in Abhängigkeit von den Modellparametern entstehenden raumzeitlichen Mustern ist das Forest-Fire-Modell. Ursprünglich als Modell für die Ausbreitung von Waldbränden vorgeschlagen, illustriert es in einfacher Weise charakteristische Eigenschaften ökologischer Selbstorganisation (Drossel u. Schwabl 1992). Neben seiner eigentlichen Bestimmung, zu einem Verständnis der Feuergröße, -formen und -häufigkeiten im tropischen Regenwald beizutragen, wird es auch zur Beschreibung der räumlichen Ausbreitung von Krankheiten in Populationen verwendet (Jensen 1998).

Der Zustandsraum des Forest-Fire-Modells besitzt drei Elemente

T: Baum (*tree*),
F: brennender Baum (*fire*),
E: leerer Platz (*empty site*),

die im Sinne eines erregbaren Mediums von den Zellen durchlaufen werden (z.B. in der Abfolge $T \to T \to F \to E \to E \to E \to T$). Ein wichtiger Bestandteil dieses Modells sind die beiden Wahrscheinlichkeiten, die in das Regelwerk einfließen und damit die Übergänge zwischen den Zuständen regulieren: die Blitzwahrscheinlichkeit f und die Wachstumswahrscheinlichkeit p. Sie sind die Kontrollparameter des Systems. Die folgenden vier Regeln werden für ein Update auf jeden Punkt des Raumgitters angewendet:

1. Jeder brennende Baum geht in einen leeren Platz über.
2. Jeder Baum wird zu einem brennenden Baum, sofern ein brennender Baum in seiner Nachbarschaft ist.
3. Befindet sich kein brennender Baum in der Nachbarschaft, so wird ein Baum mit der Wahrscheinlichkeit f zu einem brennenden Baum.
4. Ein leerer Platz wird mit der Wahrscheinlichkeit p zu einem Baum.

In unserer Kurznotation lassen sich diese Regeln, die den Übergang von t nach $t+1$ in Abhängigkeit der Nachbarschaft $\mathcal{N}_{ij} = \mathcal{N}(a_{ij})$ des betrachteten Elementes a_{ij} beschreiben, folgendermaßen formulieren:

$$F \to E \, , \; T \overset{F \in \mathcal{N}_{ij}}{\longrightarrow} F \, , \; T \overset{(F \notin \mathcal{N}_{ij}) \wedge f}{\longrightarrow} F \, , \; E \overset{p}{\longrightarrow} T,$$

wobei auch hier die Bedingung für das Anwenden einer Regel über dem Pfeil angegeben ist. Diese Bedingung ist entweder eine Wahrscheinlichkeit (p oder f) oder eine Forderung an die Nachbarschaftskonstellation. Das Forest-Fire-Modell besitzt drei unterschiedliche Formen von Dynamik (Jensen 1998, Gaylord u. Nishidate 1996): Spiralwellen, Perkolation und selbstorganisierte Kritizität. Die Werte der Kontrollparameter bestimmen, in welchem dynamischen Regime das System sich befindet. Für $p, f \ll 1$ liegen Spiralwellen und Ringstrukturen vor, wie wir sie von einem erregbaren Medium ohne stochastische Einflüsse bereits kennen. Brände propagieren dabei ungestört in Form von Ringwellen, aufeinandertreffende Feuerfronten löschen sich aus und Hindernisse (zum Beispiel nach einem Brand noch nicht wieder bewachsene

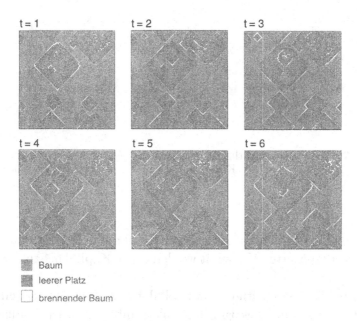

Baum
leerer Platz
brennender Baum

Abb. 3.21. Beispiel für die Zeitentwicklung des Forest-Fire-Modells in dem Parameterbereich, der für Spiralwellen charakteristisch ist. Gezeigt ist eine Sequenz von aufeinanderfolgenden Zeitschritten aus der Mitte einer Zeitreihe, die von randomisierten Anfangsbedingungen aus gestartet ist und stabile Strukturen (zusammenhängende Feuerfronten) ausbilden konnte

Stellen) führen zur Ausbildung von Spiralen. In Abb. 3.21 ist ein Ausschnitt aus einer entsprechenden Zeitreihe dargestellt. Man erkennt deutlich, wie die anfangs getrennten Feuerfronten einander mit der Zeit immer stärker beeinflussen. Ist $f = 0$ und p nicht zu klein, so füllt sich das gesamte Raumgitter mit der Zeit mit Bäumen. Die dabei vorliegende Struktur eines zusammenhängenden Clusters von Bäumen, das sich über das gesamte System erstreckt bezeichnet man als *Perkolationsmuster*. Die letzte Form von Dynamik des Forest-Fire-Modells, die selbstorganisierte Kritizität, ist nicht stabil und tritt exakt nur im mathematischen Grenzübergang $f \to 0$ und $p \to 0$ unter der Nebenbedingung $f \ll p$ auf. Das charakteristische Zeichen für selbstorganisierte Kritizität ist ein quasistationärer Zustand, bei dem Feuerfronten aller Größen existieren und keine ausgezeichnete Längenskala mehr erkennbar ist (Jensen 1998). Dabei bedeutet "quasistationär", daß *qualitativ* das Muster zeitlich unverändert bleibt, wenn auch es sich an jedem Ort (zum Beispiel für die Einzelzellen) natürlich ständig ändert. Abb. 3.22 stellt die drei dynamischen Verhaltensformen des Forest-Fire-Modells

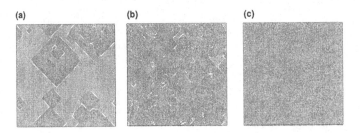

Abb. 3.22. Die drei wesentlichen dynamischen Verhaltensformen des Forest-Fire-Modells: Spiralwellen (a), Kritizität (b) und ein perkolatives Auffüllen leerer Flächen mit Bäumen (c)

noch einmal in Momentaufnahmen nebeneinander. Auf das Phänomen der selbstorganisierten Kritizität werden wir in Kapitel 6.4 zurückkommen.

Es wird bei der Beschäftigung mit zellulären Automaten schnell klar, daß ihr Anwendungsspektrum eigentlich unbegrenzt ist. Industriell-technische Modellierungen sind ebenso denkbar wie gesellschaftlich-soziologische Erklärungsansätze. Einen aktuellen Eindruck von dieser Bandbreite geben zum Beispiel (Klüver 2000, Bandini u. Worsch 2001). Die Euphorie über dieses recht universelle und leicht handhabbare Werkzeug sollte jedoch keinesfalls über die methodischen Grenzen zellulärer Automaten hinwegtäuschen: Es gibt nur sehr wenige analytische Ansätze, um zum Beispiel die Stabilität einer simulierten Dynamik gegen kleine Änderungen im Regelwerk zu diskutieren. Bei Modellen, die auf Differentialgleichungen basieren, ist eine solche Stabilitätsanalyse jedoch ein wichtiger Bestandteil jeder Modellierung. Eine Auswahl der (wenigen) für zelluläre Automaten zur Verfügung stehenden analytischen Verfahren ist in (Dormann 2000) zusammengestellt. In welchem Maße solche Verfahren in Zukunft dazu dienen können, den allgemeinen Gehalt spezieller Automaten-Simulationen zu ermitteln, ist schwer abzusehen.

3.4 Exkurs: Membranmodellierung mit Hilfe zellulärer Automaten

Als einfaches Anwendungsbeispiel zellulärer Automaten (ZA) auf biologische Fragestellungen wollen wir die Clusterbildung in einer biologischen Membran untersuchen. Dazu betrachten wir eine äußerst vereinfachte Darstellung einer Membran mit Hilfe eines zellulären Automaten. Der Zustandsraum Σ soll dabei aus drei Lipidsorten und einem Typ von Protein mit zwei Zuständen (aktiv und inaktiv) bestehen:

$$\Sigma = \{l_1, l_2, l_3, p_a, p_i\}. \tag{3.6}$$

Das Protein könnte zum Beispiel ein Ionenkanal oder ein Transportprotein sein. Auf der Grundlage dieses Zustandsraums und des konkreten biologischen Rahmens soll nun ein einfaches Regelwerk für das Zusammenwirken dieser Komponenten aufgestellt werden. Hier liegt die Stärke von zellulären Automaten: Verschiedene Regeln können relativ schnell formuliert, implementiert und bezüglich ihrer Brauchbarkeit bewertet werden. Das wesentliche Kriterium ist dabei, ob die Regeln auf eine Dynamik führen, die mit experimentellen Beobachtungen im Einklang ist.

Eine Membranmodellierung, die den derzeitigen wissenschaftlichen Standards genügen will, muß eine Energiefunktion der Lipide formulieren, die Beiträge durch die innere Energie der Einzellipide und durch die Bindungsenergie benachbarter Lipide enthält (Mosekilde u. Mouritsen 1995, Neff 2001). Auf der Grundlage einer solchen Energiefunktion gewinnt man dann die Regeln des zellulären Automaten aus den thermodynamischen Übergangswahrscheinlichkeiten, die durch einen Vergleich der Lipidenergie mit der thermodynamischen Energiegröße $k_B T$, also dem Produkt aus der Boltzmann-Konstanten und der Temperatur, entstehen. Auf diesen aufwendigen Weg werden wir hier verzichten und ein auf wenigen plausiblen Annahmen basierendes Regelwerk formulieren, um unserer Kunstmembran eine Dynamik zu verleihen. Die erste Annahme ist ein Zusammenhang zwischen der Homogenität der Lipidumgebung und der Diffusionswahrscheinlichkeit. Eine homogene Umgebung[7] um das betrachtete Lipid soll mit einer geringeren Wahrscheinlichkeit eines Platztausches mit einem der Nachbarn einhergehen. Der Platztausch zweier benachbarter Lipide unter bestimmten Bedingungen ist eine geeignete Approximation an das reale Diffusionsverhalten von Lipiden in einer biologischen Membran (siehe zum Beispiel Mosekilde u. Mouritsen 1995). Die Annahme, eine große Inhomogenität der lokalen Umgebung eines Lipids führe auf eine hohe Tauschwahrscheinlichkeit, leitet sich aus dem experimentellen Befund der Domänenbildung in Membranen in einem gewissen Tempe-

---

[7] Mit Homogenität ist hier im wesentlichen die Anzahl gleicher nächster Nachbarn gemeint. Eine genauere mathematische Diskussion dieses Begriffs findet sich in Kapitel 5.3.

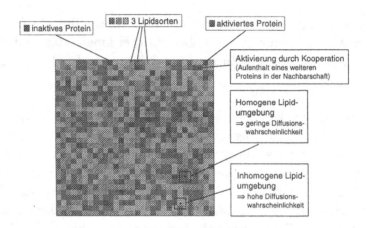

Abb. 3.23. Momentaufnahme einer ZA-Membran zum Zustandsraum Σ aus Gleichung (3.6). Die drei helleren Zelltypen kennzeichnen Lipide, während die beiden dunkleren Zelltypen aktive und inaktive Proteine darstellen. Im *oberen rechten Bildrand* ist das Prinzip einer Aktivierung durch Kooperation eindeutig zu erkennen

raturbereich ab (Mosekilde u. Mouritsen 1995, Kliemchen et al. 1993, Behzadipour 1999). Eine solche Ausbildung kleiner Cluster gleicher Lipide kann man als einen energetischen Vorzug der Nachbarschaft gleicher Lipide deuten.

Eine weitere Regel betrifft die Proteinaktivität. Wir wollen hier eine sehr anschauliche Aktivierungsmöglichkeit der Proteine betrachten, nämlich die Kooperation: Ein Protein dieser Kunstmembran soll genau dann aktiv sein, wenn sich ein weiteres Protein in seiner (Moore-)Nachbarschaft befindet.[8] Ein solches Szenario ist in Abb. 3.23 zusammengestellt. Für das Funktionieren einer realen Membran stellt das Temperaturverhalten die wohl wichtigste biophysikalische Eigenschaft dar. Wie oben bereits angedeutet, geschieht die Einbeziehung der Temperatur in ein Membranmodell im allgemeinen durch eine fundierte thermodynamische Betrachtung von Übergangswahrscheinlichkeiten auf der Grundlage von Energiebilanzen. Um unser ZA-Modell so einfach wie möglich zu halten, soll die Implementierung der Temperatur als äußerer Kontrollparameter hier über eine verrauschte Schwelle

---

[8] Die biologische Vorstellung hinter dieser Regel ist, daß für sich inaktive Teile eines Gesamtproteins zusammentreffen müssen, um ein vollständiges funktionsfähiges Protein zu ergeben. Wie auch in dem hier vorgestellten einfachen ZA-Modell steuert die Lipidmembran durch ihre biophysikalischen Eigenschaften die Wahrscheinlichkeit für ein solches Zusammentreffen und damit die globale Proteinaktivität.

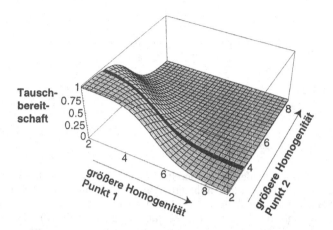

Abb. 3.24. Definition der Tauschbereitschaft zweier Lipide als Funktion der Homogenität ihrer Nachbarschaften. Mit wachsender Homogenität sinkt die Tauschbereitschaft schnell ab in einer Form, die im wesentlichen durch eine Hill-Funktion gegeben ist (vgl. zum Beispiel den hervorgehobenen Verlauf als Funktion der Homogenität im Punkt 1 bei festgehaltener Homogenität im Punkt 2)

erfolgen. Dazu werden wir zuerst eine quantitative (aber willkürliche) Umsetzung der Homogenitätsannahme formulieren. In Abb. 3.24 ist eine Hilfsgröße auf diesem Weg, die "Tauschbereitschaft" zweier Lipide als Funktion der Anzahlen gleicher Nachbarn, dargestellt.[9] Diese Tauschbereitschaft muß nun noch in eine Entscheidung umgesetzt werden, ob der Platztausch der betrachteten benachbarten Lipide durchgeführt wird oder nicht. Es ist klar, daß diese Entscheidung erheblich von der Temperatur abhängig sein muß, da sie die nötige Energie für einen Tausch bereitstellt: Bei hoher Temperatur soll selbst der Platztausch einer Konstellation niedriger Tauschbereitschaft wahrscheinlich sein.[10] Zu diesem Zweck wird eine temperaturabhängige Schwelle eingeführt, ab der die Tauschbereitschaft in einen Platztausch umgesetzt

---

[9] Die mathematische Gestalt dieser Funktion kennen wir aus der Diskussion sigmoidaler Funktionen in Kapitel 1.2.1. Auch hier wurde die Annahme verwendet, daß der konkrete Verlauf der Funktion im Übergangsbereich für die Dynamik des zellulären Automaten keine wesentliche Rolle spielt. In Abb. 3.24 wurde eine (zweidimensionale) Hill-Funktion verwendet.

[10] Diese Überlegung gibt einen gewissen Einblick in das Funktionieren einer vollständig thermodynamischen Formulierung eines Membranmodells: Dort wird die Energiebilanz der verschiedenen Konstellationen untersucht und mit der Energie $k_B T$, die durch thermische Fluktuationen zur Verfügung steht, verglichen. Der Vergleich geschieht über sogenannte Boltzmann-Faktoren $\exp(\Delta E / k_B T)$, die proportional zu den Tauschwahrscheinlichkeiten sind. Die

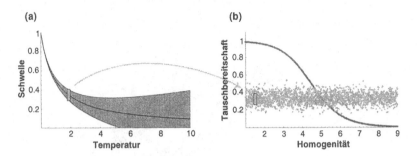

Abb. 3.25. Übersetzung der Tauschbereitschaft aus Abb. 3.24 in eine Wahrscheinlichkeit, die von der Temperatur abhängt. Abb. (b) nimmt dazu noch einmal die hervorgehobene Kurve aus Abb. 3.24 auf und ergänzt sie durch eine verrauschte Schwelle, deren Lage und Breite temperaturabhängig ist (Abb. (a)). Mit Hilfe der Schwelle kann schließlich die Tauschbereitschaft in eine (binäre) Entscheidung für oder gegen den Platztausch der beiden betrachteten Lipide überführt werden. So entsteht ein intuitives und einfaches Modell für den realen Diffusionsprozeß in einer biologischen Membran

wird. Jedoch besitzt die Temperatur neben dieser gerichteten Wirkung des Bereitstellens von Energie auch noch einen ungerichteten stochastischen Aspekt, der sich darin äußert, daß mit wachsender Temperatur das Regelwerk immer weniger determiniert sein sollte. Dieser Effekt wird in die bisherigen Betrachtungen einbezogen, indem die Schwelle selbst "verrauscht" wird, also durch eine Zufallsverteilung von Schwellen ersetzt wird, deren Breite mit der Temperatur anwächst. Abb. 3.25 stellt dieses Vorgehen dar. Nun sind alle Regeln formuliert, um eine Simulation dieser Kunstmembran durchzuführen. In einer mathematischen Kurzschreibweise, die wir auch schon zur Zusammenfassung des erregbaren Mediums und des Forest-Fire-Modells verwendet haben, lauten diese Regeln:

$$a_{ij} \equiv l_k \overset{\tau(a_{ij},b) > \eta(T)}{\longleftrightarrow} b \in \mathcal{N}(a_{ij}) \tag{3.7}$$

und

$$a_{ij} \equiv p_{(i)} \overset{(p_{(i)} \vee p_{(a)}) \in \mathcal{N}(a_{ij})}{\longrightarrow} p_{(a)} \tag{3.8}$$

mit der (zweifach) temperaturabhängigen Schwelle $\eta(T) = \eta[\mu(T), \sigma(T)]$ und der Tauschbereitschaft $\tau(a,b)$ aus Abb. 3.24. Wie in Abb. 3.25 dargestellt, ist sowohl die mittlere Lage μ als

---

Größe ΔE bezeichnet hier die Differenz der Bindungsenergien der beiden Lipide in ihren Nachbarschaften vor und nach dem möglichen Platztausch.

auch die Breite σ der verrauschten Schwelle von der Temperatur T abhängig. Die obige Notation für η deutet diesen Zusammenhang an. Zur Simulation wird ein Gitter von 30×30 Elementen betrachtet, deren Zustände nach einer vorgegebenen Wahrscheinlichkeitsverteilung ausgewürfelt werden. Dies stellt den Zustand des Systems zum Zeitpunkt $t=0$ dar. Dann werden die Regeln (3.7) und (3.8) auf jedes Element angewendet, um zum Zustand des Systems bei $t=1$ zu gelangen. Wie gewohnt wird dieser Schritt iterativ fortgesetzt, so daß man schließlich eine längere Zeitreihe erhält. Das Ziel einer solchen Simulation ist nun, nichttriviale dynamische Effekte zu finden, ihre Abhängigkeit von dem gewählten Regelwerk (z.B. von den Modellparametern) näher zu untersuchen und mit dem Verhalten einer realen Membran zu vergleichen. Ein Beispiel für eine solche nichttriviale (also aus den Regeln des zellulären Automaten nicht unmittelbar zu erwartende) Dynamik mit biologischen Implikationen ist in Abb. 3.26 gezeigt. Man sieht deutlich die effektive Beschränkung der Proteine auf die fluiden Schläuche in der Membran, also auf die Grenzbereiche zwischen den Clustern gleicher Lipide (Domänen). Diese Einengung des Reaktionsraums ist ein zentrales, biologisch relevantes Resultat, das sich schon mit dem hier verwendeten einfachen Regelwerk zeigt. Fortgeschrittenere Untersuchungen auf der Grundlage eines vollständig thermodynamisch formulierten Membranautomaten bestätigen dieses Verhalten (Neff 2001), für das es auch experimentelle Evidenzen gibt (Mosekilde u. Mouritsen 1995).

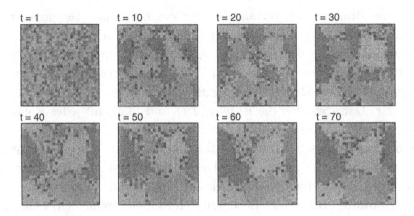

Abb. 3.26. Effektive Einschränkung des Reaktionsraums der Proteine durch die Domänenbildung der Lipide

4. Elemente der nichtlinearen Zeitreihenanalyse

4.1 Vorbemerkung

"Zeitreihenanalyse" (engl. *time series analysis*) ist eher eine Zielerklärung als eine konkrete Methode oder mathematische Technik. Sie setzt sich aus einem über Jahrzehnte gewachsenen, auch deutlich erkennbaren Modeerscheinungen unterworfenen Kanon von mathematisch formulierten Fragen an einen Datensatz zusammen. Die Gedankenkette hinter dieser Vorgehensweise ist in Abb. 4.1 schematisch dargestellt. Der erste Punkt erfaßt das Extrahieren bestimmter Einzelinformationen aus der Zeitreihe, also die Charakterisierung der Zeitreihe durch Observablen, die dem oben erwähnten Kanon der Zeitreihenanalyse angehören. Einige dieser Observablen haben für sich schon eine große Bedeutung und Aussagekraft, etwa die Lyapunov-Exponenten bei der Trennung von deterministischen und stochastischen Dynamiken, andere sind eher notwendige Vorarbeiten auf dem Weg zu den weiteren Kernzielen der Zeitreihenanalyse: dem Abfassen von Vorhersagen und der Entwicklung eines mathematischen Modells.

Die Möglichkeit, verläßliche Vorhersagen (Prognosen) der Zeitentwicklung eines dynamischen Systems zu treffen, ist ein Jahrtausende alter Traum, und das erhebliche wissenschaftliche und populäre Interesse an dem Methodenrepertoire der nichtlinearen Zeitreihenanalyse ist neben seinem großen multidisziplinären Nutzen sicherlich auch auf die mythische Überhöhung von Prognosen zurückzuführen. In welchem Maße — und mit welchen Grenzen — die nichtlineare Zeitreihenanalyse solche

Abb. 4.1. Drei Stufen der Zielsetzung und gedanklichen Vorgehensweise bei einer Zeitreihenanalyse

Vorhersagemethoden bereitstellt, werden wir in Kapitel 4.3 und 4.5 sehen. Aber schon im Rahmen der linearen Zeitreihenanalyse bietet sich ein einfacher Zugang zu Vorhersagen, nämlich über die Parametrisierung des Datensatzes durch lineare Regression. Diesen Aspekt werden wir im folgenden Kapitel besprechen. Das letzte und weitestreichende Ziel der Zeitreihenanalyse ist, die Grundlage für das Formulieren eines mathematischen Modells zu schaffen. Der Begriff "Modell" erfordert eine Erläuterung. Im Gegensatz zu einer *Parametrisierung*, die zur Interpolation von Datenpunkten und in begrenztem Rahmen auch zur kurzzeitigen Vorhersage benutzt werden kann, versucht ein *Modell* Aussagen über die tatsächlichen Abläufe in dem betrachteten System zu machen, also das Zustandekommen der Dynamik aus (z.B. physiologischen) Grundprinzipien heraus zu erklären. Die Basis einer Modellierung wird durch die Zeitreihenanalyse gegeben, z.B. indem sie Abschätzungen für folgende Eigenschaften liefert:

- Anzahl der Freiheitsgrade,
- Grad der Abhängigkeit der Dynamik von den Anfangsbedingungen,
- Beitrag von Rauschen,
- Stärke und Frequenzen möglicher oszillatorischer Komponenten,
- Trends, also Dynamiken auf sehr langer Zeitskala, in der Zeitreihe.

Für kaum einen anderen methodischen Begriff existiert ein so uneinheitlicher Sprachgebrauch in den verschiedenen wissenschaftlichen Disziplinen wie für das Modell. Die folgende stark subjektive Auflistung zur Bedeutung des Wortes "Modell" in unterschiedlichen Feldern soll diese Behauptung illustrieren (siehe auch Hütt 2001):

- *Geologie:* Numerische Simulation, die so nah wie möglich an der Realität verläuft.
- *Ökonomie:* Vektor von Parameterwerten, der in ein Software-Paket eingespeist wird.
- *Molekularbiologie:* Kausalkette im Einklang mit allen experimentellen Befunden.
- *Theoretische Physik:* Möglichst einfache mathematische Beschreibung, die alle *wesentlichen* Aspekte der Dynamik reproduziert (sogenanntes Minimalmodell oder Skelettmodell).

Die Notwendigkeit einer *Zeitreihenanalyse* besteht zum Beispiel, wenn ein deterministisches Signal von Rauschen überdeckt oder teilweise maskiert wird. In vielen Fällen stellen schon lineare Analysemethoden, die Gegenstand des nächsten Kapitels sind, ein geeignetes Werkzeug für diesen Fall bereit. Der Begriff des *Rauschens* (engl. *noise*) verlangt jedoch einen einführenden Kommentar. Das grundlegende Konzept des Rauschens basiert in der Biologie auf der Möglichkeit, die Zeitskalen der Systemdynamik in verschiedene, voneinander getrennte Bereiche aufzuteilen.[1] Im allgemeinen werden Dynamiken mit einer sehr großen Zeitkonstante (verglichen mit der Skala der Beobachtung, bzw. der Eigenzeit oder charakteristischen Zeitkonstante θ des Systems) bei der Abfassung eines mathematischen Modells vollständig ignoriert. Beiträge zur Gesamtdynamik mit Zeitkonstanten $t \ll \theta$ bezeichnet man als Rauschen. Eine nicht vollständige Trennung solcher Skalen in lange ($t \gg \theta$), charakteristische ($t \sim \theta$) und kurze ($t \ll \theta$) Zeitkonstanten führt auf eine Vielzahl von zusätzlichen dynamischen Effekten. So entstehen durch die Existenz eines Zwischenbereichs zwischen langen und charakteristischen Zeitskalen sogenannte *dynamische Bifurkationen* und Phasenübergänge durch Drift der Systemparameter. Dieses Phänomen haben wir bereits in Kapitel 2.2 kurz diskutiert. Ein Bereich unvollständiger Trennung zwischen charakteristischen und kurzen Zeitskalen wird in Modellen formal durch die Einführung von zeitlichen Korrelationen im Rauschen berücksichtigt, also durch die Verwendung von *farbigem* Rauschen (engl. *colored noise*). Diese Systematik der Zeitskalen ist in Abb. 4.2 dargestellt. Mathematisch versteht man unter diesen Begriffen folgende formale Objekte:

- *(weißes) Rauschen*: zu einer dynamischen Variablen zu jedem (diskreten) Zeitpunkt addierte Zufallszahl mit einer gaußförmigen Verteilung der Breite σ (Rauschstärke).
- *farbiges Rauschen*: Die Zufallszahlen zweier Zeitpunkte sind nicht unabhängig, sondern korreliert, sofern die Differenz der Zeitpunkte kleiner als τ ist (τ ist dann ein Maß für die Farbe des Rauschens).

Auch der Begriff der gaußförmigen Verteilung erfordert einen kurzen Kommentar. Gemeint ist, daß die Auftragung der Zufallszahlen als Funktion der Zeit (Abb. 4.3(a)) zwar weitestgehend ohne erkennbare

---

[1] Hier besteht ein wesentlicher Unterschied zum thermodynamischen Begriff des Rauschens, der von der Kopplung des betrachteten Systems an ein fluktuierendes (externes) System mit unendlich vielen Freiheitsgraden ausgeht.

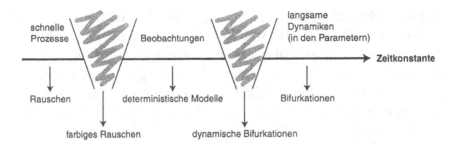

Abb. 4.2. Die Aufteilung der Zeitskalen eines dynamischen Systems in schnelle, beobachtete (charakteristische) und langsame Prozesse zusammen mit den unvermeidlichen Übergangsbereichen liefert einen Erklärungsansatz für verschiedene Konzepte und Begriffsbildungen, die in der nichtlinearen Dynamik gebräuchlich sind. Vor allem das Auftreten von schnellen stochastischen Prozessen (Rauschen) und von Bifurkationen fügt sich in dieses Schema ein

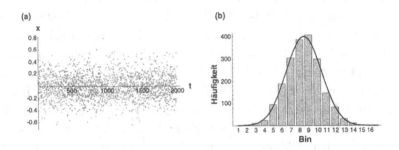

Abb. 4.3. Konzept gaußverteilter Zufallszahlen, die als einfaches Modell von Rauschen dienen können. Abb. (a) zeigt ein solches (weißes) Rauschen als Funktion der Zeit. In Abb. (b) ist das zugehörige Histogramm dargestellt, in dem die Häufigkeit der verschiedenen Werte aufgeführt ist. Die einzelnen Bins (von 1 bis 16 durchnumerierte Balken) entsprechen Intervallen der Größe 0.1 in einem Wertebereich von −0.8 bis 0.8

Systematik ist, die Häufigkeit eines bestimmten Wertes jedoch sehr wohl einer Gesetzmäßigkeit unterliegt: In Abb. 4.3(b) ist aufgetragen, wieviele der Zufallszahlen in einem bestimmten kleinen Intervall liegen. Wenn man viele solche Intervalle (Bins) bildet, approximieren die Anzahlen in den Intervallen eine Gaußverteilung (durchgezogene Linie). Auf diese Weise kann die Breite der Gaußkurve als Maß für die Stärke des Rauschens verwendet werden. Die Intervallgröße entscheidet dabei über die Qualität der Approximation. Sie wird bei einer solchen Betrachtung stets mit Rücksicht auf die Anzahl der zur Verfügung stehenden Zufallszahlen (Länge der Zeitreihe) gewählt.

Es gibt in einem realen dynamischen System im Rahmen einer experimentellen Untersuchung grundsätzlich zwei unterschiedliche Formen des Rauschens:

- Statistische Fehler der Meßgröße aufgrund der endlichen Genauigkeit der Meßapparatur ("Meßrauschen"),
- Fluktuationen im System, d.h. Dynamiken auf sehr viel kleineren Zeitskalen als der Beobachtungsskala ("dynamisches Rauschen").

Während der erste Fall ein sekundäres, der Dynamik des Systems überlagertes Phänomen darstellt, ist die zweite Form von Rauschen Teil der Dynamik des Systems und damit relevant für ein Verständnis der den Beobachtungen zugrunde liegenden Regeln. Wie oben beschrieben, ist die Grundlage für eine Aufteilung des dynamischen Signals in eine "deterministische" und eine "stochastische" Komponente gerade die Trennung in schnelle, mittlere und langsame Zeitskalen, die in Abb. 4.2 dargestellt ist.

Die konkrete Wirkung der beiden Arten von stochastischen Prozessen läßt sich am Beispiel einer theoretisch vorgegebenen Dynamik sehr leicht erklären. Dazu betrachten wir die allgemeine Form einer Differenzengleichung in den drei möglichen Varianten:

1. Dynamik *ohne* Rauschen:

$$x_{t+1} = f(x_t) .$$

2. *Meßrauschen*:

$$x_{t+1} = f(x_t) \quad , \quad y_t = x_t + \eta_t,$$

wobei y_t die Meßgröße, x_t die eigentliche dynamische Variable des Systems und η_t die in jedem Zeitschritt addierte Zufallszahl, also das Rauschen, bezeichnet.

3. *dynamisches Rauschen*:

$$x_{t+1} = f(x_t) + \eta_t .$$

Dabei besteht der wesentliche Unterschied zwischen 2 und 3 in der Einflußnahme des Rauschens auf die folgenden Zeitschritte. Für 2 hat man zum Beispiel

$$y_{t+2} = x_{t+2} + \eta_{t+2} = f(x_{t+1}) + \eta_{t+2} = f(f(x_t)) + \eta_{t+2},$$

also keinen Beitrag von η_{t+1} oder η_t, während sich für 3 unmittelbar ein Einfluß ergibt:

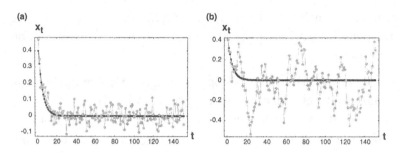

Abb. 4.4. Unterschiedliche Wirkung von Meßrauschen (a) und dynamischem Rauschen (b) auf eine einfache Zeitentwicklung (Relaxation in einen Fixpunkt) einer eindimensionalen Differenzengleichung. Es ist deutlich zu sehen, wie dynamisches Rauschen die Zeitentwicklung sehr viel nachhaltiger (d.h. auf größerer Zeitskala) zu stören vermag (*graue* Kurven im Vergleich zu der *schwarzen* rauschfreien Kurve)

$$x_{t+2} = f(x_{t+1}) + \eta_{t+1} = f(f(x_t) + \eta_t) + \eta_{t+1}.$$

Das Rauschen ist in diesem Fall also Teil der Dynamik des Systems und beeinflußt explizit die weitere Zeitentwicklung, während es bei 2 ein den Meßwerten überlagertes Phänomen ist ohne Einfluß auf die weitere Zeitentwicklung. Schon für den einfachen Fall einer linearen Differenzengleichung unter dem Einfluß von Rauschen läßt sich die dynamische Wirkung dieses Unterschiedes illustrieren. In Abb. 4.4 ist die Zeitentwicklung der Gleichung $x_{t+1} = rx_t$ für $0 < r < 1$ unter dem Einfluß von Meßrauschen (a) und dynamischen Rauschen (b) dargestellt (graue Kurven). Es zeigt sich, daß die Relaxation in den Fixpunkt (schwarze Kurve) durch das dynamische Rauschen wesentlich empfindlicher und auf deutlich längerer Zeitskala gestört wird als durch einfaches Meßrauschen.

4.2 Lineare Zeitreihenanalyse und ihre Grenzen

Eine zentrale Frage der Zeitreihenanalyse ist nun, wie sich $f(x_t)$, also das deterministische Signal, in der verrauschten Meßgröße finden läßt. Ein erster Schritt ist gegeben durch die Analyse der linearen Korrelation in der Zeitreihe. Hinter dem Begriff der Korrelation verbirgt sich die Frage nach dem *Zusammenhang* zweier Punkte der Zeitreihe. Sofort einleuchtend ist, daß diese Eigenschaft eine enge Verbindung zu der Frage nach dem Rauschanteil in der Zeitreihe besitzt. Weniger klar ist dagegen die Quantifizierung dieses qualitativen Begriffs, also die Übertragung des Begriffs in einen Zahlenwert. Die folgende

Zusammenstellung von Überlegungen und Leitfragen bietet einige Anhaltspunkte für eine solche Quantifizierung:

- Sind zwei aufeinanderfolgende Punkte x_t und x_{t+1} im Wertebereich der Zeitreihe unabhängig positioniert oder gibt es eine Beschränkung der Differenz $\delta x_t = x_{t+1} - x_t$?
- Liefert die Änderung von x_t nach x_{t+1} eine Möglichkeit, die Änderung von x_{t+1} nach x_{t+2} abzuschätzen?
- Über welchen Zeitraum τ sind zwei Punkte x_t und $x_{t+\tau}$ der Zeitreihe nicht unabhängig?
- Bestimmt die Vorgeschichte (vorangehende Werte in der Zeitreihe) eines Punktes x_t seine zukünftige Zeitentwicklung (folgende Werte) vollständig oder bis zu einem gewissen Grad?

In der einen oder anderen Weise werden uns diese Fragen in den folgenden Kapiteln intensiv beschäftigen. Einen Zugriff auf die ersten beiden Aspekte erhält man durch ein einfaches Gedankenexperiment. Nehmen wir an, die beobachtete Zeitreihe $\{x_t\}$ wäre durch eine lineare Differenzengleichung erzeugt worden, also $x_{t+1} = r\,x_t$. Wie läßt sich diese Annahme bestätigen und – vor allem – wie kann man den mit den Meßdaten verträglichen Wert von r ermitteln? Einen eleganten mathematischen Zugriff auf diese Fragestellung erhält man über die Methode der kleinsten Quadrate, die wir in Kapitel 1.2.3 behandelt haben. Die Kernidee war, Parameter einer hypothetischen Funktion $x_t^{(th)}$ so zu wählen, daß der Abstand zu den beobachteten Datenpunkten x_t minimiert wird. Einfaches Einsetzen der Hypothese $x_{t+1}^{(th)} = r\,x_t$ in die auf dieser Grundlage in Kapitel 1.2.3 formulierte Funktion S ergibt

$$S = \sum_t \left(x_{t+1} - x_{t+1}^{(th)}\right)^2 = \sum_t \left(x_{t+1} - r\,x_t\right)^2 \overset{!}{=} \min$$

$$\Rightarrow \quad \frac{dS}{dr} = -2\sum_t \left(x_{t+1} - r\,x_t\right) \cdot x_t \overset{!}{=} 0$$

und damit einen expliziten Ausdruck für den Parameter r:

$$r = \frac{\sum\limits_t x_{t+1}\,x_t}{\sum\limits_t x_t\,x_t}. \tag{4.1}$$

Diese Größe, also den für die Beschreibung einer Zeitreihe $\{x_t\}$ am besten geeigneten Parameter r einer *linearen* Differenzengleichung, bezeichnet man als *Autokorrelationskoeffizient* (oder einfach Korrelationskoeffizient).[2] An dieser Stelle sind einige formale Bemerkungen zu diesem zentralen Begriff der linearen Zeitreihenanalyse notwendig. Gleichung (4.1) ist nur gültig, wenn der Mittelwert $\bar{x}$ Null ist. Sonst muß man zu der allgemeinen Form

$$r = \frac{\sum_t (x_{t+1} - \bar{x})(x_t - \bar{x})}{\sum_t (x_t - \bar{x})^2} \tag{4.2}$$

übergehen, mit dem üblichen Mittelwert $\bar{x} = 1/N \sum_{t=1}^{N} x_t$. Die $" + 1"$ im Index in der Definition von r ist natürlich reine Willkür und in der Motivation über eine Minimierung von S nur durch die Annahme einer Differenzengleichung *erster* Ordnung als Bildungsgesetz entstanden. Hier bietet sich eine Möglichkeit zur Verallgemeinerung. Die naheliegende Verallgemeinerung $(t + 1) \rightarrow (t + k)$ führt auf die *Autokorrelationsfunktion* $r(k)$ mit

$$r(k) = \frac{\sum_t (x_{t+k} - \bar{x})(x_t - \bar{x})}{\sum_t (x_t - \bar{x})^2}. \tag{4.3}$$

Damit wird der Korrelationskoeffizient zu einem Spezialfall, nämlich $r = r(1)$. Einige Eigenschaften der Funktion $r(k)$ und des Koeffizienten r folgen direkt aus Gleichung (4.3). So ist $r(0) = 1$, unabhängig von x_t. Eine vollständige Korrelation ist gegeben durch $r = 1$, ein negativer Wert von r wird als Antikorrelation bezeichnet. Die Funktionsweise und Qualität des Korrelationskoeffizienten können wir nun durch einige einfache Testaufgaben näher untersuchen. Als erstes soll ein tatsächlich lineares Bildungsgesetz unter dem Einfluß verschiedener Formen des Rauschens in unterschiedlichen Stärken analysiert werden, also "Daten", die nach demselben Schema wie Abb. 4.4 erzeugt worden sind. Zur größeren Klarheit wird der Korrelationskoeffizient ab jetzt als r_C (bzw. die Korrelationsfunktion als $r_C(k)$) bezeichnet. Es ist klar, daß sich mit der Definition (4.1) der Parameter r, der in der (rauschfreien) linearen Differenzengleichung auftritt, exakt aus der Zeitreihe rekonstruieren läßt. Für diesen Zweck ist Gleichung (4.1) schließlich explizit entworfen worden. Weniger klar ist, wie Rauschen unterschiedlicher Stärke σ diese Rekonstruierbarkeit beeinflußt. Tatsächlich findet

---

[2] Hinter der Vorsilbe steht die Idee, daß Gleichung (4.1) auch zum Vergleich zweier Zeitreihen x_t und y_t verwendet werden kann. Die entsprechende Größe bezeichnet man als Kreuzkorrelationskoeffizient.

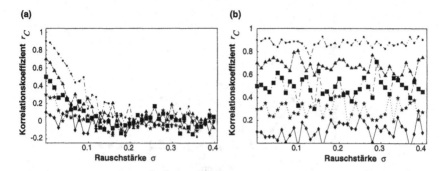

Abb. 4.5. Korrelationskoeffizient r_C als Funktion der Rauschstärke σ für verschiedene Werte des Steigungsparameters r der datenerzeugenden linearen Differenzengleichung (a) für Meßrauschen und (b) für dynamisches Rauschen. Dabei wurde r zwischen 0.1 und 0.9 variiert. Der genaue Wert von r zu einer Kurve ist als Achsenabschnitt (bei $\sigma = 0$) abzulesen

man auch hier einen erheblichen Unterschied zwischen Meßrauschen und dynamischem Rauschen. Abb. 4.5 zeigt den Korrelationskoeffizienten r_C als Funktion der Rauschstärke σ für verschiedene Werte des (internen) Parameters r der linearen Differenzengleichung, sowohl für Meßrauschen (Abb. (a)) als auch für dynamisches Rauschen (Abb. (b)). Es ist klar zu erkennen, daß im Gegensatz zum Zeitverlauf selbst (Abb. 4.4) die Rekonstruierbarkeit des Parameters r sehr viel stärker durch das Meßrauschen gestört wird. Dynamisch ist dies relativ einfach zu verstehen: Wir hatten gesehen, daß beim Meßrauschen das System selbst nicht auf die addierten Zufallszahlen reagiert, während bei dynamischem Rauschen der neue (also nach Hinzufügen der Zufallszahl vorliegende) Wert zum Zeitpunkt t von da an den Zeitentwicklungsregeln des Systems unterliegt. Daher erscheint zwar die Zeitentwicklung selbst von dynamischem Rauschen nachhaltiger gestört, die Relation benachbarter Punkte in der Zeitreihe enthält aber (bei gleicher Rauschstärke) sehr viel mehr Information über das Bildungsgesetz (in diesem Fall also den Parameter r) als im Fall der Zeitreihe unter dem Einfluß von Meßrauschen. Auch die Korrelationsfunktion zeigt diesen Effekt: In Abb. 4.6 ist die Funktion $r_C(k)$ für den rauschfreien Fall, für dynamisches Rauschen und für Meßrauschen dargestellt. Man sieht, daß $r_C(k)$ für Meßrauschen systematisch unter dem rauschfreien Verlauf liegt, während die Kurve für dynamisches Rauschen bis etwa $k = 5$ dem rauschfreien Verlauf folgt.

Wie bereits erwähnt stellen r_C und auch $r_C(k)$ *lineare* Maße dar, da sie die Eignung einer linearen Differenzengleichung zur Beschrei-

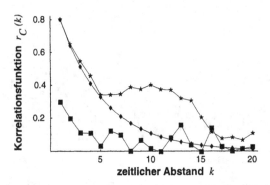

Abb. 4.6. Korrelationsfunktion $r_C(k)$ zu verschiedenen Zeitverläufen einer linearen Differenzengleichung mit $r = 0.8$ für Meßrauschen (Kästchen), dynamisches Rauschen (Sterne) und den Fall ohne Rauschen (Rauten). Als Rauschstärke wurde $\sigma = 0.1$ gewählt

Tabelle 4.1.   Typische Beispiele für Autokorrelationskoeffizienten r_C von Zeitreihen, die durch zwei verschiedene Differenzengleichungen (DG) erzeugt wurden. Verglichen werden die lineare Differenzengleichung $x_{t+1} = 0.8x_t$ und die logistische Differenzengleichung bei $R = 3.6$. Dabei wird zwischen Meßrauschen (M), dynamischem Rauschen (D) und dem rauschfreien Fall (0) unterschieden. Die Rauschamplitude σ wurde konstant gehalten ($\sigma = 0.1$)

Typ	Rauschen	Korrelations- koeffizient
lineare DG	0	$+0.8$
	M	$+0.49$
	D	$+0.86$
logistische DG	0	$+0.06$
	M	$+0.06$
	D	-0.28

bung der Daten überprüfen. Mit einer Zeitreihe auf der Grundlage der nichtlinearen Differenzengleichung $x_{t+1} = R\,x_t\,(1 - x_t)$ läßt sich das Scheitern dieser Maße beim Aufdecken nichtlinearer Korrelation sofort vorführen. Wie wir wissen, produziert diese Gleichung für $R = 3.6$ eine chaotische Zeitreihe. In Tabelle 4.1 sind die Autokorrelationskoeffizienten r_C der logistischen Differenzengleichung dem linearen Fall gegenübergestellt. Es zeigt sich deutlich, daß selbst bei einem Fehlen von Rauschen r_C für die logistische Differenzengleichung fast verschwindet. Damit ist r_C zur Quantifizierung einer Zeitreihe, die durch nichtlineare Mechanismen erzeugt wurde, nicht geeignet. Bemerkenswerterweise

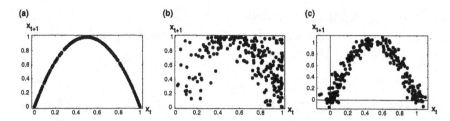

Abb. 4.7. Rekonstruktion der Funktion $f(x_t)$ der logistischen Differenzengleichung ohne Rauschen (a), mit dynamischen Rauschen (b) und mit Meßrauschen (c). Dargestellt ist jeweils das (x_{t+1}, x_t)-Hilfsdiagramm, das sich aus der zugehörigen Zeitreihe ergibt

ist das (x_{t+1}, x_t)-Hilfsdiagramm nicht so einfach zu überlisten. Abb. 4.7 zeigt die entsprechende Darstellung für die drei Fälle der logistischen Differenzengleichung aus Tabelle 4.1. Auch unter dem Einfluß von Rauschen bleibt die charakteristische Kurve, die den funktionalen Zusammenhang zwischen zwei benachbarten Punkten der Zeitreihe widerspiegelt, deutlich erkennbar. Diese Erkenntnis wird uns im nächsten Kapitel einen Zugang zur nichtlinearen Zeitreihenanalyse ermöglichen. Nach dem konzeptionell sehr wichtigen Korrelationsbegriff sollen nun in aller Kürze einige häufig verwendete einfache Begriffsbildungen der linearen Zeitreihenanalyse dargestellt werden: der Begriff des Trends, additive und multiplikative Modelle, das Konzept linearer Filter und ARMA-Modelle.

1. Unter einem *Trend* in einer Zeitreihe versteht man im allgemeinen eine Änderung des (lokalen) Mittelwertes auf einer langen Zeitskala. In der etwas mathematischer orientierten Literatur zur Zeitreihenanalyse findet man hierfür auch den Begriff einer *Verletzung der Stationaritätsbedingung.* Formal bedeutet dies die Existenz eines explizit zeitabhängigen Terms γ_t, der neben einem stationären (ohne langzeitige Dynamik vorliegenden) Term x_t zu der beobachteten Zeitreihe y_t beiträgt. Für einen quadratischen Trend hat man dann zum Beispiel:

$$y_t = \gamma_t + x_t \quad , \quad \gamma_t = g_0 + g_1 t + g_2 t^2.$$

Anhand linearer Filter werden wir diskutieren, wie man einen solchen Trend aus einer Zeitreihe entfernt.

2. Als *Modell* bezeichnet man in der linearen Zeitreihenanalyse oft eine Parametrisierung, die Aufschluß über die Stärke der dynamisch unterschiedlichen Beiträge gibt. Solche Beiträge können z.B. ein Trend, eine Oszillation oder Rauschen sein. Man unterscheidet weiterhin additive und multiplikative Modelle, die sich durch die Art der Zusammenfügung der verschiedenen Beiträge voneinander abgrenzen. Ein additives Modell ist von der Form

$$x_t = \gamma_t + z_t + u_t \ . \tag{4.4}$$

Dabei steht γ_t für den Trend, z_t für die zyklische Komponente[3] (oder allgemein die stationäre Komponente) und u_t für den Rest (häufig: Rauschen). Im Fall des multiplikativen Modells werden die einzelnen Komponenten miteinander multipliziert, um die Werte x_t der beobachteten Zeitreihe zu reproduzieren:

$$x_t = \gamma_t \cdot z_t \cdot u_t \ . \tag{4.5}$$

Der dynamisch relevante Unterschied zum additiven Modell ist der verstärkte Effekt des Rauschterms u_t bei wachsendem γ_t (vgl. Abb. 4.8). Der gedankliche Hintergrund solcher Modelle (und mit ihm auch die inhärenten methodischen Schwierigkeiten) wird sofort klar, wenn man erkennt, daß die Aufteilung in drei Beiträge zur Zeitreihe gerade der Trennung von Zeitskalen entspricht, die in Abb. 4.2 dargestellt ist. Für ein theoretisches Verständnis der Rolle von schnellen und langsamen Dynamiken sind diese Begriffe zwar hilfreich, einen Beitrag zur Analyse und Interpretation der Zeitreihen realer Systeme vermögen sie jedoch nicht zu leisten.

3. Hinter dem Konzept eines *linearen Filters* steht die Idee, durch eine geeignete (lineare) Transformation bestimmte Eigenschaften der Zeitreihe deutlicher hervortreten zu lassen. Dabei wird die gemessene Zeitreihe x_t (der "Input" des Filters) durch den Filter in eine andere Zeitreihe y_t (den "Output") überführt (siehe Abb. 4.9). Die mathematische Definition zu diesem Verfahren lautet:

Eine Transformation L einer Zeitreihe (x_t) der Länge N in eine andere (y_t) der Form

$$y_t = L\,[x_t] = \sum_{u=q}^{s} a_u\, x_{t-u} \tag{4.6}$$

für $t = s + 1, ...,$ Min $[N, N + q]$

---

[3] Der Begriff "zyklisch" wird in der Literatur an dieser Stelle vor allem verwendet, um anzudeuten, daß ein oszillatorisches Verhalten des Systems bei einer Zerlegung der Zeitreihe gerade in diese Komponente z_t einfließen würde. Ein großer Teil der Forschungsliteratur zur linearen Zeitreihenanalyse beschäftigt sich mit solchen oszillatorischen Phänomenen (Schlittgen u. Streitberg 1998). Vor diesem Hintergrund mag man eine solche Begriffsbildung einsehen.

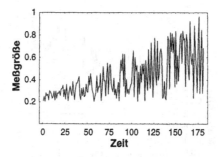

Abb. 4.8. Beispiel für einen multiplikativen Trend in einer Zeitreihe. Es ist klar zu erkennen, wie der (vermutlich) stochastische Beitrag zur Zeitreihe (also die schnelle Dynamik) mit der Zeit wächst. Dieses Verhalten in einer experimentellen Zeitreihe erfordert die Formulierung eines multiplikativen Modells

Abb. 4.9. Schematische Darstellung des Konzepts linearer Filter. Eine Zeitreihe x_t wird durch Anwenden eines Filters in eine andere Zeitreihe y_t umgewandelt, in der bestimmte, durch den Filter angesprochene Eigenschaften stärker hervortreten als in der ursprünglichen Zeitreihe

heißt linearer Filter.

Anhand von zwei Beispielen soll hier die Bedeutung und Wirksamkeit linearer Filter illustriert werden. Ein *Differenzenfilter* erster Ordnung besteht in der Differenzbildung nächster Nachbarn in der Zeitreihe:

$$\Delta x_t = x_t - x_{t-1} \equiv y_t.$$

In der Notation von Gleichung (4.6) entspricht dies der Wahl $a_0 = 1$ und $a_1 = -1$ für die Koeffizienten (alle anderen a_i sind Null). In rekursiver Weise lassen sich nun Differenzenfilter höherer Ordnung definieren. So ist ein Differenzenfilter p-ter Ordnung gegeben durch

$$\Delta^p x_t = \Delta^{p-1} x_t - \Delta^{p-1} x_{t-1}.$$

Für $p = 2$ ergibt diese Definition:

$$\Delta^2 x_t = \Delta x_t - \Delta x_{t-1} = x_t - x_{t-1} - x_{t-1} + x_{t-2}$$

$$= x_t - 2\,x_{t-1} + x_{t-2},$$

also $a_0 = 0$, $a_1 = -2$, $a_2 = 1$. Die bemerkenswerte Wirkung eines solchen Differenzenfilters auf eine Zeitreihe ist die Eliminierung

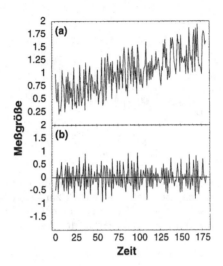

Abb. 4.10. Beispiel für eine Zeitreihe mit einem linearen Trend (Abb. (a)), der durch Anwendung eines Differenzenfilters erster Ordnung eliminiert wird (Abb. (b))

eines additiven Trends. Dabei beseitigt ein Differenzenfilter erster Ordnung einen linearen Trend, ein Filter zweiter Ordnung eliminiert einen quadratischen Trend, und so fort. Für einen linearen Trend ist dies schnell einzusehen. Dazu betrachten wir eine entsprechende Zeitreihe $x_t = g_0 + g_1 t + u_t$. Anwenden des Differenzenfilters führt auf

$$\Delta x_t = g_0 + g_1 t + u_t - g_0 - g_1 (t - 1) - u_{t-1}$$

$$= g_1 + u_t - u_{t-1},$$

also auf eine stationäre Fassung der ursprünglichen Zeitreihe. Abb. 4.10 zeigt diese Wirkung an einem Beispiel. In ähnlicher Weise läßt sich diese Eigenschaft für Differenzenfilter höherer Ordnung zeigen (vgl. Aufgabe 15 in Anhang C).

Ein weiteres einprägsames Beispiel für einen linearen Filter ist die *Glättung* einer Zeitreihe durch Bildung eines lokalen arithmetischen Mittelwertes. Ein solcher Filter hat die Form

$$y_t = \frac{1}{2q+1} \sum_{k=-q}^{q} x_{t-k} , \quad \text{mit} \quad t = q + 1, ..., N - q.$$

Die Funktionsweise dieses Glättungsfilters läßt sich erneut am besten anhand eines künstlich erzeugten Datensatzes zeigen. Dazu gehen wir von einer einfachen quadratischen Gleichung aus,

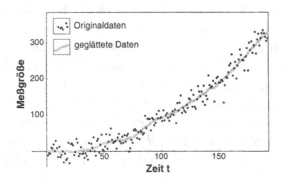

Abb. 4.11. Anwendung eines Glättungsfilters auf verrauschte Daten, die durch die Addition einer Zufallszahl zu einer quadratischen Gleichung erzeugt wurden. Der Glättungsvorgang vermag, die ursprüngliche quadratische Funktion wieder klar sichtbar hervortreten zu lassen

$$f(x) = x^2 - 10x + 3,$$

die mit einem konstanten Sampling von $r = 10$ und durch Addition einer normalverteilten Zufallszahl (also durch "Meßrauschen") in eine Zeitreihe

$$\{x_t\} \equiv \{f(t) + \eta_t(\sigma) \mid t = 0.1, 0.2, ..., 20\}$$

mit einer Breite σ der Rauschverteilung von 20 überführt werden kann. Eine Glättung durch Bildung des lokalen Mittelwertes ist in Abb. 4.11 gezeigt.

Schon am Beispiel linearer Filter ist deutlich zu erkennen, daß der Einsatz von leistungsfähiger Software in der Zeitreihenanalyse zwingend notwendig ist. Gerade große Computeralgebra-Programme wie Maple oder Mathematica stellen eine ganze Reihe von nützlichen Werkzeugen zur Verfügung, die sehr flexibel sind und sich relativ leicht lernen lassen. Solche großen Software-Pakete sind aufgrund ihrer Vielfalt an vorgefertigten Bausteinen zu einer eleganten und häufig verwendeten Alternative zu den herkömmlichen Programmierumgebungen (z.B. Pascal, Fortran, C oder C++) geworden. Die oben genannten Beispiele linearer Filter lassen sich bei Grundkenntnissen des Systems innerhalb weniger Minuten implementieren.

4. Eine ganz andere Vorstellung von "Modellen" als beim zweiten Punkt dieser kurzen Zusammenstellung liegt dem Konzept der autoregressiven und moving-average-Modelle zugrunde. Hier wird versucht, die Beziehung benachbarter Punkte in der Zeitreihe zu parametrisieren. Eine solche "Modellierung" besitzt keine inhaltliche (z.B. physiologische) Motivation, sondern ergibt sich durch rein mathematische Konsistenzüberlegungen aus den experimentellen Daten. Mit dieser Methode besteht auch im Fall einer linearen Zeitreihenanalyse über die Signalauffindung (Rauschunterdrückung) und, allgemeiner, die Identifizierung bestimmter Anteile in der Zeitreihe hinaus die Möglichkeit, numerische Modelle an die experimentellen Daten anzupassen.

Für eine Zeitreihe $\{x_t|\ t = 1, ..., N\}$ übersetzt man dazu die Überlegung, daß sich x_t aus früheren Werten x_j mit $j < t$ ergeben muß, in den Ansatz

$$x_t = \sum_{k=1}^{n} a_k x_{t-k},$$

den man als autoregressives Modell vom Grad n, AR[n], bezeichnet (Schlittgen u. Streitberg 1998). Die n Koeffizienten a_k können zum Beispiel durch einen Fit an die Daten oder andere Konsistenzbedingungen festgelegt werden. Liegt eine nichtstationäre Zeitreihe vor, reicht dieser Ansatz nicht aus und es müssen äußere (deterministische oder stochastische) treibende Kräfte g_j, die zum Zeitpunkt j auf das System einwirken, angenommen werden. Ein solcher Term wird als *moving-average* (MA)-Modell bezeichnet und läßt sich mit dem autoregressiven Modell kombinieren. Man hat dann

$$x_t = \sum_{k=1}^{n} a_k x_{t-k} + \sum_{l=1}^{m} b_l g_{t-l} .$$

Dieses Modell bezeichnet man als ARMA-Modell (Schlittgen u. Streitberg 1998, Abarbanel et al. 1993). Große Bereiche der linearen Zeitreihenanalyse beschäftigt sich mit diesen Formen der Parametrisierung, vor allem mit effizienten Algorithmen zur Bestimmung der Koeffizienten a_k und b_l.

Die unbestritten wichtigste Technik im Rahmen der linearen Zeitreihenanalyse stammt aus der Signaltheorie, in der eine physikalische Darstellung $x(t)$ einer *Nachricht* analysiert und (zum Beispiel durch Codierung und Decodierung) interpretiert wird. Eine bedeutende Klasse von Signalen, nämlich periodische Signale und Signale mit periodischen Elementen, läßt sich besonders einfach auf ihre Bildungsgesetze und die in ihr enthaltene Information hin untersuchen, wenn man nicht die Größe x in Abhängigkeit der Zeit t betrachtet, sondern die Stärke der zu dem Signal beitragenden Frequenzen. Dies ist die Kernidee der Fourieranalyse (Butz 1998).

Die entsprechende Darstellung des "Signals" (bzw. in unseren begriff-
lichen Kontext: der Zeitreihe) $x(t)$ als

$$x(t) = a_0 + \sum_{n=1}^{\infty} [a_n \cos(2\pi n \nu_0 t) + b_n \sin(2\pi n \nu_0 t)] \qquad (4.7)$$

mit $\nu_0 = 1/T$ und einem konstanten Term a_0 bezeichnet man als *Fourierreihe* der Funktion $x(t)$. Dabei ist T die größte in dem Signal enthaltene (oder erwartete) Periodenlänge. Man unterscheidet zwei Situationen, die für die Betrachtung experimenteller Daten von Bedeutung
sind:

- *Fouriersynthese*: Koeffizienten a_n und b_n sind gegeben und
  man rekonstruiert die Funktion $x(t)$.
- *Fourieranalyse*: Aus der gegebenen Funktion $x(t)$ bestimmt
  man die Koeffizienten a_n und b_n der Fourierreihe.

Bei dem letztgenannten Punkt stellt sich die Frage der praktischen
Durchführung. Während es noch − von rein technischen Problemen
abgesehen − klar ist, wie man aus den Koeffizienten (bei bekanntem
ν_0) eine Funktion nach dem in Gleichung (4.7) angegebenen Schema
zusammenfügt, erfordert der andere Fall, bei gegebener Funktion $x(t)$
die Koeffizienten zu extrahieren, eine Umkehrung von Gleichung (4.7).
Eine wesentliche Voraussetzung auf diesem Weg stellt die Orthogona-
lität der Sinus- und Kosinusterme in der Fourierreihe dar:

$$\int_0^T \cos(2\pi n \nu_0 t) \cos(2\pi m \nu_0 t)\, dt =$$

$$\int_0^T \sin(2\pi n \nu_0 t) \sin(2\pi m \nu_0 t)\, dt = \begin{cases} 0 & m \neq n \\ 2\nu_0 & m = n \end{cases}$$

und

$$\int_0^T \sin(2\pi n \nu_0 t) \cos(2\pi m \nu_0 t)\, dt = 0 \qquad \forall m, n,$$

jeweils mit $m, n > 0$ und $\nu_0 = 1/T$. Aus diesen Orthogonalitätsrela-
tionen folgt unmittelbar

$$a_m = \frac{2}{T} \int_0^T x(t) \cos(2\pi m \nu_0 t)\, dt \qquad (4.8)$$

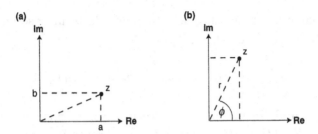

Abb. 4.12. Konzept der gaußschen Zahlenebene. Gezeigt ist die geometrische Zerlegung einer komplexen Zahl z in ihren Real- und Imaginärteil (a), bzw. in die zugehörigen Polarkoordinaten (b). Der exakte mathematische Zusammenhang zwischen der komplexen Zahlenebene und dem Raum $\mathbb{R}^2$ wird durch die Eulerrelation, Gleichung (4.11), gegeben

und

$$b_m = \frac{2}{T} \int_0^T x(t) \, \sin(2\pi m \, \nu_0 t) \, dt \,. \tag{4.9}$$

Mit den Gleichungen (4.8) und (4.9) ergibt sich ein (analytischer oder numerischer) Zugriff auf die Koeffizienten der Fourierreihe.

Eine erhebliche Vereinfachung der Notation und der Handhabung dieses Formalismus entsteht durch das Konzept der *komplexen Zahlen*. Eine komplexe Zahl $z = a + ib$ besteht aus einem Realteil $a = Re(z)$ und einem Imaginärteil $b = Im(z)$, wobei letzterer der Koeffizient einer Kunstgröße $i = \sqrt{-1}$ ist, die im Bereich der reellen Zahlen nicht existiert. Auf diese Weise besteht z aus zwei unabhängigen Anteilen und läßt sich so als Punkt in einem Koordinatensystem aus Real- und Imaginärteil, der sogenannten gaußschen Zahlenebene, darstellen (Abb. 4.12(a)). In Analogie zu einem normalen zweidimensionalen Raum existiert auch hier eine Darstellung dieser Punkte durch Polarkoordinaten (Abb. 4.12(b)):

$$z = a + ib = r \cos \phi + i r \sin \phi \,. \tag{4.10}$$

Der entscheidende Vorteil in der Notation ergibt sich jedoch erst durch eine Beziehung, die auf komplexe Zahlen beschränkt ist, nämlich die sogenannte Eulerrelation, die eine Verbindung zwischen Sinus, Kosinus und der komplexen Exponentialfunktion herstellt:[4]

---

[4] Wählt man insbesondere ϕ so, daß eine der Achsen getroffen wird, so ergeben sich sehr einfache Zusammenhänge, z.B. $\exp(i\pi) = -1$. Diese unerwartete Beziehung zweier irrationaler Zahlen (nämlich e und π) wurde von Lesern der Zeitschrift

$$e^{i\phi} = \cos\phi + i\sin\phi. \tag{4.11}$$

Die sich daraus ergebende Darstellung einer komplexen Zahl z als $z = r\,e^{i\phi}$ führt direkt auf eine vereinfachte Schreibweise von Gleichung (4.7), nämlich auf die komplexe Fourierreihe

$$x(t) = a_0 + \sum_{m=1}^{\infty} e^{2\pi i m \nu_0 t}(a_m - i b_m) = a_0 + \sum_{m=1}^{\infty} e^{2\pi i m \nu_0 t} c_m.$$

Der Anwendungsbereich dieser Methode erweitert sich erheblich, wenn man beliebige (also auch nicht periodische) Funktionen als Grenzfall periodischen Verhaltens im Limes $T \to \infty$ auffaßt. Als Verallgemeinerung der Fourierreihe ergibt sich so die universelle mathematische Methode der *Fouriertransformation* (Butz 1998). Der Grenzübergang impliziert, daß die Eigenfrequenz ν_0 gegen Null geht. Damit rücken die weiteren höheren Frequenzen in der Fourierreihe näher zusammen, so daß sich eine kontinuierliche Frequenzverteilung ergibt. Die diskrete Summe in Gleichung (4.7) geht dann über in ein Integral über die Frequenzverteilung, und aus den Koeffizienten a_n entstehen kontinuierliche infinitesimale Amplituden $a(\nu)d\nu$. Man hat als *Fourierintegral* dann den Ausdruck

$$x(t) = \int_{-\infty}^{+\infty} d\nu\, a(\nu)\,\cos(2\pi\nu t) + \int_{-\infty}^{+\infty} d\nu\, b(\nu)\,\sin(2\pi\nu t)$$

$$= \int_{-\infty}^{+\infty} \phi(\nu)\, e^{2\pi i \nu t} d\nu.$$

In Analogie zu Gleichung (4.8) und (4.9) erhält man damit einen direkten Zugriff auf die Amplitudenfunktion $\phi(\nu)$ der komplexen Fouriertransformation für ein (experimentell gegebenes) Signal $x(t)$:

$$\phi(\nu) = \int_{-\infty}^{+\infty} x(t)\, e^{-2\pi i \nu t} dt. \tag{4.12}$$

Die Bestimmung dieser Amplitudenfunktion aus einer Zeitreihe ist das Kernelement der Fourieranalyse.[5] Das wichtigste Ergebnis eines sol-

---

Mathematical Intelligencer in die Top 10 der bemerkenswerten mathematischen Sätze gewählt (Mathematical Intelligencer 3 1990).

[5] In der Literatur finden sich verschiedene gebräuchliche Definitionen der Funktion $\phi(\nu)$. Unterschiede zu Gleichung (4.12) gibt es dabei vor allem im Koeffizienten des Integrals und im numerischen Faktor im Exponenten (siehe z.B. Bronstein et al. 2000).

chen Analyseprozesses stellt das sogenannte *Powerspektrum* dar, bei dem das Betragsquadrat der Amplitude als Funktion der Frequenz aufgetragen wird:

$$S(\nu) = \phi(\nu)\, \phi^*(\nu) = |\phi(\nu)|^2 \,, \tag{4.13}$$

wobei der Stern die komplex konjugierte (durch die Ersetzung $i \to (-i)$ erzeugte) Funktion kennzeichnet. Im Powerspektrum zeigen sich z.B. Einzelfrequenzen, die einen starken Beitrag zur Zeitreihe $x(t)$ geben, ebenso wie Verteilungen von Frequenzen, wenn Oszillationen über einen breiten Frequenzbereich zu dem Signal beitragen. Die Transformation des Signals in den Fourierraum und die Betrachtung des Spektrums als Alternative zur eigentlichen Zeitreihe stellt in diesem Sinne einen besseren Zugriff auf Eigenschaften des Signals dar und hat einen großen Anwendungsbereich in den naturwissenschaftlichen und technischen Disziplinen (Achilles 1978). Mathematisch sind die wichtigsten Eigenschaften dieses Paares aus Signal und Spektrum, $x(t) \leftrightarrow \phi(\nu)$, seine Linearität,

$$x_1(t) \leftrightarrow \phi_1(\nu)\,, \quad x_2(t) \leftrightarrow \phi_2(\nu)$$

$$\Rightarrow \quad x_1(t) + x_2(t) \leftrightarrow \phi_1(\nu) + \phi_2(\nu)\,, \tag{4.14}$$

und die zwischen ihnen bestehende Skalenrelation

$$x(\alpha t) \leftrightarrow \frac{1}{|\alpha|}\, \phi\left(\frac{\nu}{\alpha}\right) \tag{4.15}$$

mit einem (reellen) Skalierungsfaktor α. Während Gleichung (4.14) den Nachweis dafür darstellt, daß die Fouriertransformation eine *lineare* Methode der Zeitreihenanalyse ist, hat Gleichung (4.15) eine große Bedeutung bei der Betrachtung von Dimensionen und Größenordnungen, da ein stark lokalisierter Impuls im Signal auf eine breite Verteilung im Powerspektrum und ein einzelner Peak im Spektrum eine ausgedehnte Zeitreihe ohne Lokalisierung ergibt. Für eine umfassendere Diskussion der Fourieranalyse sei auf spezialisierte Lehrbücher verwiesen (Butz 1998, Achilles 1978, Brigham 1989). Einige einfache analytische Paare $x(t)$ und $\phi(\nu)$ sind in Tabelle 4.2 angegeben. Abb. 4.13 zeigt Beispiele von Zeitreihen zusammen mit ihren Fourierspektren.

Bei der Verwendung der komplexen Fouriertransformation, Gleichung (4.12), ist zu beachten, daß die Fouriertransformierte $\phi(\nu)$ des Signals $x(t)$ im allgemeinen eine komplexwertige Funktion ist, obwohl natürlich $x(t)$ selbst reell ist. Damit ist gemeint, daß für festes ν das

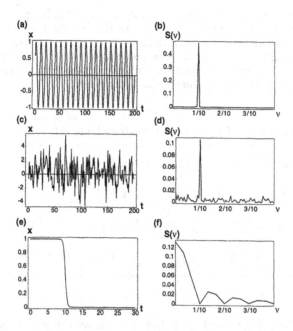

Abb. 4.13. Beispiele für Powerspektren ((b), (d) und (f)) aus einfachen Zeitreihen ((a), (c) und (e)). Abb. (b) zeigt das Spektrum einer einfachen Sinusschwingung (a). Der isolierte Peak bei der Eigenfrequenz der Schwingung ist klar zu erkennen, wobei die endliche Breite durch das diskrete Sampling der Zeitreihe entsteht. Abb. (d) zeigt das Spektrum der gleichen Zeitreihe unter dem Einfluß von Rauschen. Nun besitzt der Peak einen deutlichen, im Spektrum gleichverteilten Untergrund, der durch das (weiße) Rauschen hervorgerufen wird. Abb. (e) zeigt die Zeitreihe eines plötzlichen Zustandswechsels. Die steile Kante führt auf ein oszillatorisches Verhalten im Spektrum (f), das sich aus der Zerlegung der Kante in viele Fourierkomponenten ergibt. Dieses Prinzip ist zum Beispiel verantwortlich für das Auftreten von Obertönen in realen Schwingungsprozessen (Achilles 1978)

zugehörige $\phi(\nu)$ eine komplexe Zahl ist, sich also in einen Realteil $a = a(\nu)$ und einen Imaginärteil $b = b(\nu)$ gemäß Gleichung (4.10) zerlegen läßt, so daß gilt $\phi(\nu) = a(\nu) + i\, b(\nu)$. Eine alternative aber äquivalente Zerlegungen nach Gleichung (4.10) verwendet eine Phase $\psi(\nu)$ und eine Amplitude $r(\nu)$, so daß $\phi(\nu) = r(\nu) \cdot \exp\left[i\, \psi(\nu)\right]$. Die Funktionen a, b, r und ψ dieser Zerlegungen sind nun wieder reellwertig und können wie "normale" Funktionen dargestellt und behandelt werden. Die Größe $S(\nu)$ in Gleichung (4.13) entspricht gerade dem Quadrat der Funktion $r(\nu)$. Eine Verwendung der Phasenfunktion $\psi(\nu)$ im Rahmen der Analyse eines Signals bzw. einer Zeitreihe werden wir in Kapitel 4.6 kennenlernen. Aufgabe 18 und 19 in Anhang C vertiefen die hier dargestellten Überlegungen zur Fouriertransformation.

Tabelle 4.2. Beispiele von Paaren $x(t)$ und $\phi(\nu)$. Das dritte Beispiel illustriert die in Gleichung (4.15) dargestellte Eigenschaft: Die Breite a der Exponentialfunktion geht in den Exponenten der Fouriertransformierten gerade invers ein. Anhand dieser Tabelle kann man erahnen, daß nur wenige Fouriertransformierte tatsächlich analytisch ermittelt werden können: Schon relativ einfache Funktionen $x(t)$ führen auf sehr viel weniger einfache Ausdrücke im Fourierraum

Funktion $x(t)$	Fouriertransformierte $\phi\,(\nu)$
$\cos t^2$	$\frac{1}{2}\left(\cos\frac{\nu^2}{4}+\sin\frac{\nu^2}{4}\right)$
$\sin t^2$	$\frac{1}{2}\left(\cos\frac{\nu^2}{4}-\sin\frac{\nu^2}{4}\right)$
$\exp\left(\frac{t^2}{a^2}\right)$	$\sqrt{-\frac{a^2}{2}}\,\exp\left(\frac{a^2\nu^2}{4}\right)$
$t^4\exp\left(-t^2\right)$	$\frac{1}{16\sqrt{2}}\,\exp\left(-\frac{\nu^2}{4}\right)\left(12-12\,\nu^2+\nu^4\right)$

Die praktischen Schwierigkeiten bei der Anwendung der Fourieranalyse auf experimentelle Daten sind erheblich. Zum Beispiel führen die Länge der Zeitreihe, die Sampling-Rate, die Größe des zur Fouriertransformation verwendeten Ausschnitts aus der Zeitreihe (die sogenannte "Fenstergröße") und Trends in den Daten zu Verfälschungen oder nicht zur Systemdynamik gehörenden Beiträgen (Artefakten) im Spektrum (Brigham 1989). Daneben gibt es einige anspruchsvolle technische Aspekte beim Umgang mit der Fouriertransformation. So ist etwa die Anwendung von Gleichung (4.12) auf eine *diskrete* Zeitreihe zwar prinzipiell sofort möglich (durch Überführen des Integrals in eine Summe und die Ersetzung der oberen Integrationsgrenze durch die Länge der Zeitreihe), eine effiziente numerische Implementierung der Bestimmung von Φ für jedes ν jedoch schwierig. Entsprechende Algorithmen der schnellen numerischen Fouriertransformation (engl. *fast Fourier transform, FFT*) stehen in vielen Analyse- und Programmierumgebungen zur Verfügung.

4.3 Nichtlineare Zeitreihenanalyse und Vorhersagbarkeit einer Zeitreihe

Wir haben gesehen, daß der Korrelationskoeffizient, als eine von seinem Ansatz her lineare Methode, eine mit der logistischen Differenzengleichung im chaotischen Regime erzeugte Zeitreihe vollkommen falsch (nämlich als unkorreliert!) interpretiert (vgl. Tabelle 4.1). Natürlich läßt sich mit derselben Methode eine nichtlineare Fassung $\tilde{r}$ dieses Korrelationskoeffizienten erzeugen:

$$S = \sum_t \left(x_{t+1} - x_{t+1}^{(th)} \right)^2 = \sum_t \left[x_{t+1} - \tilde{r} x_t \left(1 - x_t \right) \right]^2$$

$$\Rightarrow \frac{ds}{d\tilde{r}} = 2 \sum_t \left(x_{t+1} - \tilde{r} \, x_t \left(1 - x_t \right) \right) x_t \left(1 - x_t \right) \stackrel{!}{=} 0$$

$$\Rightarrow \tilde{r} = \frac{\sum\limits_t x_{t+1} x_t \left(1 - x_t \right)}{\sum\limits_t x_t^2 \left(1 - x_t \right)^2}. \tag{4.16}$$

Die Anwendung dieser Gleichung auf eine Zeitreihe, die über die logistische Differenzengleichung erzeugt wurde, erlaubt es tatsächlich, den verwendeten Wert des Parameters R zu extrahieren. Der Nachteil dieses Verfahrens liegt auf der Hand: In Unkenntnis des Erzeugungsprozesses der Zeitreihe kann es ein sinnvolles (und interpretierbares) Verfahren sein, die *linearen* Korrelationen zu untersuchen. Dagegen sind Verallgemeinerungen wie Gleichung (4.16) stark abhängig von dem zugrunde liegenden Modell, d.h. von der konkreten Form der Nichtlinearität. Eine nicht modellabhängige Methode, über lineare Effekte hinausgehende Korrelationen in einer Zeitreihe zu bestimmen, wird im Rahmen der Informationstheorie bereitgestellt. Ihre Vorteile und Schwächen werden wir in Kapitel 7 besprechen. Trotz des Fehlschlagens des Korrelationskoeffizienten bei Zeitreihen, die aus nichtlinearen Erzeugungsprozessen entstanden sind, steht uns eine zumindest darstellerische Methode zur Verfügung, um den deterministischen Charakter der Zeitreihe in vielen Fällen dennoch sichtbar zu machen: die sogenannten *Return-Plots* oder *Streudiagramme*. Damit ist die Auftragung benachbarter Werte in der Zeitreihe gegeneinander gemeint, also ein (x_{t+1}, x_t)-Diagramm, genau wie das Hilfsdiagramm, das wir beim Studium der Differenzengleichungen kennengelernt haben. Wichtig ist die konzeptionelle Unterscheidung: Während diese Darstellung dort zum Studium einer gegebenen Differenzengleichung und zur Erzeugung einer Zeitreihe aus dieser Gleichung heraus diente, ist sie hier ein Analysewerkzeug einer gegebenen Zeitreihe. Abb. 4.7 zeigte diese Diagramme für die Zeitreihen aus Tabelle 4.1. Wie bereits diskutiert, wird die geometrische Form des zugrunde liegenden deterministischen Modells durch das Rauschen sehr viel weniger gestört als die Zeitreihe selbst. Aus dieser Beobachtung leitet sich die Hoffnung ab, solche

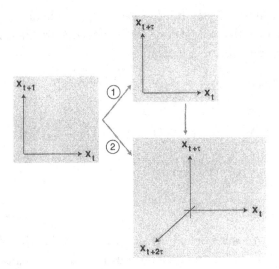

Abb. 4.14. Mögliche Verallgemeinerungen des an das Hilfsdiagramm der Differenzengleichungen angelehnten *Return-Plots*: ein größerer Versatz zwischen den aufgetragenen Punkten oder ein Hinzufügen weiterer zeitversetzter Koordinaten und damit eine höhere Dimension des Trägerraums

Return-Plots könnten geeignete Werkzeuge der *nichtlinearen* Datenanalyse darstellen. Zu dieser Auftragungsart gibt es zwei naheliegende Verallgemeinerungen:

- Nicht notwendigerweise muß der *nächste* Nachbar x_{t+1} von x_t auf der Ordinate aufgetragen werden. Möglich ist auch x_{t+2} oder x_{t+3}, also allgemein $x_{t+\tau}$. Die Größe τ bezeichnet man als *Versatz* (engl. *delay*).
- Im Prinzip wäre es denkbar, dem Diagramm weitere Achsen hinzuzufügen, so daß $x_t, x_{t+\tau}, x_{t+2\tau}, ...$ gleichzeitig gegeneinander aufgetragen werden. Die Anzahl von Achsen bezeichnet man als *Einbettungsdimension E*.

Abb. 4.14 stellt diese Verallgemeinerungen graphisch dar. Dieses Verfahren mit Parametern τ und E bezeichnet man als *Einbettung* (engl. *embedding*) einer Zeitreihe (Takens 1981, Kantz u. Schreiber 1998). Formal entspricht dies einer Transformation

$$\left\{ x_t \middle| \ t = 1, 2, ..., N \right\} \rightarrow \left\{ \vec{x}_t \middle| \ t = 1, 2, ..., N - (E - 1)\,\tau \right\},$$

wobei jedes Element x_t der Zeitreihe durch einen Vektor $\vec{x}_t$ mit E Komponenten ersetzt wird:

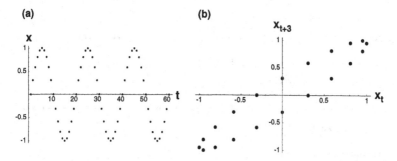

Abb. 4.15. Einbettung (b) der Zeitreihe (a) (Sampling-Rate $r=2$ in den verwendeten Zeiteinheiten) eines harmonischen Oszillators (a) in einen Raum der Dimension $E=2$ mit einem Versatz von $\tau=3$. Die so entstandene Struktur entspricht bis auf Rotation und Skalierung den elliptischen Bahnen, die als Trajektorien des Systems in der Phasenebene auftreten (dem sogenannten Attraktor des Systems)

$$x_t \mapsto \vec{x}_t = \Big(x_t, x_{t+\tau}, x_{t+2\tau}, ..., x_{t+(E-1)\tau}\Big).$$

Es ist mathematisch dabei vollkommen unbedeutend, in welche Richtung die Nachbarn gewählt werden. Obige Transformation könnte ebenso

$$x_t \mapsto \Big(x_{t-(E-1)\tau}, ..., x_{t-\tau}, x_t\Big) \tag{4.17}$$

lauten.[6]

Es ist klar, daß dieses gedanklich recht aufwendige Verfahren, das die wichtigste Grundlage der gesamten nichtlinearen Zeitreihenanalyse darstellt, eine gewisse Gewöhnung erfordert. Daher soll das Funktionieren dieser Methode nun kurz an einem sehr einfachen Beispiel besprochen werden, nämlich dem mathematischen Pendel, das wir in Kapitel 1.1 und 2.3 bereits kennengelernt haben. In Abb. 4.15(a) ist die Zeitreihe zu einem solchen Pendel dargestellt. Man sieht, daß die Sampling-Rate hoch genug ist, um einen Eindruck der Dynamik zu bekommen. Abb. 4.15(b) zeigt eine Einbettung dieser Zeitreihe für $E = 2$. Nun deutet sich auch über die formale Betrachtung hinaus an, was bei der Einbettung inhaltlich geschieht: Offensichtlich lassen sich mit diesem Verfahren die Bahnen im Phasenraum aus der Zeitreihe qualitativ reproduzieren. Dieser erstaunliche Sachverhalt wird verständlich, wenn man bemerkt, daß als Phasenraum die Größen x und dx/dt gegenein-

---

[6] Tatsächlich ist die letztgenannte Festlegung dieser *Versatzkoordinaten*, also der Komponenten des Einbettungsvektors, die in der Literatur gebräuchliche (Kantz u. Schreiber 1998). Der Vorteil dieser Definition (4.17) wird sofort klar, wenn man auf der Einbettung einer Zeitreihe basierende Vorhersageverfahren diskutiert.

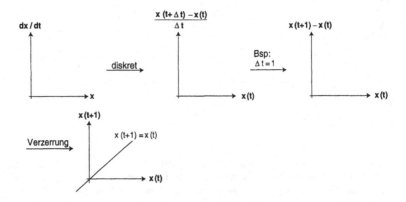

Abb. 4.16. Grundlegendes Schema zum Verständis der (topologischen) Ähnlichkeit von Phasenraum und Einbettungsraum. Die Koordinatentransformation im letzten Schritt ist die zentrale Ursache für die im allgemeinen auftretende Verzerrung des rekonstruierten Gebildes im Vergleich zum Ensemble der Bahnen im Phasenraum

ander aufgetragen werden. Beide dynamischen Variablen besitzen eine eindeutige Funktion in der Zeitreihe, nämlich für den absoluten Wert eines Punktes und für die Änderung von Punkt zu Punkt, also die relative Lage der Punkte. Die starke Korrespondenz von Phasenraum und Einbettungsraum läßt sich aber mathematisch noch klarer fassen. In Abb. 4.16 ist schematisch dargestellt, wie sich durch ein einfaches Auflösen des Differentialquotienten der eine Raum mit dem anderen in Verbindung bringen läßt. Hier wird also – bis auf eine Verzerrung – die Möglichkeit gegeben, mit Hilfe der Einbettung aus den experimentellen Daten, also der Zeitreihe, unsere wichtigste theoretische Charakterisierung aus Kapitel 2.3, nämlich die Bahnen im Phasenraum, zu rekonstruieren. Eine entscheidende Vorarbeit ist aber, die Abhängigkeit dieser Einbettung von den beiden Parametern der Einbettung, dem Versatz τ und der Einbettungsdimension E, für jeden Einzelfall genau zu untersuchen. In Abb. 4.17 ist die Abhängigkeit von τ noch einmal für eine Zeitreihe zum Pendel mit höherer Sampling-Rate ($r=20$) dargestellt. Man sieht deutlich, daß sich die rekonstruierte geometrische Figur bei zu kleinen Werten des Versatzes nicht richtig entfaltet.

Ein weiteres Beispiel, das zeigen soll, wie dieses Verfahren auch bei äußerst komplexen Dynamiken angewendet werden kann, ist die Einbettung einer Zeitreihe zum Lorenz-System. Von Edward Lorenz in

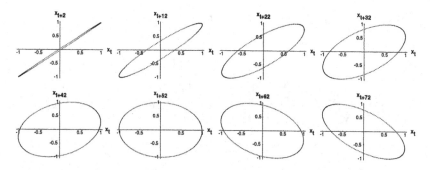

Abb. 4.17. Einbettung einer (mit hoher Sampling-Rate aufgenommenen) Zeitreihe eines harmonischen Oszillators für $E=2$ und verschiedene Werte des Versatzes τ (siehe die entsprechenden Ordinatenbeschriftungen). Dabei ist zu beachten, daß die absolute Größe Δt des Versatzes durch die Sampling-Rate r mitbestimmt wird, $\Delta t = \tau/r$

den sechziger Jahren zur Beschreibung von Konvektionsphänomenen aufgestellt ist dieses System aus drei gekoppelten nichtlinearen Differentialgleichungen zu dem wichtigsten Beispiel für deterministisches Chaos geworden (Lorenz 1963, 1993). Neben seiner mathematisch relativ einfachen Gestalt und seiner historischen Bedeutung als erstes diskutiertes chaotisches System besitzt das Lorenz-System auch weitere explizite Anwendung in der Physik, etwa bei bestimmten dynamischen Prozessen im Laser (Milonni u. Eberly 1988, Sparrow 1982, Haken 1975). Die Lorenz-Gleichungen lauten:

$$\frac{dx}{dt} = -\sigma\,(x-y), \quad \frac{dy}{dt} = -x\,z + \gamma\,x - y, \quad \frac{dz}{dt} = x\,y - b\,z \quad (4.18)$$

mit den Parametern σ, γ und b. Eine geeignete Wahl zur Erzeugung einer chaotischen Dynamik ist $\sigma = -10, \gamma = 28, b = 8/3$. Gleichung (4.17) besitzt zwei nichtlineare Terme, nämlich $(-xz)$ in der Gleichung für dy/dt und (xy) in der Gleichung für dz/dt. Durch diese harmlos aussehenden additiven Beiträge entsteht ein äußerst komplexes Verhalten, auf das jedes Lehrbuch der nichtlinearen Dynamik einen beachtlichen Raum verwendet (siehe z.B. Strogatz 1994). Abb. 4.18 zeigt eine Zeitreihe, die entsteht, wenn man am Lorenz-System mit relativ hoher Sampling-Rate "Messungen" durchführt. Vor allem in der Ausschnittsvergrößerung (Abb. 4.18(b)) erkennt man das charakteristische Springen zwischen einem Bereich negativer Amplitude und einem davon deutlich getrennten Bereich mit positiven Werten der dynamischen Variablen. Eine Einbettung dieser Zeitreihe mit $E = 2$ ist in Abb. 4.19 für verschiedene Werte des Versatzes τ dargestellt. Es ist deutlich zu

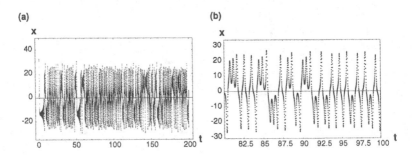

Abb. 4.18. Zeitreihe einer Lösung der gekoppelten Differentialgleichungen (4.18) des Lorenz-Systems. Als Werte für die Parameter wurden $\sigma = -10$, $\gamma = 28$ und $b = 8/3$ gewählt bei einer Sampling-Rate von $r = 20$ in den Zeiteinheiten des Systems. Die Ausschnittsvergrößerung (Abb. (b)) zeigt die (irregulär) oszillatorische Struktur auf kleiner Zeitskala, während die längere Zeitreihe (Abb. (a)) einen Gesamteindruck des chaotischen Verhaltens ergibt

sehen, daß die resultierende Figur sehr stark vom Versatz abhängt. Erst in einer dreidimensionalen Einbettung stabilisiert sich das rekonstruierte geometrische Objekt (siehe Abb. 4.20). In Abb. 4.20 ist zum Vergleich auch der tatsächliche Lorenz-Attraktor dargestellt. Man erkennt ganz deutlich die strukturelle Übereinstimmung zwischen diesem Attraktor und der Rekonstruktion. Gleichzeitig sieht man, daß der Attraktor durch das Einbettungsverfahren nicht exakt, sondern nur deformiert ("topologisch äquivalent") reproduziert wird. Spätestens an dieser Stelle ist eine formale Begriffsklärung dringend erforderlich: Das geometrische Objekt, gegen das alle Trajektorien im Phasenraum konvergieren (die Ellipse beim Pendel, die geschlossene Kurve beim Grenzzyklus oder die beiden verschränkten und verbundenen Scheiben beim Lorenz-System) bezeichnet man als *Attraktor*. Der Attraktor eines Systems von Differentialgleichungen ist also eine Teilmenge des Phasenraums und besitzt eine durch die Form der Gleichungen festgelegte geometrische Struktur. Ein Charakteristikum chaotischen Verhaltens ist, daß benachbarte Anfangsbedingungen mit wachsender Zeit divergieren (Existenz eines positiven Lyapunov-Exponenten, vgl. Kapitel 2.1.5). Diese Eigenschaft hat erhebliche Auswirkungen auf die Struktur des Attraktors, da die exponentielle Divergenz benachbarter Trajektorien in einem beschränkten (also nicht unendlich ausgedehnten) Raum einen geometrisch komplizierten Faltungsprozeß dieser Bahnen erfordert. Das beständige Dehnen (Divergieren) und Falten verleiht dem Attraktor eine selbstähnliche (fraktale) Struktur (vgl. Kapitel 6.1). Man

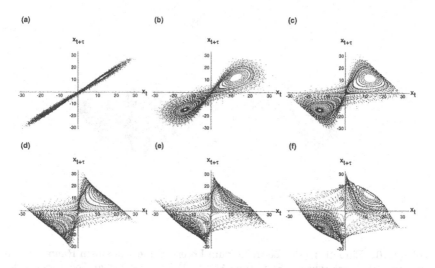

Abb. 4.19. Versuch einer Einbettung der Zeitreihe zum Lorenz-System in einem zweidimensionalen Raum für verschiedene Werte des Versatzes (dabei wurde τ von $\tau = 5$ für Abb. (a) bis $\tau = 55$ für Abb. (f) in gleichen Schritten variiert). Es zeigt sich, daß bei dieser Einbettungsdimension keine stabile geometrische Struktur entsteht

bezeichnet solche Attraktoren (zum Beispiel den Lorenz-Attraktor aus Abb. 4.20) als *seltsame Attraktoren* (engl. *strange attractors*) (Strogatz 1994, Kapitaniak u. Bishop 1999).

Es ist klar, daß die Übersetzung einer Zeitreihe in ein Objekt in einem E-dimensionalen Raum nicht das endgültige Resultat der Analyse darstellen kann. Der nächste Analyseschritt muß sein, das durch Einbettung entstandene Objekt erneut zu einer einfachen Funktion oder sogar einer Zahl zu kondensieren. Dabei sollte man zentrale Eigenschaften des Einbettungsraums ausbeuten. Erst dann ist der Umweg von der ursprünglichen Zeitreihe über einen E-dimensionalen Raum hin zu dem Analyseresultat (zum Beispiel zu einer einfachen Zahl) einsichtig und sinnvoll. Doch was ist nun eine solche zentrale Eigenschaft des Einbettungsraums? Eine einfache geometrische Überlegung gibt darüber Aufschluß: Der Vektor eines jeden Punktes besteht aus dem Punkt selbst und seiner Vorgeschichte (in der zweiten Art, Einbettung zu realisieren, vgl. Gleichung (4.17)). Ändert man einen Punkt in dieser Vorgeschichte (z.B. $x_{t-k} \rightarrow -x_{t-k}$), so wird der Punkt (Vektor) $\vec{x}_t$ an eine vollkommen andere Stelle im Einbettungsraum geworfen. Es ist damit klar: Die Nachbarschaft zweier Punkte im Einbettungsraum $\mathcal{E}$ bedeutet, daß die beiden Punkte einen ähnlichen Wert *und* eine ähn-

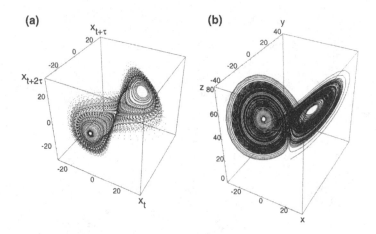

Abb. 4.20. Einbettung der Zeitreihe zum Lorenz-System in einem Raum der Dimension 3. Die entstehende Struktur (Abb. (a)) ist für einen großen Bereich des Versatzes τ geometrisch stabil und bis auf eine Verzerrung dem tatsächlichen Attraktor (Abb. (b)) ähnlich. Dabei ist Abb. (a) durch das Anwenden des Einbettungsverfahrens mit $\tau{=}30$ auf die Zeitreihe *einer* dynamischen Variablen (nämlich x) entstanden, während (b) die Auftragung aller drei dynamischen Variablen zeigt

liche Vorgeschichte haben. Wie weit die Vorgeschichte in dem Raum verzeichnet ist, hängt von den Parametern E und k ab. Die gesuchte Eigenschaft des Einbettungsraums, die im Rahmen der weiteren Analyse ausgenutzt werden kann, ist also die Nachbarschaft von Punkten. Die Nachbarschaftskonstellationen in $\mathcal{E}$ geben Aufschluß über Korrelationen in der Zeitreihe.

Um zu einer Quantifizierung zu gelangen, benötigen wir ein Maß für den Abstand zweier Punkte $\vec{x}_i$ und $\vec{x}_j$ im Einbettungsraum $\mathcal{E}$. In der ursprünglichen Zeitreihe war dies einfach: Man konnte die Differenz der Zahlenwerte verwenden (genauer: den Absolutbetrag $|x_i - x_j|$ dieser Differenz). Ganz ähnlich geht man nun hier vor. Der Abstand $\Delta(\vec{x}_i, \vec{x}_j)$ zweier Punkte $\vec{x}_i$ und $\vec{x}_j$ im Einbettungsraum soll gegeben sein durch

$$\Delta(\vec{x}_i,\ \vec{x}_j) = \sum_{\alpha=0}^{E-1} \left| \vec{x}_i^{(\alpha)} - \vec{x}_j^{(\alpha)} \right| = \sum_{\alpha=0}^{E-1} |x_{i-\alpha\tau} - x_{j-\alpha\tau}|. \qquad (4.19)$$

Verwendet werden also die Differenzen der einzelnen Komponenten, die dann dem Betrag nach aufsummiert werden. Dabei bezeichnet die Größe $\vec{x}_i^{(\alpha)}$ die α-te Komponente des Vektors $\vec{x}_i$ im Einbettungsraum. In der zweiten Form von Gleichung (4.19) wurden die Komponenten der Vektoren mit Hilfe von Gleichung (4.17) durch die entsprechenden Elemente der Zeitreihe ersetzt. Mit dieser Abstandsfunktion auf dem Einbettungsraum ist ein erster wichtiger Schritt getan: Das von uns als zentral erkannte Attribut eines Punktes im Raum $\mathcal{E}$, nämlich seine Nachbarschaft, läßt sich so quantifizieren. Es fehlt nun noch das Überführen dieser Information in eine einfache Zahl. Wie sehr oft erfolgt diese Kondensation am elegantesten durch eine Summation. Die Fragestellung ist dabei, wieviele Nachbarn ein Punkt im Einbettungsraum im Mittel besitzt, deren Abstand geringer ist als ein bestimmter Wert r. Etwas geometrischer formuliert lautet die Frage: Wieviele Nachbarn liegen im Mittel in einer (E-dimensionalen) Kugel mit dem Radius r um einen Punkt im Einbettungsraum?

Auf der Grundlage von Gleichung (4.19) kann man dazu nun eine Art Dichteverteilung der Punkte im Einbettungsraum $\mathcal{E}$ definieren. Eine geeignete Hilfsgröße auf diesem Weg ist die Menge $\Sigma(r)$ von Punktpaaren im Raum $\mathcal{E}$, deren Abstand kleiner als r ist:

$$\Sigma(r) = \left\{ \left(\vec{x}_i, \vec{x}_j \right) \middle| \vec{x}_i, \vec{x}_j \in \mathcal{E}, \vec{x}_i \neq \vec{x}_j, \Delta\left(x_i, x_j\right) < r \right\}. \qquad (4.20)$$

Die Anzahl $|\Sigma(r)|$ von Elementen in dieser Menge normiert auf die Gesamtzahl $N(N-1)$ von ungleichen Punktpaaren[7] in $\mathcal{E}$ ist eine solche Dichteverteilung, also eine *Punktdichte* als Funktion von r:

$$C(r) = \frac{|\Sigma(r)|}{N(N-1)}.$$

Die Funktion $C(r)$ bezeichnet man als *Korrelationsintegral* (Kantz u. Schreiber 1998, Schreiber 1999). Damit sind wir in unserem Quantifizierungsvorhaben einen erheblichen Schritt weiter: Wir konnten die Information über Punktzusammenhänge (Korrelationen) in der Zeitreihe von einem E-dimensionalen Raum $\mathcal{E}$ in eine einfache Funktion $C(r)$ überführen. Bemerkenswerterweise fließen in diese Funktion nun beliebige (nicht nur lineare) Korrelationen ein. Damit geht die in $C(r)$ enthaltene Information weit über die eines Korrelationskoeffizienten hinaus. Allerdings bleibt noch die Abhängigkeit des ganzen Verfahrens von E und k zu untersuchen und eine Methode einzuführen, die Funktion $C(r)$ weiter zu kondensieren.

Der entscheidende nächste Gedankenschritt beginnt mit der Beobachtung, daß sich die Korrelationsintegrale $C(r)$ verschiedener Systeme

---

[7] Die Normierung erhält man durch eine einfache kombinatorische Überlegung: Für den ersten Punkt eines solchen Paares hat man N Möglichkeiten. Da die beiden Punkte ungleich sein sollen, stehen für die Wahl des Partners noch $(N-1)$ Punkte zur Auswahl.

vor allem in ihrer Steigung in r unterscheiden. Die Grenzfälle $C(r) \to 0$ für $r \to 0$ und $C(r) \to 1$ für $r \to \infty$ sind unabhängig vom betrachteten System. Sie folgen einfach aus der Definition von $C(r)$. Hier bietet sich also die Möglichkeit, die Quantifizierung noch effizienter zu machen: von einer Funktion zu einer Zahl. Die Abhängigkeit dieser Zahl von E und k kann dann eingehender studiert werden. Neben der naheliegenden Möglichkeit der Differenzierung, ist eine elegante und ziemlich universelle Art dieser Überführung einer Funktion in eine Steigung, durch die Einführung einer Dimension D gegeben. Die Information, ob eine geometrische Größe eine Linie, Fläche oder ein Volumen ist, hängt nicht von dem konkreten numerischen Koeffizienten, sondern vom Exponenten der Länge in dem betrachteten mathematischen Ausdruck ab. So hat man zum Beispiel

Rechteckumfang $4l$ Kreisumfang $2\pi r$

Rechteckfläche l^2 Kreisfläche πr^2

Würfelvolumen l^3 Kugelvolumen $4/3\pi r^3$.

Daraus ergibt sich das folgende Schema eines Dimensionsbegriffs:

Länge $\sim r^1 \to D = 1$

Fläche $\sim r^1 \to D = 2$

Volumen $\sim r^1 \to D = 3$.

Für das Korrelationsintegral soll dieser Zusammenhang imitiert werden. Dazu dient folgender Ansatz:

$C(r) = c\,r^D$.

Logarithmieren führt auf

$\ln C(r) = D \ln r + \ln c$

und damit ergibt sich D als Steigung in einer doppelt-logarithmischen Auftragung von $C(r)$ oder etwas formaler:

$$D = \frac{d \ln C(r)}{d \ln r}. \tag{4.21}$$

D bezeichnet man als *Korrelationsdimension* (Schreiber 1999). Trotz der (geometrischen) Eleganz eines solchen Dimensionsbegriffs sollte man nicht vergessen, daß es sich bei Gleichung (4.21) um einen *Ansatz* handelt, also eine Eigenschaft, die von dem untersuchten System

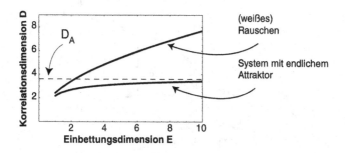

Abb. 4.21. Schematische Darstellung der Korrelationsdimension D als Funktion der Einbettungsdimension E. Während sich im Fall weißen Rauschens ein nahezu linearer Zusammenhang ergibt, zeigt sich für die Dynamik eines niedrigdimensionalen deterministischen Systems eine eindeutige Sättigung der Korrelationsdimension bei einem Wert D_A, den man als Dimension des Attraktors bezeichnet

nicht notwendigerweise erfüllt sein muß. Sollte das Korrelationsintegral $C(r)$ nicht vollständig diesem Ansatz folgen, so zeigt sich dies in einer r-Abhängigkeit der Dimension D. Zwar wird sich bei experimentellen Daten aus statistischen Gründen bei großem und kleinem r stets eine deutliche Verletzung dieses Skalenverhaltens aus Gleichung (4.21) zeigen. Die Hoffnung ist aber, daß bei mittlerem r ein großer Bereich vorliegt, in dem D nahezu konstant ist. Im Fall des Lorenz-Systems werden wir dieses Phänomen in Kapitel 4.4 diskutieren. Die prinzipielle Form von D als Funktion der Einbettungsdimension E ist in Abb. 4.21 schematisch für zwei grundlegend unterschiedliche dynamische Systeme darstellt, nämlich eine durch Rauschen dominierte Dynamik und ein System mit einem D_A-dimensionalen Attraktor. Während im ersten Fall die Korrelationsdimension D nahezu linear anwächst, nähert sich im zweiten Fall die Funktion $D(E)$ der Attraktordimension an.[8] Eine weitere wichtige Kenngröße, die sich im Rahmen einer nichtlinearen Zeitreihenanalyse bestimmen läßt, ist durch die sogenannten Lyapunov-Exponenten gegeben. Sie stellen Schlüsselgrößen für die Unterscheidung von chaotischen und stochastischen Prozessen dar. Tatsächlich haben wir schon im Fall eindimensionaler Differenzengleichungen in Kapitel 2.1.5 gesehen, daß Bereiche chaotischen Verhaltens

---

[8] An dieser Stelle sind zwei Bemerkungen angebracht: 1. Im Fall einer unendlich langen Zeitreihe mit vollkommen weißem (also zeitlich unkorreliertem) Rauschen wäre der Zusammenhang sogar exakt linear. 2. Im absolut rauschfreien und stationären (also ohne Trend evolvierenden) Systemen kann der Konvergenzprozeß $D(E) \rightarrow D_A$ sogar noch schneller geschehen als in Abb. 4.21 angedeutet.

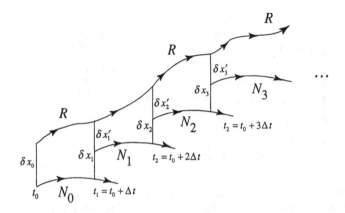

Abb. 4.22. Schema zur Bestimmung des maximalen Lyapunov-Exponenten eines dynamischen Systems. Zu diskreten Zeitpunkten (im Abstand Δt) wird eine neue Nachbartrajektorie N_i gewählt, deren Lage zur Referenztrajektorie R in ihrem zeitlichen Verlauf untersucht wird. Aus der Analyse der Abstandsänderungen (δx_i, oder genauer $\delta x_i'$ im Vergleich zu δx_{i+1}) gewinnt man dann den größten (also am meisten zu dem Abstand beitragenden) Lyapunov-Exponenten. Für weitere Informationen zu diesem Verfahren siehe (Nagashima u. Baba 1999)

durch einen positiven Lyapunov-Exponenten charakterisiert sind. Die geometrische Anschauung hinter dieser Quantifizierungsleistung war, daß der Lyapunov-Exponent λ ein Maß für die Konvergenz (negatives λ) oder Divergenz (positives λ) benachbarter Trajektorien im Phasenraum eines dynamischen Systems darstellt. Mathematisch stellt λ damit eine Verallgemeinerung des herkömmlichen Eigenwertes dar, den wir bei der Analyse der Stabilität von Fixpunkten mehrdimensionaler Differentialgleichungen kennengelernt haben (Kapitel 2.3). Während bei Differenzengleichungen im Prinzip sogar analytische Berechnungen des Lyapunov-Exponenten möglich sind (auf der Grundlage von Gleichung (2.9)), ist man bei Systemen mit einem seltsamen Attraktor auf numerische Verfahren angewiesen. Ein Algorithmus zur Bestimmung des *maximalen* Lyapunov-Exponenten (also gerade des Exponenten, der eine Konvergenz der Trajektorien am sichtbarsten hemmt oder sogar − falls er positiv ist − die Divergenz herbeiführt) ist in Abb. 4.22 schematisch dargestellt. Die zentrale Schwierigkeit, der dieser Algorithmus Rechnung trägt, ist, daß aufgrund der (möglichen) Divergenz benachbarte Bahnen im Phasenraum nach einer gewissen Zeit nicht mehr benachbart sind. Daher muß iterativ in festen Zeitabständen Δt der Wechsel zu einem neuen Nachbarn der Referenztrajektorie erfolgen (Gershenfeld 1999, Nagashima u. Baba 1999). Eine ausführliche

Untersuchung der Lyapunov-Exponenten verschiedener theoretischer Modellsysteme findet sich zum Beispiel in (Abarbanel et al. 1993). In (Kantz 1994) und (Wolf et al. 1985) werden einige praktische Schwierigkeiten bei der Bestimmung dieser Kenngrößen diskutiert.

Insgesamt ist das geometrische Bild zu dieser abstrakten Kenngröße etwa folgendes: Jeder Freiheitsgrad, der eine Dimension zum Phasenraum des betrachteten dynamischen Systems beiträgt, besitzt einen Lyapunov-Exponenten, der ein Maß für das Verhalten benachbarter Trajektorien in dieser Komponente des Phasenraums darstellt. Ein positiver Lyapunov-Exponent bedeutet, daß in Richtung des zugehörigen Freiheitsgrades (genauer: des entsprechenden Eigenvektors) die Trajektorien divergieren. Über diese geometrische Anschauung hinaus ist die für uns in diesem Rahmen wichtige Kernaussage, daß ein positiver Lyapunov-Exponent als Kennzeichen für deterministisches Chaos gewertet werden kann.

Nachdem wir nun einige quantitative Methoden der nichtlinearen Zeitreihenanalyse kennengelernt haben, lohnt es sich, noch einmal einen konzeptionellen Vergleich der linearen und nichtlinearen Zeitreihenanalyse zu versuchen. Im allgemeinen ist der einer experimentellen Zeitreihe zugrunde liegende Mechanismus nicht oder nur unvollständig bekannt. Die erste wesentliche Entscheidung bei der Wahl der Analysewerkzeuge für die Dateninterpretation liegt darin, nach linearen oder nichtlinearen Mechanismen im Datensatz zu suchen. Am Beispiel der Autokorrelationsfunktion $R(k)$ haben wir diesen Unterschied zwischen linearen und nichtlinearen Analysemethoden ausführlich besprochen: Die Funktion $R(k)$ gibt den mittleren Grad der *linearen* Korrelation zweier Meßpunkte im Abstand k in der Zeitreihe an. Ist der Erzeugungsmechanismus der Zeitreihe nichtlinear, so führt die Anwendung dieser Methode im allgemeinen zu falschen Ergebnissen. Grundsätzlich finden wir also folgendes Schema vor (vgl. Abb. 4.23): Das System selbst ist in seiner Struktur, also den für die Dynamik verantwortlichen Mechanismen, entweder linear oder nichtlinear. Diese Eigenschaft schlägt sich in der Zeitreihe nieder. Im Rahmen der Analyse, die mit linearen oder nichtlinearen Methoden durchgeführt werden kann, lassen sich dann einige der inneren Mechanismen des Systems erkennen und verstehen. Die Wahl der Methoden zeigt sich hier als interpretativer Schritt, der durchaus auf wenig signifikante und irreführende (im Fall der Betrachtung linearer Prozesse mit nichtlinearen Methoden) oder sogar falsche Ergebnisse führen kann. Hier liegt die eigentliche

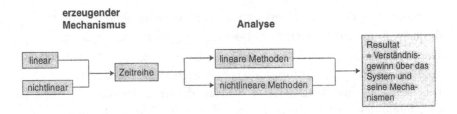

Abb. 4.23. Grundsätzliche Entscheidung bei der Wahl der Methoden für eine Zeitreihenanalyse. Eine Inkompatibilität von erzeugendem Mechanismus und Analysemethode kann zu falschen Schlußfolgerungen über das System führen (vgl. die Diskussion im Text)

Abb. 4.24. Universelles Konzept der (linearen und nichtlinearen) Zeitreihenanalyse (nach Abarbanel et al. 1993)

Bedeutung der Überprüfung von Analysemethoden mit Hilfe von Surrogatdaten, die in Kapitel 4.6 diskutiert wird, da auf diese Weise die Hypothese nichtlinearer Erzeugungsmechanismen auf ihre Haltbarkeit hin getestet werden kann (Schreiber 1999). Das *Konzept* der Analyse ist jedoch für den linearen und nichtlinearen Fall ziemlich gleich. Abb. 4.24 stellt diese Gedankenkette dar. Hinter dem ersten Punkt, dem Auffinden des Signals, verbergen sich die verschiedenen Verfahren der Rauschunterdrückung und Datenglättung. Hier bestehen im Rahmen der für uns relevanten Methoden keine Unterschiede zwischen dem linearen und nichtlinearen Fall. Der zweite Punkt unterscheidet sich jedoch ganz wesentlich. Die herausragende Methode der linearen Datenanalyse, die Fouriertransformation, führt bei nichtlinearen Systemen meist auf schwer interpretierbare Spektren, die nicht von einzelnen charakteristischen Frequenzen dominiert werden. Im linearen Fall stellen diese Frequenzen gerade die geeigneten Kenngrößen dar, die am Ende einer quantitativen Analyse stehen. Für die nichtlineare Analyse führt der Weg zu einem geeigneten Raum im allgemeinen über das Einbettungsverfahren. Dabei ist es wichtig, die Abhängigkeit der Einbettung von dem Versatz τ und der Einbettungsdimension E genau zu untersuchen, beziehungsweise spezielle Verfahren[9] aus der Li-

---

[9] Eine Möglichkeit zur Bestimmung von τ ist z.B. der erste Nulldurchgang der Korrelationsfunktion (Abarbanel et al. 1993).

teratur zur Festlegung dieser Größen anzuwenden. Das mathematische Verfahren funktioniert prinzipiell natürlich für weite Bereiche in τ und E. Aus praktischen Gründen sind jedoch einige Auswahlkriterien zu beachten:

- Ein zu kleines τ kann bei hoher Sampling-Rate der Zeitreihe auf fast identische Komponenten in den Vektoren führen. Der Attraktor entfaltet sich dann auch bei hoher Einbettungsdimension E nicht vollständig und Nachbarbetrachtungen führen auf unbrauchbare Resultate.
- Wird τ zu groß gewählt, sind die Komponenten statistisch nahezu unabhängig und können nicht mehr in ausreichendem Maß die erzeugenden Prozesse widerspiegeln.
- Mathematisch ist zur Entfaltung des rekonstruierten Attraktors eine Einbettungsdimension von $E > 2D_A$ mit der Attraktordimension D_A hinreichend (Schreiber 1999, Takens 1981). Diese Abschätzung für E ist jedoch im allgemeinen viel zu groß. Da der Rechenzeitaufwand zur Bestimmung der nächsten Nachbarn exponentiell mit der Raumdimension anwächst, sollte man E möglichst niedrig wählen.

Der dritte Punkt in dem oben aufgeführten Analyseschema, die Bestimmung invarianter Kenngrößen, ist bereits erwähnt worden. Im linearen Fall und oft auch als eine unterstützende Größe bei nichtlinearen Systemen sind dies die Eigenfrequenzen, die sich als Peaks im Fourierspektrum zeigen. Die wichtigsten Kenngrößen für die nichtlineare Analyse sind die Korrelationsdimension und das Spektrum von Lyapunov-Exponenten. Den Lyapunov-Exponenten kommt, wie wir gesehen haben, eine besondere Rolle bei der Unterscheidung von chaotischen und nicht-chaotischen Prozessen zu. Sie messen den Grad der Konvergenz oder Divergenz von benachbarten Bahnen im Phasenraum. Der letzte Vorgehenspunkt, die Modellbildung, ist in seiner Ausgestaltung relativ frei. Für lineare Systeme bedeutet er vor allem AR-, MA- oder ARMA-Modellierungen, im nichtlinearen Fall steht die gesamte Bandbreite an Modellierungstechniken der nichtlinearen Dynamik zur Verfügung, also vor allem die Gegenstände der Kapitel 2 und 3.

Bevor wir einige explizite Beispiele für nichtlineare Analysen besprechen, soll hier noch ein weiterer Begriff der nichtlinearen Zeitreihenanalyse eingeführt werden, die *Vorhersagbarkeit* (engl. *predictability*). Vorhersagen zu treffen ist eine wichtige Anwendung der Zeitreihenanalyse.

Bei linearen Analysen verwendet man dazu z.B. die an die Daten angepaßten ARMA-Modelle, allerdings bei Systemen mit einer komplexen
Dynamik mit äußerst begrenztem Erfolg. Im nichtlinearen Fall gibt es
ein nahezu unbegrenztes Repertoire an Methoden, deren Entwicklung
ihren Höhepunkt Mitte der neunziger Jahre im Santa-Fe-Wettbewerb[10]
fand (Weigend u. Gershenfeld 1996). Die Vorhersagbarkeit (im Gegensatz zur Vorhersage selbst) geht noch einen Schritt weiter, da sie sich
als eine fundamentale Systemeigenschaft, ähnlich wie Dimension und
Eigenfrequenz, auffassen läßt. Die einzige Einschränkung dieser weitreichenden Aussage liegt darin, daß der wirkliche Zahlenwert bei einer
Quantifizierung dieser Eigenschaft natürlich (im Gegensatz z.B. zur
Dimension) vor dem expliziten mathematischen Verfahren seiner Bestimmung abhängt.

Ein geeigneter Ansatz (Sugihara u. May 1990, Schreiber 1999) geht
erneut von der Nachbarschaft im Einbettungsraum $\mathcal{E}$ aus. Man teilt
die Zeitreihe in zwei Hälften (nach geeigneter Vorbehandlung, etwa
dem Eliminieren von Trends und möglicherweise einer Rauschunterdrückung), von denen die eine als "Datenbank" im Einbettungsraum
und die andere als "Vorherzusagende" verwendet wird. Die Einbettung
der einen Hälfte führt auf die Nachbarschafts-Datenbank. Ziel ist nun,
ausgehend von einem Datenpunkt $x(t)$ eine Vorhersage für den Wert θ
Zeitschritte später, $x(t + \theta)$, zu machen. Die Kernidee des Verfahrens
ist, daß diese Vorhersage auf der Grundlage der k nächsten Nachbarn
im Einbettungsraum erfolgen kann, von denen man ja die zukünftige Entwicklung kennt, da sie Teil der "Datenbank" sind. Ein erster
Ansatz wäre dann

$$x_{\text{pred}}(t + \theta) = \frac{1}{k} \sum_{i=1}^{k} x(t_i + \theta) \,, \qquad (4.22)$$

wenn die $x(t_i)$, $i = 1, \ldots, k$, die k nächsten Nachbarn des Punktes $x(t)$
im Raum $\mathcal{E}$ sind. Kurz gefaßt steckt dahinter die Idee, daß Punkte einer
Zeitreihe mit ähnlichen Vorgeschichten auch ähnliche zukünftige Entwicklungen haben können. Ausgehend von Gleichung (4.22) sind nun
viele Verfeinerungen dieses prinzipiellen Verfahrens denkbar. So kann
man zum Beispiel die einzelnen Summanden noch mit dem Abstand

---

[10] Santa Fe Time Series Prediction and Analysis Competition. Dort wurden Teile von Zeitreihen veröffentlicht mit dem Auftrag, Vorhersagen für das fehlende
Stück zu machen. Über die Erzeugungsmechanismen gab es keine Informationen.
Die Zeitreihen reichten von den Wechselkursen verschiedener Währungen bis zu
einer (unvollendeten) Fuge von J.S. Bach.

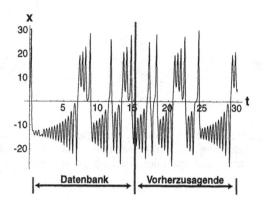

Abb. 4.25. Zerlegung einer Zeitreihe zur Anwendung des im Text beschriebenen Vorhersageverfahrens. Durch den direkten Vergleich vorhergesagter Elemente der Zeitreihe auf der Grundlage der Datenbank mit der realen Entwicklung, die durch die Vorherzusagenden (also die zweite Hälfte der Zeitreihe) gegeben ist, läßt sich die Vorhersagbarkeit als charakteristische Kenngröße einer Zeitreihe berechnen

vom Punkt $x(t)$ gewichten, so daß ein Punkt $x(t_i)$ um so stärker zu der Vorhersage beiträgt, je näher er im Einbettungsraum dem Punkt $x(t)$ ist. Als Gewichtungsfaktor könnte man den Kehrwert des Abstandes verwenden. Geeigneter ist aber eine exponentielle Gewichtung, da dann weit entfernte Punkte noch stärker unterdrückt werden. Die entsprechende mathematische Form der Vorhersage ist

$$x_{\text{pred}}(t + \theta) = \frac{1}{C_k(t)} \sum_{i=1}^{k} \exp\left[-\Delta\left(\vec{x}(t),\ \vec{x}(t_i)\right)\right] x(t_i + \theta)$$

mit der Abstandsfunktion Δ aus Gleichung (4.19) und einem Normierungsfaktor

$$C_k(t) = \sum_{i=1}^{k} \exp\left[-\Delta\left(\vec{x}(t),\ \vec{x}(t_i)\right)\right].$$

In der Praxis sieht dieses Verfahren folgendermaßen aus. Man zerlegt die gegebene Zeitreihe von Hand in zwei Hälften (Abb. 4.25). Mit der ersten, der Datenbank, wird eine Einbettung durchgeführt. Dabei wird die Dimension E des Einbettungsraums von Hand festgelegt, ebenso wie der Versatz τ. Durch Anwenden von Gleichung (4.22) erhält man nun Vorhersagen für die Zeitentwicklung der zweiten Hälfte. Dabei tritt ein weiterer Parameter auf, den man zu diskutieren hat, nämlich die Vorhersagedauer, also der zeitliche Abstand θ. Nun kann man schon eine erste graphische Darstellung des so erzielten Ergebnis-

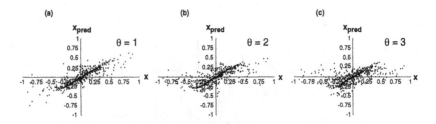

Abb. 4.26. Langsames Verschwinden der Korrelation von vorhergesagten und realen Elementen bei Erhöhung der Vorhersagedauer θ in den Korrelationsdiagrammen. Die "Daten" wurden mit Hilfe des Lorenz-Systems erzeugt

ses erreichen, indem man einen sogenannten Scatter-Plot (man findet in der Literatur auch die Bezeichnung "Korrelationsdiagramm", siehe z.B. Schlittgen u. Streitberg 1998) der echten Datenpunkte und der vorhergesagten Datenpunkte erzeugt. Dazu trägt man die entsprechenden Zahlenpaare in ein Koordinatensystem aus echten und vorhergesagten Daten ein. Hier stellt sich die Idee unseres Verfahrens besonders deutlich dar: Das Ziel ist nicht, eine angemessene Vorhersage für die zukünftigen Zeitschritte eines bestimmten Punktes der Zeitreihe zu ermitteln, sondern vielmehr zu überprüfen, ob und mit welcher Qualität eine auf der Grundlage der anderen Punkte getroffene Vorhersage tatsächlich zutrifft. In Abb. 4.26 sind Beispiele für solche Korrelationsdiagramme für verschiedene Vorhersagezeiten dargestellt. Ausgangspunkt waren Zeitreihen zum Lorenz-System. Man sieht, wie die Korrelation zwischen den vorhergesagten und den wirklichen Datenpunkten mit wachsender Vorhersagezeit schwächer wird. Ebenso ist aus Abb. 4.26 allerdings zu erkennen, daß dieses Verfahren noch einer weiteren Quantifizierung bedarf. Der Unterschied zwischen den Abbildungen 4.26(a) und (c) ist erkennbar, von seiner Größe her, zum Beispiel verglichen mit dem Unterschied zwischen den Abbildungen (a) und (b), jedoch schwer einzuschätzen. Benötigt wird also ein Maß für die *Korrelation* zwischen den vorhergesagten und den wirklichen Datenpunkten. Wie es der Begriff nahelegt, läßt sich tatsächlich der übliche Korrelationskoeffizient r_C dazu verwenden. Man kann dann die Abhängigkeit dieser Größe von der Vorhersagedauer θ untersuchen. Im nächsten Kapitel werden Beispiele solcher Verläufe gegeben.

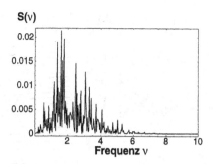

Abb. 4.27. Powerspektrum der Zeitreihe aus Abb. 4.18 zum Lorenz-System. Dargestellt ist das Betragsquadrat $S(\nu)=|\phi(\nu)|^2$ der Fouriertransformierten $\phi(\nu)$ als Funktion der Frequenz ν

4.4 Anwendungsbeispiele

Nachdem wir nun einige lineare und nichtlineare Methoden kennengelernt, die konzeptionellen Ähnlichkeiten und Unterschiede besprochen und einige praktische Aspekte im Umgang mit der Einbettung zusammengestellt haben, ist der nächste wichtige Schritt, sich anhand einiger einfacher Beispiele an die Handhabung der neuen Konzepte zu gewöhnen. Dazu betrachten wir zuerst eine Zeitreihe zum Lorenz-System. In Abb. 4.27 ist das Powerspektrum zu einer Zeitreihe dargestellt, die durch numerische Integration der Lorenz-Gleichungen und ein diskretes Sampling erzeugt wurde (vgl. Abb. 4.18). Auffallend ist, daß das Spektrum nicht nennenswert einfacher ist als die ursprüngliche Zeitreihe. Damit ist klar, daß der Fourierraum nicht der geeignete Darstellungsraum zur Analyse dieses Systems ist, und es ist ratsam, zum Einbettungsverfahren überzugehen. Wir hatten gesehen, daß sich schon bei einer Einbettungsdimension von $E = 3$ eine relativ stabile geometrische Figur ergibt, die den Attraktor gut approximiert. Auf der Grundlage dieser Information können wir nun die weiteren Mechanismen anwenden, vor allem die (numerische) Berechnung des Korrelationsintegrals und die Extraktion der Korrelationsdimension. Wie im vorangegangenen Kapitel diskutiert, ist keinesfalls sichergestellt, daß die Korrelationsdimension unabhängig vom Radius r ist, daß also der Dimensionsansatz, Gleichung (4.21), die r-Abhängigkeit des Korrelationsintegrals korrekt beschreibt. Daher ist es sinnvoll, die extrahierte Korrelationsdimension stets mit ihrer (verbleibenden) r-Abhängigkeit darzustellen. Das Verfahren kann angewendet werden, wenn sich über einen größeren Bereich von r ein stationäres Verhalten der Korrelati-

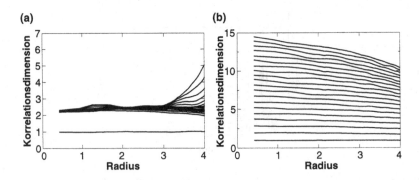

Abb. 4.28. Korrelationsdimension D als Funktion des Radius r im Einbettungsraum für verschiedene Einbettungsdimensionen E. Für das Lorenz-System (a) ergibt sich eine schnelle und deutliche Konvergenz mit wachsendem E, während weißes Rauschen (b) auf eine Abfolge nahezu äquidistanter Linien führt, bei denen keine Sättigung zu beobachten ist. Die Einbettungsdimension E wurde zwischen $E = 1$ und $E = 20$ variiert

onsdimension ergibt. In Abb. 4.28(a) ist die Korrelationsdimension D als Funktion des Radius r für verschiedene Einbettungsdimensionen E dargestellt. Man erkennt, daß der Wert über einen weiten Bereich von r konstant ist. Ebenso sieht man eindeutig die Sättigung bei einer Dimension D zwischen 2 und 3 . Dieses Resultat ist einer der größten Erfolge der nichtlinearen Zeitreihenanalyse. Es ist bei weitem nicht offensichtlich, daß sich aus einer einfachen Zeitreihe in *einer* dynamischen Variablen in guter Näherung die ungefähre Zahl der beteiligten Freiheitsgrade extrahieren läßt. Der Wert von D läßt sich in der Praxis tatsächlich als eine Approximation der Zahl von Differentialgleichungen interpretieren, die zur Modellierung der beobachteten Dynamik unbedingt notwendig sind. Als zweites, ebenso extremes Beispiel soll hier nun Rauschen untersucht werden, also der Fall eines völligen Fehlens eines deterministischen Signals. Abb. 4.28(b) zeigt die entsprechende r-Abhängigkeit der Korrelationsdimension D. Eine Sättigung ähnlich wie beim Lorenz-System tritt auch bei recht großen Werten für E nicht auf. Damit ist klar, daß wir es mit einem System von sehr großer Dimension zu tun haben.

Ein instruktiver (und häufig beschrittener) Weg zum Test der Aussagekraft neuer Methoden der Datenanalyse ist die Anwendung auf Börsendaten, da dort eine große Menge nichttrivialer Zeitreihen vorliegt, die das gesamte Repertoire an Komplikationen besitzen: nichtlineare Systeme, lokale Trends, Fluktuatio-

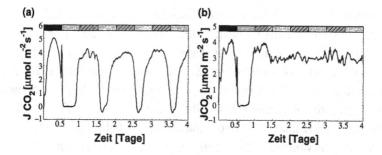

Abb. 4.29. Beispiele für die beiden großen dynamischen Regime des CAM. Gezeigt sind die Netto-CO_2-Austauschraten (Gaswechselkurven) im rhythmischen (a) und arrhythmischen (b) Bereich. Im oberen Teil der beiden Diagramme ist der Beleuchtungsstatus (Licht, Dunkelheit) als Balken angegeben. Die Pflanze wurde in beiden Fällen nach einer Hell-Dunkel-Adaptation ins Dauerlicht überführt. Weitere Informationen zu diesen Experimenten und ihrer biologischen Interpretation finden sich zum Beispiel in (Lüttge u. Beck 1992)

nen, einige deterministische Aspekte, Reaktionen auf äußere Einflüsse, hohe Dimensionalität. Solche Daten sind über das Internet leicht erhältlich (zum Beispiel über www.taprofessional.de, www.gsc-research.de/chartcheck/index.html oder www.boerse-go.de). Daher sei jedem empfohlen, als äußerst lohnenswerte Übung einige der besprochenen Methoden dort selbst auszuprobieren.

Als ein letztes, in vielen Einzelheiten ausformuliertes Anwendungsbeispiel sollen diese begrifflich recht anspruchsvollen Methoden auf experimentelle Daten aus der Biologie angewendet werden. Dazu betrachten wir erneut das botanische Modellsystem einer biologischen Uhr, das wir bereits in Kapitel 1.2.3 als Beispiel für eine Datenanalyse durch Anpassung mathematischer Funktionen kennengelernt haben: den Crassulaceen-Säurestoffwechsel (CAM). Frühere Studien haben gezeigt, daß beim Überschreiten einer bestimmten Schwellentemperatur die Gaswechselkurve (also die Netto-CO_2-Austauschrate) beim CAM reversibel vom rhythmischen in einen arrhythmischen Bereich wechselt (Abb. 4.29, siehe z.B. Lüttge u. Beck 1992). Dieses aus der Sicht der nichtlinearen Dynamik sehr interessante arrhythmische Verhalten wurde in der Forschung zum CAM lange Zeit vernachlässigt und eher als ein unphysiologisches Randphänomen empfunden. Im Laufe der letzten Jahre haben sich Forschungsarbeiten nun explizit damit beschäftigt, dieses arrhythmische Gaswechselmuster mit Methoden der nichtlinearen Zeitreihenanalyse zu untersuchen und eine umfassende mathematische Modellbeschreibung des CAM anzustreben (Blasius 1997, Blasius et al. 1997, Beck et al. 2001). Ein Antrieb hinter der ausführlichen Analyse dieser Zeitreihen war die Vermutung, das arrhythmische Gaswechselmuster könne ein Beispiel für deterministisches Chaos sein. Zwar mußte diese Vermutung schließlich verworfen werden, aber die Analyse selbst gibt einen tiefen Einblick in die Methoden der nichtlinearen Zeitreihenanalyse und ihre Grenzen.

Die drei zu analysierenden Zeitreihen, eine aus dem rhythmischen und zwei aus dem arrhythmischen Bereich, sind in Abb. 4.30 dargestellt. Es fällt auf, gerade auch im Vergleich zu den Ausschnitten aus anderen Zeitreihen, etwa wie sie in Abb. 4.29 zu sehen sind, daß das System eine sehr hohe Variabilität aufweist. Schon der Wertebereich der Ordinate unterscheidet sich erheblich. Ebenso ist nicht klar zu erkennen, in welchem Maße hier wirklich eine stationäre Zeitentwicklung vorliegt. Zudem scheint sich die Schwellentemperatur, die das rhythmische Gaswechselmuster von dem arrhythmischen Verhalten trennt, zu unterscheiden, da im einen Fall bei 25°C ein rhythmisches Verhalten vorliegt (Abb. 4.29(a)), in dem anderen Fall jedoch nicht (Abb. 4.30(b)). Es ist zwingend notwendig, solche Fragen ausführlich zu diskutieren, entsprechende mathematische Untersuchungen (zum Beispiel der Stationarität der Zeitreihe) durchzuführen und möglicherweise durch Folgeexperimente einen höheren Grad von Verläßlichkeit bestimmter Verhaltensmuster herbeizuführen (siehe z.B. Blasius 1997). An dieser Stelle soll jedoch nun die reine Analyse im Vordergrund stehen. Eine bei rhythmischen Phänomenen naheliegende erste Betrachtung ist die Fouriertransformation. In Abb. 4.31 sind die Beträge der Amplituden für die drei Zeitreihen aus Abb. 4.30 in Form von Powerspektren dargestellt. In allen drei Fällen ist die circadiane ("tagesähnliche") Oszillation (bei $\omega=1$ in Einheiten von 24 Stunden) eindeutig zu erkennen. Die arrhythmischen Zeitreihen zeichnen sich zudem durch eine deutliche Überhöhung im mittleren Frequenzbereich (bis etwa $\omega=15$) aus. Die sehr hohen Frequenzen sind der Effekt von Meßrauschen (vgl. Kapitel 4.2). Es ist sinnvoll, den Versuch einer Attraktorrekonstruktion mit einer ersten Orientierung zu beginnen. Dazu dient zum Beispiel eine Einbettungsdimension $E=2$ unter Variation des Versatzes τ. Wir konzentrieren uns dabei auf die Zeitreihen aus Abb. 4.29(a) und (c). Das Resultat ist in Abb. 4.32 dargestellt. Offensichtlich ist ein Versatz von nur einem Datenpunkt hier keinesfalls ausreichend, um den Attraktor zu entfalten. Während sich dann bei $\tau=12$ im rhythmischen Fall bereits

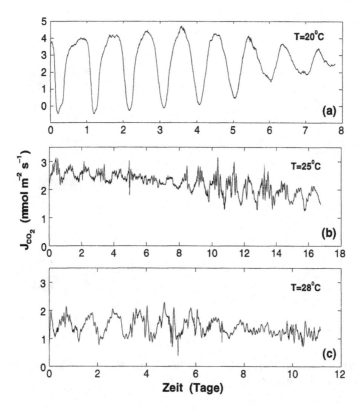

Abb. 4.30. Experimentelle Daten zum CAM als Ausgangspunkt für eine Zeitreihenanalyse. Gezeigt sind Gaswechselkurven im Dauerlicht bei verschiedenen Temperaturen. Die Abbildung wurde (Blasius 1997) entnommen

eine geometrische Figur ergibt, die an einen Grenzzyklus erinnert und auf eine schnelle Konvergenz bei weiterer Erhöhung von E hoffen läßt, ist im arrhythmischen Fall keine interpretierbare geometrische Struktur zu erkennen. Eine einfache Differenzengleichung scheidet damit als ein mögliches Modell aus. Wie in Kapitel 4.3 diskutiert, muß eine quantitative Analyse der Einbettung über die Korrelationsdimension erfolgen, die sich aus der Steigung des Korrelationsintegrals ergibt. In Abb. 4.33 ist das Ergebnis einer solchen Analyse der Korrelationsdimension für die drei CAM-Zeitreihen aus Abb. 4.30 angegeben. Bei einer oberflächlichen Betrachtung fällt vor allem die Sättigung bei einer Korrelationsdimension von $D \approx 3$ für die rhythmische Zeitreihe und $D \approx 5-6$ für die beiden arrhythmischen Zeitreihen auf. Dieses Ergebnis hat lange zu der Interpretation geführt, daß erstens die zugrunde liegende Dynamik sich wesentlich beim Wechsel zwischen rhythmischem und

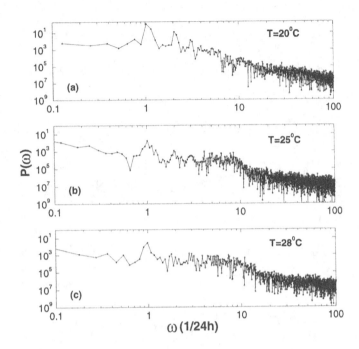

Abb. 4.31. Powerspektren der Zeitreihen aus Abb. 4.30 in einer doppelt-logarithmischen Darstellung (aus Blasius 1997)

arrhythmischem Zeitverhalten ändert, sogar in der Zahl der an der Dynamik beteiligten Freiheitsgrade, und zweitens das arrhythmische Verhalten niedrigdimensional erzeugt wird, also als deterministisches Chaos verstanden werden kann (vgl. Blasius et al. 1999a). Aus heutiger Sicht sind beide Schlußfolgerungen so nicht haltbar. Zu dieser Erkenntnis kam man, als eine vollständige Beschreibung der Dynamik des CAM mit einem System aus vier gekoppelten nichtlinearen Differentialgleichungen gelang (Blasius et al. 1999c, Lüttge 2000). Dieser Befund steht in äußerstem Widerspruch zu der Beteiligung von mindestens sechs dynamischen Freiheitsgraden, die durch die Analyse der Korrelationsdimension nahegelegt wird. Auf der Ebene der reinen Datenanalyse vermag allerdings erst der nächste Schritt, die Diskussion der Vorhersagbarkeit der CAM-Zeitreihen, einen konkreten Hinweis darauf zu geben, daß hinter dem arrhythmischen Verhalten ein stochastischer Mechanismus steht. In Abb. 4.34 ist der Korrelationskoeffizient zwischen realen und vorhergesagten Datenpunkten als Funktion der Vorhersagedauer für die rhythmische Zeitreihe und die längere der

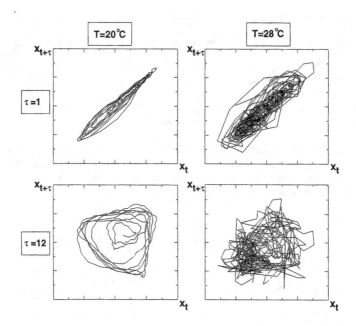

Abb. 4.32. Erste Orientierung zur Attraktorrekonstruktion. Für eine rhythmische und eine arrhythmische Zeitreihe ist eine Einbettung in zwei Dimensionen für zwei verschiedene Werte des Versatzes dargestellt, nämlich $\tau=1$ und $\tau=12$ (aus Blasius 1997)

beiden arrhythmischen Zeitreihen aufgetragen. Zum Vergleich ist auch noch das entsprechende Verhalten eines chaotischen Systems, nämlich einer mit der logistischen Differenzengleichung für $R=3.9$ erzeugten Zeitreihe (vgl. Kapitel 2.1.5), und von weißem Rauschen dargestellt. Die ganz charakteristische Eigenschaft eines chaotischen Verhaltens, die kurzfristige Vorhersagbarkeit, fehlt in der arrhythmischen CAM-Zeitreihe vollkommen. Tatsächlich ähnelt der Verlauf vielmehr dem Fall weißen Rauschens. Doch warum schlägt die Analyse der Korrelationsdimension fehl? Aufdecken läßt sich die implizite Täuschung hinter der Anwendung dieses Verfahrens nur schwer und die Betrachtungen leiten zum nächsten Kapitel über, den Schwierigkeiten und Grenzen der nichtlinearen Zeitreihenanalyse. Der biologische Hintergrund für das Fehlschlagen der Dimensionsbestimmung im Fall der arrhythmischen CAM-Zeitreihen liegt sicherlich in der Beimischung von stochastischen Effekten. Schon beim Lorenz-System kann man verfolgen, wie das Hinzufügen eines relativ schwachen additiven Rausch-

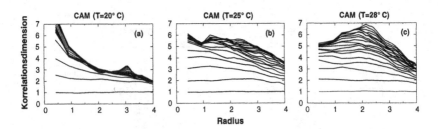

Abb. 4.33. Die Korrelationsdimension D als Funktion des Radius r für verschiedene Werte der Einbettungsdimension E. Die Ergebnisse dieser Analyse sind für die drei CAM-Zeitreihen aus Abb. 4.30 angegeben (Abbildungen (a) bis (c)). Die Abbildung stammt aus (Blasius 1997)

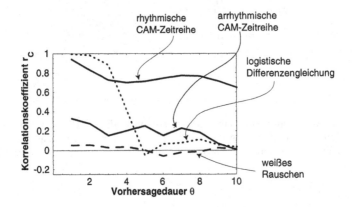

Abb. 4.34. Quantifizierung der Vorhersagbarkeit mit Hilfe des Korrelationskoeffizienten r_C zwischen vorhergesagten und realen Elementen der Zeitreihe in Abhängigkeit der Vorhersagedauer θ. Für weißes Rauschen *(gestrichelte Linie)* ist dieser Korrelationskoeffizient nahezu Null unabhängig von der Vorhersagedauer, während das chaotische System *(gepunktete Linie)* bei einer Vorhersagedauer von etwa drei Zeitschritten ein plötzliches Absinken der anfänglich sehr hohen Korrelation auf fast Null aufweist. Ebenfalls eingezeichnet sind die entsprechenden Verläufe für die experimentellen Daten zum CAM

terms die Konvergenz der Korrelationsdimension mit wachsendem E vermindert, siehe Abb. 4.35.

4.5 Methodische Schwierigkeiten

Die Grenzen der Anwendung *linearer* Analysemethoden sind in den meisten Fällen recht klar ersichtlich. Es leuchtet zum Beispiel unmittelbar ein, daß einfache AR-Modelle bei nichtlinearen Systemen

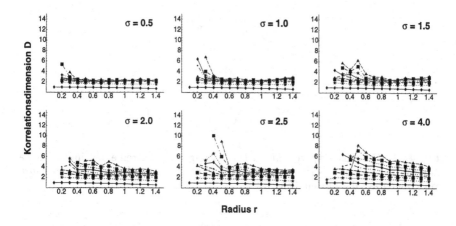

Abb. 4.35. Abschwächung der Konvergenz der Korrelationsdimension D beim Lorenz-System durch additives Rauschen. Dabei wurde in jedem Zeitschritt der numerischen Integration Rauschen in Form einer gaußverteilten Zufallszahl (Mittelwert 0, Breite σ) zur dynamischen Variablen x addiert. Im Sinn unserer vorangegangenen Begriffsfestlegung entspricht dies einem dynamischen Rauschen. Die Rauschstärke σ wurde zwischen 0.5 und 4.0 variiert

meist auf Prognosen von nur geringer Aussagekraft und Zuverlässigkeit führen. Ebenso ist die Autokorrelationsfunktion *per constructionem* auf die Aufdeckung linearer Zusammenhänge eingeschränkt. Ähnliche Grenzen sind bei vielen nichtlinearen Verfahren nicht unmittelbar zu erkennen. Das folgende Gedankenexperiment zeigt jedoch ein grundsätzliches Problem vieler nichtlinearer Methoden am Beispiel der Einbettung einer Zeitreihe. Dazu betrachten wir N zufällig verteilte Punkte in einem Raum der Dimension E. Die Frage ist nun, wie sich die Punktdichte, also der Abstand der Punkte beim Übergang von E zu $E + 1$ ändert. Einen ersten Eindruck bekommt man beim Blick auf Abb. 4.36. Dort wurden in der Ebene zufällig verteilte Punkte auf die beiden Koordinatenachsen projiziert. Die drastische Verminderung des mittleren Abstandes bei diesem Übergang von $E = 2$ zu $E = 1$ ist deutlich zu erkennen. Ganz allgemein ist der mittlere Abstand der Punkte gegeben durch $\Delta_E = N^{-1/E}$. Für eine feste Zahl N von Punkten kann man nun die E-Abhängigkeit dieses Abstandes betrachten. Ein Beispiel ist in Abb. 4.37(a) angegeben. Der deutliche steile Anstieg von Δ_E mit der Einbettungsdimension ist klar zu erkennen. Für den Quotienten aus Δ_{E+1} und Δ_E, also die Änderung des mittleren Abstandes beim Übergang von E zu $E + 1$ hat man

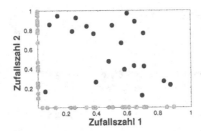

Abb. 4.36. Gedankenexperiment zur Einbettung einer Zeitreihe. Die in der Ebene verteilten Zufallszahlen besitzen einen erheblich größeren mittleren Abstand als ihre Projektionen auf die beiden Achsen

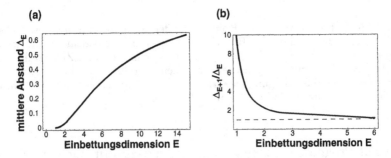

Abb. 4.37. Untersuchung des mittleren Abstandes zweier Punkte im Einbettungsraum in Abhängigkeit der Einbettungsdimension E. Abb. (a) zeigt Δ_E als Funktion von E für $N=1000$. In Abb. (b) ist der Quotient Δ_{E+1}/Δ_E als Funktion von E für $N=100$ dargestellt

$$\frac{\Delta_{E+1}}{\Delta_E} = \frac{N^{1/E}}{N^{1/(E+1)}} = N^{1/(E^2+E)} > 1 \, .$$

Der entsprechende Verlauf ist in Abb. 4.37(b) dargestellt. Offensichtlich (und vollkommen im Einklang mit der Intuition) vergrößert sich der mittlere Abstand erheblich bei einer Erhöhung der Dimension E, und entsprechend geringer wird die Konvergenz und statistische Verläßlichkeit der Nachbarschaftsbetrachtungen.

Es ist damit offensichtlich, daß die Methoden der nichtlinearen Zeitreihenanalyse äußerst hohe Anforderungen an die experimentellen Daten stellen. So ist es zwingend notwendig, für ein System mit vielen Freiheitsgraden (d.h. vielen dynamischen Variablen) eine so große Datenmenge zur Verfügung zu haben, daß die mathematischen Verfahren der Einbettung konvergieren. Gleichzeitig gibt es in diesem Feld nur wenige mathematische Theoreme, die auf reale Datensätze anwendbar sind, da die mathematischen Voraussetzungen (rauschfreie, unendlich lange, stationäre Zeitreihen) meist nicht einmal in guter Näherung erfüllt sind (Schreiber 1999). Die wichtigste mathematische Aussage, das Takens-Theorem (Takens 1981), das die topologische Äquivalenz des Attraktors mit dem durch Einbettung rekonstruierten Objekt beweist, unterliegt zum Beispiel dieser grundsätzlichen Einschränkung. Hinzu kommen eine Reihe von technischen Problemen, die die Durchführung einer solchen Analyse in der Praxis recht schwierig machen. So geht zum Beispiel mit der Einbettung einer Zeitreihe eine signifikante Rauschverstärkung einher, da der Einfluß des Rauschens auf *alle* Versatzkoordinaten die Position eines Punktes im Einbettungsraum sehr viel massiver verändern kann als den absoluten Wert des individuellen Punktes in der Zeitreihe. Eine solche Rauschverstärkung hat den Verlust an Rekonstruierbarkeit schneller dynamischer Variablen zur Folge (Casdagli et al. 1991, Malinetskii et al. 1993). Die große (auch theoretische) Schwierigkeit im Umgang mit den Verfahren der nichtlinearen Zeitreihenanalyse zeigt sich auch darin, daß die Literatur zur Wahl von τ und E sehr uneinheitlich ist (Liebert u. Schuster 1989, Buzug u. Pfister 1992, Kugiumtzis 1996). Die wenigen exakten Aussagen zu einem geeigneten Wertebereich der Einbettungsdimension E sind so allgemein, daß sie für praktische Anwendungen selten von Bedeutung sind. Nicht nur erfordert die Einbettung einer Zeitreihe sehr große Datensätze, sondern es ist zur Ermittlung der Dimension des Attraktors (Korrelationsdimension) wegen des Logarithmierens notwendig, Daten auf vielen verschiedenen Zeitskalen vorliegen zu haben, was gerade in der Untersuchung biologischer System oft auf unlösbare praktische Schwierigkeiten führt.

Neben den Anforderungen an die absolute Datenmenge führen zwei weitere Themenkomplexe zu großen methodischen Schwierigkeiten: Rauschen und die Verletzung der Stationarität. Nahezu alle experimentellen Daten weisen eine erhebliche Beimischung von Meßrauschen oder dynamischem Rauschen auf, das die Konvergenz zum Beispiel der Dimensionsbetrachtung verschlechtert oder sogar verhindert. Die bekannten Verfahren der Rauschunterdrückung stellen einen nicht zu unterschätzenden Balanceakt zwischen dem Eliminieren solcher Beimischungen und dem unerwünschten Beeinflussen der zugrunde liegenden Dynamik dar. Die wenigen Untersuchungen zur Bestimmung von dynamischen Kenngrößen einer verrauschten Zeitreihe mit nichtlinearen Methoden, die Anfang der neunziger Jahre durchgeführt worden sind, konnten die in sie gesetzten Erwartungen nicht erfüllen und unterliegen auch heute noch der Kritik, bestimmte Formen der Dynamik schlecht oder sogar falsch zu quantifizieren (Casdagli et al. 1991, Kennel u. Isabelle 1992, Smith 1992).

Bei der Bewertung einer Zeitreihe in bezug auf die Anwendbarkeit bestimmter Analyseverfahren wird die Bedeutung der Stationarität häufig unterschätzt. Stationarität ist zwingend erforderlich sowohl bei linearen als auch bei nichtlinearen Analysen. Allerdings ist ihr Nachweis technisch schwierig. Zwar existieren Verfahren zur Prüfung der Stationarität, jedoch liegen diesen verschiedenen Methoden sehr unterschiedliche Definitionen von Stationarität zugrunde (Priestley 1988). Die meisten dieser Verfahren erfordern zudem eine weitere Unterteilung der Zeitreihe (zum Beispiel für Moving-Window-Verfahren, Schreiber 1999) und bewirken so einen weiteren Qualitätsverlust. Eine interessante neue Tendenz, die aus der Dresdener Schule um Holger Kantz und Thomas Schreiber stammt, ist die Untersuchung der *Nicht*stationarität, um aus dem Grad der Stationaritätsverletzung weitere Schlußfolgerungen über die in der Zeitreihe enthaltene Dynamik zu ziehen (siehe z.B. Schreiber 1999, Kantz u. Schreiber 1998).

Insgesamt ist festzuhalten, daß die Entscheidung zwischen linearen und nichtlinearen Analyseverfahren stets in dem Spannungsfeld von komplexen erzeugenden Mechanismen und Datenqualität zu treffen ist. Ebenso wie lineare Verfahren eine nichtlineare Dynamik im allgemeinen falsch quantifizieren, kann das Anwenden nichtlinearer Verfahren auf eine Zeitreihe, deren Datenqualität nicht ausreicht, zu nicht interpretierbaren oder falschen Ergebnissen führen.

4.6 Exkurs: Kontrolle von Analysemethoden durch Surrogatdaten

In Kapitel 4.4 und 4.5 haben wir gesehen, daß reale Zeitreihen oft nicht vollständig die Voraussetzungen für die Anwendung der nichtlinearen Analysemethoden erfüllen. Zudem steht für eine ganz grundsätzliche Entscheidung bei der Methodenwahl, nämlich die Notwendigkeit, lineare oder nichtlineare Mechanismen zu postulieren, kein direkt anwendbares Kriterium zur Verfügung. In diesen Fällen ist die Methode der Surrogatdaten (engl. *surrogate data*) (Theiler et al. 1992) eine Hilfe. Die Kernidee ist, aus den ursprünglichen experimentellen Daten durch Randomisieren (also Auswürfeln) der Reihenfolge einen neu-

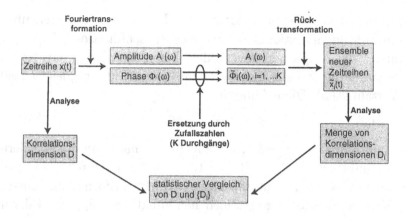

Abb. 4.38. Schema einer Überprüfung der Datenanalyse mit Surrogatdaten am Beispiel der Bestimmung der Korrelationsdimension D. Die durch Fouriertransformation und Phasenrandomisierung erzeugten neuen Zeitreihen durchlaufen dieselbe Analyse wie die ursprüngliche Zeitreihe. Ein statistischer Vergleich der so bestimmten Kenngrößen erlaubt Schlußfolgerungen über den nichtlinearen Charakter der ursprünglichen Zeitreihe

en Datensatz zu generieren, um dann mit denselben Analysemethoden zu untersuchen, welche Eigenschaften durch die Randomisierung verändert wurden. Für den konkreten Randomisierungsprozeß, also die Erzeugung der Surrogatdaten, sind in den letzten Jahren verschiedene Verfahren vorgeschlagen worden (Schreiber 1999, Schreiber u. Schmitz 1996). Während eine wirkliche Randomisierung der Reihenfolge für die meisten Untersuchungen eine zu erhebliche Abweichung vom Originaldatensatz erzeugt, ist 1992 von Theiler und Mitarbeitern (Theiler et al. 1992) ein Verfahren mit sehr viel größerem Anwendungspotential vorgeschlagen worden: die Phasenrandomisierung. Eine schematische Darstellung der Überprüfung einer Analyse mit Hilfe phasenrandomisierter Surrogatdaten ist in Abb. 4.38 angegeben. Dabei wird von einer konkreten nichtlinearen Analyse, der Bestimmung der Korrelationsdimension D, als Beispiel ausgegangen. Das primäre Ziel der Surrogatdaten-Methode ist festzustellen, ob eine aus der (postuliert nichtlinearen) Zeitreihe $x(t)$ extrahierte Observable D (z.B. die Korrelationsdimension) die Annahme der Nichtlinearität stützt. Dazu wird zuerst die komplexe Fouriertransformierte

$$y(\omega) = \frac{1}{\sqrt{2\pi}} \int_0^\infty x(t)\, e^{i\omega t} dt = A(\omega)\, e^{i\Phi(\omega)}$$

(bzw. ihre diskrete Approximation, vgl. Kapitel 4.2) ermittelt und in eine Amplitudenfunktion $A(\omega)$ und eine Phasenfunktion $\Phi(\omega)$ zerlegt. Während die Amplitude unverändert beibehalten wird, ersetzt man die Phase Φ für jedes ω durch eine im Intervall $[0, 2\pi]$ gleichverteilte Zufallszahl $\tilde{\Phi}(\omega)$. Diese Abbildung

$$\Phi(\omega) \quad \rightarrow \quad \tilde{\Phi}(\omega) \in [0, 2\pi] \quad \forall \omega$$

wird nun K-mal angewendet, was auf ein Ensemble von randomisierten Phasenfunktionen $\tilde{\Phi}_i(\omega)$ mit $i = 1, \ldots, K$ führt. Durch die entsprechende inverse Fouriertransformation (Rücktransformation) entsteht aus der Kombination der verschiedenen Funktionen $\tilde{\Phi}_i(\omega)$ mit der unveränderten Amplitudenfunktion $A(\omega)$ ein Ensemble neuer Zeitreihen $\tilde{x}_i(t)$. Entscheidend für ein tieferes Verständnis dieses Verfahrens ist, daß die Zeitreihen $\tilde{x}_i(t)$ dieselben *linearen* Korrelationen aufweisen wie die ursprüngliche Zeitreihe $x(t)$, da diese nur in die Amplitudenfunktion $A(\omega)$ einfließen (vgl. dazu auch Kapitel 4.1 und 4.2), die nichtlinearen Korrelationen jedoch durch die Phasenrandomisierung zerstört werden. Mit den neuen Zeitreihen $\tilde{x}_i(t)$ kann man nun dieselbe Analyse wie für $x(t)$ durchführen und gelangt zu einem Ensemble $\{ D_i | i = 1, ..., K \}$ von Observablen, die mit dem aus der Original-Zeitreihe gewonnenen Wert verglichen werden können. Bei großem K deckt im allgemeinen das Ensemble $\{ D_i \}$ ein durch bestimmte Werte D_{min} und D_{max} begrenztes Intervall weitestgehend gleichförmig ab. Auf dieser Grundlage läßt sich dann die folgende Fallunterscheidung formulieren, die das Endergebnis der Surrogatdaten-Methode darstellt: Liegt D in diesem Intervall, $D \in [D_{min}, D_{max}]$, so ist die Zeitreihe $x(t)$ in bezug auf diese Observable mit einer von Rauschen überlagerten linearen Dynamik verträglich, liegt jedoch D deutlich außerhalb dieses Intervalls, so muß man von einer nichtlinearen Dynamik ausgehen. Es ist klar, daß in vielen Anwendungen auf reale Daten die Situation von dieser idealisierten Fallunterscheidung erheblich abweicht. Häufig liegt D etwas, aber nicht sehr weit außerhalb des Intervalls $[D_{min}, D_{max}]$, das zudem nicht gleichmäßig aufgefüllt ist und einige "Ausreißer" aufweist, die man nicht zum Intervall rechnen kann. In solchen Fällen hilft oft eine statistische Analyse, deren Konfidenzintervall allerdings erheblich von $|D - D_{min}|$, $|D - D_{max}|$ und K abhängt.

5. Analyse raumzeitlicher Strukturen

5.1 Problemstellung

Eine faszinierende gegenwärtige Entwicklung in den Naturwissenschaften ist die Untersuchung raumzeitlicher Muster in Beobachtungen, die bisher als rein zeitliche Phänomene betrachtet worden sind (Cladis u. Palffy-Muhoray 1995, Nijhout et al. 1997, Blasius et al. 1999b). Moderne experimentelle Techniken erlauben es heute, die Rolle der räumlichen Dimension für die Dynamik des Gesamtsystems überzeugend nachzuweisen. Parallel zu den experimentellen Fortschritten sind in den letzten Jahren die entsprechenden theoretischen Methoden der Datenanalyse und Dateninterpretation entwickelt worden (Albino et al. 1996, Hütt u. Neff 2001). Die Bereitstellung solcher Methoden der Analyse experimenteller Daten ist ein eigenes, äußerst aktuelles Forschungsfeld mit einer fließenden Grenze zwischen Datenanalyse und Modellierung. Allerdings steht die Entwicklung von Methoden, die mit dem beachtlichen Repertoire der nichtlinearen Zeitreihenanalyse vergleichbar wären, für mehrdimensionale (raumzeitliche) Phänomene erst am Anfang. Das Ziel ist dabei stets die Formulierung von standardisierten, auf die Fragestellungen der Biologie zugeschnittenen Analysemethoden, die an theoretisch generierten raumzeitlichen Datensätzen getestet und geeicht werden können. Wie auch bei der Zeitreihenanalyse sind solche Methoden so universell, daß sie sich auf experimentelle Daten anwenden lassen, die auf verschiedenen Skalen (z.B. Membran - Pflanze - Ökosystem) gewonnen wurden. Die Hoffnung hinter solchen methodischen Arbeiten ist, daß auf dieser Basis dann grundsätzliche Eigenschaften der Selbstorganisation in biologischen Systemen herausgearbeitet werden können. Die Eichung der Analysemethoden an mathematischen Modellsystemen soll es erlauben, die *Signatur* bestimmter Dynamiken in den Observablen zu bestimmen. Diese Vorgehensweise gewährt Zugriff auf sehr globale theoretische Fragestellungen, etwa das Skalenverhalten der Observablen und ihre Eigenschaften in der Nähe von Phasenübergängen. Mit geeigneten, speziell auf die biologische Anwendung abgestimmten Analyseverfahren lassen sich Korrelationen in den dynamischen Variablen des Systems aufdecken und quantifizieren, so daß ein Zugriff auf intrinsische Parameter erfolgen kann, etwa auf Kopplungsstärken, Korrelationslängen und charakteristische Zeitkonstanten des Systems. Diese sehr knappe Aufzählung stellt allerdings eher ein größeres Forschungsprogramm dar als einen Bericht über abgeschlossene und in ihren Implikationen weitestgehend verstandene Arbeiten. Zur Zeit werden experimentelle raumzeitliche Daten in der Regel in Form von Momentaufnahmen (*"Snap-shots"*) als Bilder gegenübergestellt und dann qualitativ verglichen. Selten geschieht eine quantitative Aussage oder eine zielgerichtete Suche nach den (lokalen) Regeln des Selbstorganisationsprozesses.

Mit zellulären Automaten haben wir eine sehr suggestive Methode kennengelernt, die aus einem einfachen lokalen Regelwerk entstehende globale Dynamik eines Systems zu simulieren. Dabei zeigt sich, zum Beispiel im Forest-Fire-Modell, daß die raumzeitlichen Muster stark von den Parametern des Regelwerks abhängen. Es ist möglich, die Muster zu klassifizieren und verschiedene zusammenhängende Bereiche im Parameterraum zu bestimmen, die jeweils auf einen bestimmten Typ von Mustern führen. Hier nun ist der Gedankengang gerade umgekehrt. Im Experiment wird ein raumzeitliches Muster beobachtet, und das Ziel ist nun, die zugrunde liegenden Mechanismen der Selbstorganisation, also das Regelwerk aufzudecken. Die verschiedenen mathematischen und informatischen Methoden zur Klassifikation, zum quantitativen Vergleich und schließlich zur Aufklärung des Erzeugungsmechanismus sind Gegenstand dieses Kapitels. In der Praxis bedeutet der Weg zu den Organisationsmechanismen des Systems allerdings oft eine jahrelange Forschungsarbeit in Experiment und Analyse, so daß mit der konkreten Anwendung solcher Methoden auf einzelne Datensätze anfangs wesentlich pragmatischere Ziele verfolgt werden. Beispiele dafür sind:

- Extraktion bestimmter physiologisch relevanter Kenngrößen (z.B. Diffusionskonstanten, Korrelationslängen, Konstanten biochemischer und signaltransduktorischer Prozesse),
- Datenreduktion,
- Herstellung einer Vergleichbarkeit zwischen unterschiedlichen raumzeitlichen Datensätzen.

Während der erste Punkt weitestgehend selbsterklärend ist (Beispiele finden sich in Albino et al. 1996, Nijhout et al. 1997), verdienen die anderen beiden Ziele einen Kommentar. Raumzeitliche Datensätze sind häufig enorm groß. Für Langzeitexperimente wird daher oft eine Zwischenanalyse zur Reduktion der Datenmenge eingesetzt. Dabei soll der Datensatz mit einem geeigneten mathematischen Verfahren zu einer Zahl oder einer Sequenz von Zahlen kondensiert werden. Die zurückbehaltene Information könnte etwa die mittlere Korrelationslänge $\rho_C(t)$ zum Zeitpunkt t sein oder pro Zeitpunkt eine Liste von Koordinaten (Bildpunkten), die ein bestimmtes Kriterium erfüllen (z.B. einen Schwellenwert überschreiten). Auf diese Art läßt sich die anfallende Datenmenge reduzieren, allerdings in nicht umkehrbare Weise (im Gegensatz zu den auf der reinen Redundanz basierenden Komprimierungsverfahren, zum Beispiel *jpeg* oder *zip*, vgl. Jähne 1997). Ein anderer wichtiger Aspekt einer ersten Analyse ist der Versuch, eine Vergleichbarkeit zwischen Datensätzen herzustellen. Dazu kann zum Beispiel die gemessene Matrix $M(t)$ zum Zeitpunkt t durch Anwenden einer mathematischen Operation O zu einer Observablen $\Omega_t = \mathrm{O}\,[M(t)]$ kondensiert werden, um mit dieser Größe Ω_t dann die Möglichkeit eines quantitativen Vergleichs mit einem unter anderen Bedingungen gemessenen Datensatz zu haben.

Die fünf grundsätzlichen methodischen Herangehensweisen an raumzeitliche Datensätze sind in Tabelle 5.1 aufgeführt. Während Bildanalyseverfahren und Fouriermethoden schon in größerem Maße zum Einsatz kommen, werden Methoden der fraktalen Geometrie und der Informationstheorie bei der Analyse raumzeitlicher Datensätze in der Biologie immer noch äußerst selten angewendet. Diesen großen Methodenblöcken sind daher Einzelkapitel gewidmet (Kapitel 6 bzw. 7). Eine gut verständliche und theoretisch äußerst fundierte Darstellung von Techniken der Bildanalyse ist zum Beispiel das Lehrbuch von Jähne (Jähne 1997). In Kapitel 5.2 werden einige Kernideen der klassischen Bildanalyse in aller Kürze besprochen. Hinter dem Begriff der Wavelet-Analyse verbirgt sich eine – gerade auch in den angewandten Naturwissenschaften gebräuchliche – geschickte Verallgemeinerung der Fourieranalyse. Dabei werden die Basisfunktionen der Fouriertransformation, also Sinus und Kosinus, durch allgemeinere *Testfunktionen* ersetzt und die Stärke, mit der diese Funktionen zum Signal beitragen, bestimmt. Einführungen in diese Analyse sind (Bachman et al. 2000) und (Kaiser 1994). Für den rein zeitli-

Tabelle 5.1. Verschiedene Methoden der Analyse raumzeitlicher Datensätze und ihre Zielsetzungen

Methode	Grundidee	Kapitel
Fourieranalyse, Wavelet-Analyse	Eigenfrequenzen in Raum und Zeit, Zerlegung nach Basisfunktionen	4.2
fraktale Geometrie	Suche nach Selbstähnlichkeit und Kritizität	6.2, 6.3
klassische Bildanalyse	Ermittlung von Wellenfronten, verschiedene Formen der Mustererkennung	5.2
Methoden der Informationstheorie	Verallgemeinerung der Entropie, Suche nach Informations- transfer in Raum und Zeit	7.1, 7.2
Analyse durch zelluläre Automaten	Untersuchung von Nächst-Nachbar-Beziehungen, Systematik von Nachbarschaften	5.3

chen Fall existiert auch ein sehr klares Tutorial im Internet, unter www.amara.com/current/wavelet.html.

5.2 Raumzeitliche Verallgemeinerungen zeitlicher Methoden und Elemente der klassischen Bildanalyse

Die enorme Schwierigkeit der raumzeitlichen Datenanalyse wird an einem einfachen Beispiel sofort klar: Abb. 5.1 zeigt zwei Momentauf- nahmen aus einem raumzeitlichen Datensatz.[1] Offensichtlich unter- scheiden sich die beiden Bilder. Es ist jedoch überhaupt nicht klar, wo und in welchem Maße hier Unterschiede auftreten. Noch viel weniger zugänglich erscheint es, die Frage nach den Mechanismen der Ände- rung (bzw. der Dynamik) aus den Daten heraus zu beantworten. Das Problem dieser Fragestellung werden wir uns nun noch einmal an einem wichtigen theoretischen Modellsystem, dem sogenannten *Ising-Modell*, vor Augen führen. Das Ising-Modell ist ein dynamischer Mechanismus der (im einfachsten Fall) auf ein quadratisches Gitter angewendet wird, wobei jedem Gitterpunkt (ij) ein Wert $s_{ij} \in \{-1, 1\}$ zugewiesen ist

---

[1] Hierbei handelt es sich um Messungen der Chlorophyllfluoreszenzaktivität auf einem Pflanzenblatt (Rascher 2001), also um tatsächliche experimentelle Daten und nicht um Simulationsergebnisse.

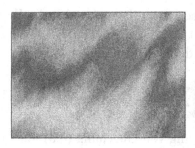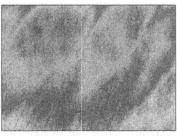

Abb. 5.1. Zwei Beispielbilder aus einem raumzeitlichen Datensatz zur Fluoreszenzaktivität eines Pflanzenblattes. Die Meßwerte sind hier durch Graustufen dargestellt. Dabei entsprechen dunkle Bildpunkte einer geringeren Aktivität. Details zum Meßverfahren, zum biologischen Phänomen und weitere experimentelle Daten finden sich in (Rascher 2001)

(Baxter 1982, McCoy u. Wu 1973). Ebenso wie die räumlichen Koordinaten ist in diesem Modell auch die Zeit diskretisiert. Eine Energiefunktion

$$\mathcal{H} = -J \sum_{i,j} \sum_{b \in \mathcal{N}_{ij}} s_{ij} \cdot b, \tag{5.1}$$

in die für jedes Element s_{ij} ein Wechselwirkungsterm (Produkt) mit einem Element b aus der Nachbarschaft $\mathcal{N}_{ij}$ des Elementes (ij) eingeht, stellt die Grundlage für eine thermodynamische Behandlung dieses Systems dar. Die Größe J ist die Kopplungsstärke benachbarter Gitterpunkte. Wie bei jedem Modell mit wohldefinierter Energiefunktion erfolgt auch hier die thermodynamische Formulierung durch Aufstellen von Übergangswahrscheinlichkeiten von einem Zustand 1 in einen Zustand 2,

$$p_{12} = \exp\left(-\frac{\Delta\mathcal{H}}{k_B T}\right), \tag{5.2}$$

wobei $\Delta\mathcal{H}$ die Energiedifferenz zwischen den Zuständen 1 und 2 ist und T die Temperatur und k_B die Boltzmann-Konstante bezeichnet. Wie in Kapitel 3.4 bereits angedeutet stellt Gleichung (5.2) eine der Schlüsselbeziehungen der Thermodynamik dar. Nicht nur ermöglicht sie eine direkte Anbindung des Kontrollparameters Temperatur an biologisch motivierte mathematische Modelle, sondern sie vermittelt auch ein tiefes Verständnis thermodynamischer Prozesse: Durch die Temperatur T werden lokal Energieportionen von der Größenordnung $k_B T$ bereitgestellt, die das System nutzen kann, um von einem Zustand in einen anderen zu wechseln. Auf dieser Grundlage läßt sich die Wahrscheinlichkeit $p(s_{ij})$ bestimmen, mit der ein Element (ij) seinen Zustand s_{ij} im nächsten Zeitschritt ändert (McCoy u. Wu 1973):

$$p(s_{ij}) = \frac{1}{2}\left(1 - s_{ij}\tanh\left[\frac{J}{kT}\sum_{b \in N_{ij}} b\right]\right). \tag{5.3}$$

Der wichtigste Schritt in der Herleitung von Gleichung (5.3) aus (5.1) und (5.2) ist dabei

$$\tanh x = \frac{e^x - e^{-x}}{e^x + e^{-x}}.$$

Beispiele der aus Gleichung (5.3) entstehenden Zeitentwicklung für verschiedene Werte des Kontrollparameters $\beta = J/k_B T$ sind in Abb. 5.2 dargestellt. Dabei wurde in allen drei Fällen von einer zufälligen Verteilung als Anfangsbedingung (bei $t = 0$) ausgegangen. Historisch wurde das Ising-Modell als Modellvorstellung eines Ferromagneten entwickelt, die Summe über alle Gitterpunkte ist dann proportional zur Magnetisierung (McCoy u. Wu 1973). Die charakteristische Domänenbildung (siehe Abb. 5.2), die eine unmittelbare Folge des im Modell angelegten Phasenübergangs in Abhängigkeit des Kontrollparameters $\beta = J/kT$ ist, macht das Ising-Modell auch zu einem nützlichen Ausgangspunkt für mathematische Modellvorstellung einfacher biologischer Membrane. Mit der Energiefunktion, Gleichung (5.1), und der Angabe der (zum Beispiel randomisierten) Anfangsbedingungen ist der Zustand bis auf das durch Gleichung (5.3) in das System getragene stochastische Element vollständig bestimmt. Dennoch ist der einfache Mechanismus der Selbstorganisation aus der Zeitentwicklung und den entstehenden Domänen, die sie charakterisieren, nicht einfach zu ermitteln. Wir werden sehen, daß auch äußerst fortgeschrittene Analysemethoden an dieser Aufgabe scheitern. Die ersten Ziele einer Analyse der Daten müssen daher einfachere Charakterisierungen sein, z.B.:

- mittlere Größe von Domänen und Clustern,
- charakteristische Frequenzen im Raum und in der Zeit,
- mittlerer Grad der Synchronisation,
- räumliche und zeitliche Korrelationslängen.

Die einfachste Verallgemeinerung der zeitlichen Methoden ist in dieser Aufzählung bereits angedeutet: Durch Mittelwertbildung lassen sich alle Verfahren, die dem Vergleich zweier Zeitreihen dienen, auch auf

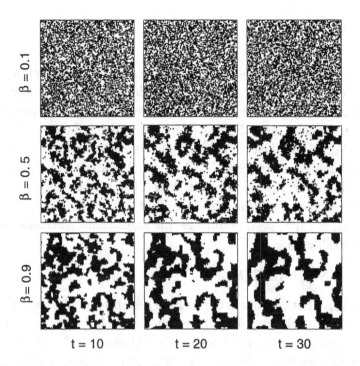

Abb. 5.2. Momentaufnahmen der Zeitentwicklung des Ising-Modells für verschiedene Werte des Kontrollparameters β. Die beiden Zustände (-1 und $+1$) des Systems sind hier als weiße und schwarze Punkte dargestellt. Es ist deutlich zu erkennen, wie durch β die Größe der Domänen (also der zusammenhängenden, im gleichen Zustand befindlichen Bereiche) und damit die Homogenität der auftretenden Strukturen reguliert wird

raumzeitliche Strukturen anwenden. Im Fall der Korrelationsfunktion existiert aber noch ein anderer Weg, der über eine räumliche Verschiebung (analog zu dem Versatz τ im Fall der Zeitreihe) schließlich zur räumlichen Korrelationslänge bei fester Zeit t führt.

Dazu betrachten wir eine Bildsequenz $\{\mathcal{I}(t)\,|\,t=1,2,...,N_T\}$, also eine zeitlich angeordnete Folge von $(N \times N)$-Matrizen mit Komponenten $a_{ij} \in \Sigma$ aus einem Zustandsraum Σ. Die Größe N_T gibt die Anzahl von Bildern in der Sequenz an, also die Länge der Zeitreihe.

Die Korrelationsfunktion $C\,[\mathcal{I}(t),d]$ zum Zeitpunkt t als Funktion des räumlichen Versatzes d läßt sich unmittelbar aus der Analogie zum zeitlichen Fall konstruieren:

$$C\,[\mathcal{I}(t),d] =$$

$$\frac{1}{2\sigma^2} \sum_{i,j} \left\{ (a_{ij} - \bar{a}) (a_{i+d,j} - \bar{a}) + (a_{ij} - \bar{a}) (a_{i,j+d} - \bar{a}) \right\} \qquad (5.4)$$

mit $\sigma^2 = 1/N^2 \sum_{ij} (a_{ij} - \bar{a})^2$ und $\bar{a} = 1/N^2 \sum_{ij} a_{ij}$. Gleichung (5.4) gibt an, wie stark zwei Punkte mit räumlichem Abstand d in der Matrix $\mathcal{I}$ zum Zeitpunkt t korreliert sind. Nun ist es wenig elegant, den zeitlichen Verlauf einer Funktion zu diskutieren, da auf diese Weise eine Vergeichbarkeit zwischen zwei Datensätzen nur schwer modellunabhängig zu erreichen ist. Mit der Annahme eines exponentiellen Abfalls der Korrelation mit dem Abstand läßt sich die räumliche Korrelationsfunktion zu einer Zahl kondensieren: Der Ansatz $C\left[\mathcal{I}(t), d\right] \propto \exp\left[-\rho_C d\right]$ erlaubt es, die sogenannte *Korrelationslänge* ρ_C zu extrahieren:

$$\rho_C = -\frac{\partial}{\partial d} \ln \left(C\left[\mathcal{I}(t), d\right] \right).$$

Die Größe ρ_C hat (sowohl in der hier dargestellten räumlichen Variante als auch in der zeitlichen Form) eine enorme fachübergreifende Bedeutung in allen Bereichen der Datenanalyse (Herzel et al. 1998, Cladis u. Palffy-Muhoray 1995, Albino et al. 1996). Rein intuitiv ist klar, daß bei der nachbarvermittelten Kommunikation in einem Ensemble räumlich angeordneter Elemente die Korrelation mit dem Abstand abklingt. Es ist ebenso offensichtlich, daß gerade dieses Abklingverhalten (d.h. die absolute Größe ρ_C, aber vor allem ihre Änderung mit der Zeit, mit den äußeren Bedingungen oder mit möglichen räumlichen Asymmetrien) raumzeitliche Muster gut zu charakterisieren vermag. Dabei reicht es, wenn die Annahme des exponentiellen Abklingens der Korrelation nur näherungsweise erfüllt ist, denn der gedanklich wichtige Schritt ist die Herstellung von Vergleichbarkeit, was einzig die von erheblichen Prozeßannahmen freie Gleichbehandlung der Datensätze erfordert.

Eine ähnlich aussagekräftige Quantifizierung, allerdings mit einem anderen Schwerpunkt, stellt die Bestimmung der *mittleren Clustergröße* (engl. *average cluster size*) dar. Im Gegensatz zur Korrelationslänge läßt sich hier jedoch keine explizite Gleichung angeben, sondern nur ein Algorithmus, den man (wie übrigens eine Gleichung auch) dann für die Anwendung in eine geeignete Programmierumgebung implementieren muß. Als *Cluster* bezeichnet man eine zusammenhängende Gruppe von Elementen mit gleichen (oder ähnlichen) Zuständen. Der auf Hoshen und Kopelman zurückgehende Algorithmus (Hoshen u. Kopelman 1976) hat die in Abb. 5.3 dargestellte Struktur. Dabei werden Element für Element die Halbnachbarschaften betrachtet und

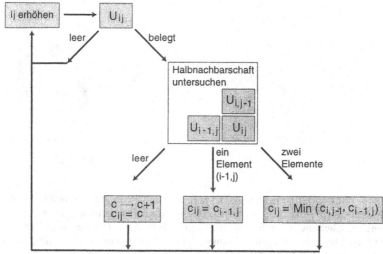

Umsetzen der Elemente c_{ij}, so daß fortlaufende Nummern
auftreten und verbundene Cluster nur eine Nummer besitzen.

Abb. 5.3. Flußdiagramm für den Hoshen-Kopelman-Algorithmus (Ausschnitt).
Die Umsetzung der Cluster-Label auf fortlaufende Nummern und die Kontrolle der
Numerierung kann entweder durch ein mehrmaliges Durchlaufen des Algorithmus,
zusammen mit einer Abbildung $\{c_{ij}\} \rightarrow \{1, ..., N\}$ mit der Zahl N unterschiedlicher
Elemente in $\{c_{ij}\}$ oder durch Anlegen einer weiteren Hilfsliste wie in (Hoshen u.
Kopelman 1976, Gaylord u. Nishidate 1996) erfolgen

benachbarten Elementen dasselbe Cluster-Label gegeben, sofern sie im
gleichen Zustand sind. Die Label werden in einer Hilfsliste c_{ij} abgelegt.
Die so bestimmte Verteilung von Clustern kann dann weiterverarbeitet
werden, zum Beispiel zur Ermittlung der mittleren Clustergröße. Abb.
5.4(a) zeigt eine Beispielstruktur, auf die sich der Algorithmus anwenden läßt. In Abb. 5.4(b) ist die resultierende Clusternumerierung auf
der Struktur eingezeichnet. Die zusammenhängenden Elemente werden richtig erkannt. Es ist deutlich zu sehen, daß der Algorithmus
hier von einer von-Neumann-Nachbarschaft ausgeht: Diagonale Nachbarschaften werden ignoriert. Die Anwendung des Algorithmus auf
größere Strukturen führt auf eine Verteilung von Clustergrößen, die
sich statistisch auswerten läßt. Abb. 5.5(a) zeigt ein Beispiel für eine solche Struktur.[2] Die Analyse zehn solcher Bilder führt auf die in
Abb. 5.5(b) und (c) dargestellte Verteilung. Im Balkendiagramm der

---

[2] Tatsächlich ist dieses Muster die Momentaufnahme eines Ising-Systems für $\beta =$
0.4 (vgl. Abb. 5.2).

(a)   (b)

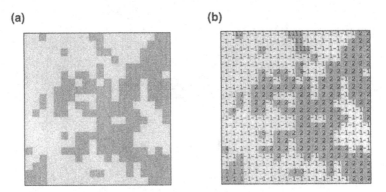

Abb. 5.4. Anwendung des Hoshen-Kopelman-Algorithmus auf eine 20×20-Matrix aus Elementen -1 *(hell)* und $+1$ *(dunkel)*. Der Algorithmus identifiziert die Cluster von dunklen Elementen vor hellem Hintergrund. In Abb. (b) sind die Clusternummern auf der Struktur aus Abb. (a) eingezeichnet. Dabei wurden die hellen Elemente durch den Wert -1 gekennzeichnet

Häufigkeiten für Cluster mit Größen zwischen 1 und 15 Elementen ist deutlich ein exponentieller Abfall zu erkennen (Abb. 5.5(b)). Die einfach-logarithmische Auftragung der Häufigkeit gegen die Clustergröße, Abb. 5.5(c), bestätigt diesen Eindruck, da nun ein Verlauf entsteht, der relativ gut durch eine Gerade beschrieben werden kann. Man sieht auch, daß die statistische Streuung der Häufigkeiten bei großen Clustern auf der Grundlage der verwendeten zehn Bilder sehr groß ist. Abb. 5.5(c) stellt ein wichtiges Analysewerkzeug vor allem auch für ökologische Betrachtungen dar. Der genaue Abfall der Häufigkeitsverteilung erlaubt oft Rückschlüsse über den Zustand eines Systems und seine Stabilität. In Kapitel 6.4 werden wir darauf noch näher eingehen. Das Anwenden des Hoshen-Kopelman-Algorithmus ist in dieser eindeutigen Form auf sehr einfache Zustandsräume (vor allem mit $|\Sigma| = 2$) beschränkt. Existieren mehr Zustände, kann man mit diesem Verfahren nur die Cluster-Bildung bezüglich *eines* Zustands vor dem Hintergrund der – dann als nicht unterscheidbar aufgefaßten – anderen Zustände untersuchen. Im Fall eines kontinuierlichen (oder quasikontinuierlichen) Zustandsraum Σ mit einer Abstandsfunktion ist die Einführung einer Schwelle erforderlich, die das System auf den Zustandsraum $\Sigma = \{1, 0\}$ projiziert. Im nächsten Kapitel werden wir mit dem Homogenitätsmaß eine geeignete Alternative zur mittleren Clustergröße kennenlernen. Eine Reihe von weiteren Analysemethoden, die sich auch auf raumzeitliche Fragestellungen anwenden lassen,

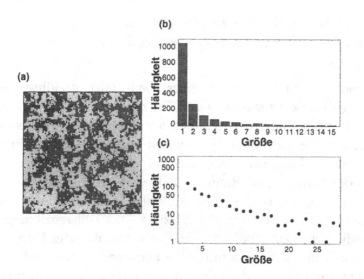

Abb. 5.5. Ermittlung der Verteilung von Clustergrößen für Strukturen der in (a) dargestellten Form. In einem Balkendiagramm (b) der Häufigkeit der ersten 15 Clustergrößen führt die Analyse von zehn Bildern auf einen exponentiellen Abfall. Die einfach-logarithmische Darstellung (c) der Clusterhäufigkeiten zeigt einen näherungsweise linearen Verlauf. Bei Abb. (a) handelt es sich um eine Momentaufnahme des Ising-Systems für $\beta=0.4$ und ein Raumgitter von 100×100 Elementen nach 20 Zeitschritten. Zur Erstellung der Abbildungen (b) und (c) wurden zehn solche Bilder analysiert

wird durch die Informationstheorie bereitgestellt (vgl. Kapitel 7). Bevor wir jedoch zu aufwendigeren Methoden kommen, sollen hier noch einige Grundgedanken des zur Untersuchung raumzeitlicher Prozesse vielleicht naheliegendsten Gebietes, der klassischen Bildanalyse, kurz skizziert werden.

Das zentrale Objekt der klassischen Bildanalyse ist der (meist lineare) Filter, genauer die zweidimensionale Variante zu dem in Kapitel 4 diskutierten Werkzeug der linearen Zeitreihenanalye. Wie schon in Kapitel 4 angedeutet, sind die Fähigkeiten solcher Filter äußerst vielseitig. Ihr Design und ihre Anwendung gehören zu den wichtigsten praktischen Aufgaben der Bildanalyse (Jähne 1997). Mit der Analyse von Bildern werden im allgemeinen zwei Ziele verfolgt: 1. die Glättung und das Eliminieren von Störungen, 2. die Mustererkennung, -klassifikation und Objektauffindung. Fortgeschrittenere Fragen beschäftigen sich schließlich mit Bildsequenzen, also echten raumzeitlichen Phänomenen, vor allem mit der Identifikation beweglicher Objekte. Dabei kommen Filter zum Beispiel bei folgenden Anwendungen zum Einsatz:

- räumliche Differenzierung (Kantenfilter),
- zeitliche Differenzierung (Bewegungsfilter),
- Glättung.

Während die Funktionsweise eines zwei- oder dreidimensionalen Glättungsfilters ganz analog zu dem Fall der Zeitreihe erfolgt (vgl. Kapitel 4.2), steht hinter der räumlichen und zeitlichen Differenzierung ein anderer, für die Bildanalyse äußerst wichtiger Gedanke, nämlich der Zusammenhang von Änderung und Bildelementen: Eine plötzliche starke Änderung im Raum ist nahezu die Definition einer Kante und eine Bewegung zeigt sich als Änderung in der Zeit. Anhand eines einfachen Beispiels soll nun die Wirkung eines Differenzierungsfilters verdeutlicht werden. Abb. 5.6(a) zeigt ein digitalisiertes Foto, auf das ein (räumlicher) Differenzierungsfilter angewendet wird (Abb. 5.6(b)). Rein praktisch besteht die Filteroperation darin, von dem ursprünglichen Bild eine verschobene Kopie zu subtrahieren. Das ist möglich, weil den Bildpunkten Zahlenwerte (sogenannte "Graustufen") zugeordnet sind, die sich mathematisch behandeln lassen. Damit ist klar, daß ein solcher Filter, der bei oberflächlicher Betrachtung wohldefiniert und in seiner Formulierung exakt festgelegt scheint, noch eine ganze Reihe von freien Parametern enthält, für die Entscheidungen getroffen werden müssen, um ihn tatsächlich anzuwenden. So ist etwa die räumliche Richtung der Verschiebung festzulegen. Für Abb. 5.6 wurde der Mittelwert aus einer Verschiebung in x-Richtung und in y-Richtung gebildet. Eine andere häufige Vorgehensweise ist, Kanten in die beiden Raumrichtungen getrennt, also in zwei Schritten, zu suchen. Die Wirkung des nächsten freien Parameters, nämlich die Größe der Verschiebung, ist in den Abbildungen (c) und (d) gezeigt. Dort wurde im Vergleich zur naheliegenden Verschiebung um nur einen Bildpunkt (Abb. (b)) die Verschiebung erhöht. Der resultierende Verlust an Information durch eine zu grobe Approximation der räumlichen Ableitung ist deutlich zu erkennen.

Während bei einem (störungsfreien) digitalen Bild die Werte der Bildpunkte exakt sind, ist bei experimentellen Daten zusätzlich der Einfluß von Rauschen zu berücksichtigen, durch den ein Filter eine vollkommen andere Wirkung haben kann. In Abb. 5.7 ist der Effekt eines Glättungsfilters auf ein gemessenes "Bild"[3] und auf seine räumliche

---

[3] Hierbei handelt es sich wie schon in Abb. 5.1 um experimentelle Daten zur Chlorophyllfluoreszenzaktivität auf einem Pflanzenblatt. Der Bildausschnitt zeigt eine Momentaufnahme dieser Aktivität, wobei dunklere Bereiche einer höheren

(a)   (b)

(c)   (d)

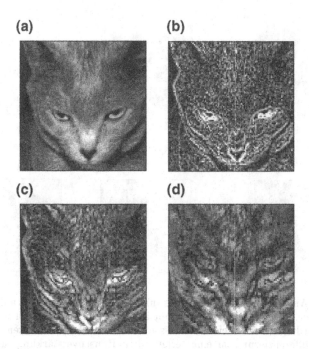

Abb. 5.6. Wirkung eines Kantenfilters auf ein Beispielbild (a), wobei die Längenskala der Differenzierung variiert wurde. Abb. (b) zeigt das Resultat bei einer Verschiebung für die Differenzbildung von nur einem Bildpunkt, während Abb. (c) eine Verschiebung von 5 Bildpunkten und Abb. (d) eine Verschiebung von 10 Bildpunkten verwendet. Das deutliche Hervortreten der Kanten durch Anwendung dieses räumlichen Differenzierungsfilters ist besonders klar in Abb. (b) zu erkennen. Das digitalisierte Foto ist Teil der Beispieldaten des Computeralgebra-Programms Mathematica (vgl. Anhang A)

Ableitung dargestellt. Man sieht deutlich, wie im Fall von (notwendigerweise dem Einfluß von Rauschen unterliegenden) experimentellen Daten durch die Differenzierung der Rauschbeitrag drastisch verstärkt wird. Um die eigentliche Wirkung des Filters, nämlich das Hervorheben von plötzlichen Änderungen (Kanten), wahrnehmen zu können, ist eine Glättung der Daten zwingend notwendig.

Aktivität entsprechen. Am oberen Bildrand ist die Mittelrippe des Blattes zu erkennen. Untersuchungen der Zeitentwicklung und der räumlichen Organisation geben Aufschluß über Stärken und Formen der Signaltransduktion, ebenso wie über Eigenschaften der Zell-Zell-Kopplung auf dem Blatt (Rascher et al. 2001).

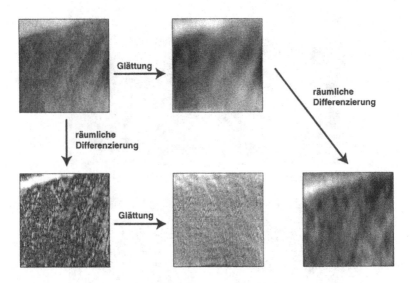

Abb. 5.7. Anwendung eines Glättungs- und Differenzierungsfilters auf eine räumliche Struktur. Das Ausgangsbild stammt aus demselben Datenpool wie Abb. 5.1, es zeigt allerdings einen kleineren Ausschnitt. Deutlich ist zu erkennen, wie die räumliche Differenzierung zu einer erheblichen Rauschverstärkung führt, so daß eine Glättung vor dem Anwenden des Kantenfilters zwingend erforderlich ist

5.3 Methoden auf der Grundlage zellulärer Automaten

Der Grundgedanke zellulärer Automaten, so wie wir sie in Kapitel 3 kennengelernt haben, ist die Simulation der globalen Dynamik, die aus einer bestimmten (lokalen) Wechselwirkung entsteht. Die Wechselwirkung wurde technisch als ein Regelwerk ausgedrückt, in das Nachbarschaftskonstellationen einfließen. Die Anwendung des Regelwerks auf den Zustand des Systems zum Zeitpunkt t führt auf den Zustand zum Zeitpunkt $t + 1$ (Update). In diesem Kapitel werden wir eine vollkommen andere Verwendung zellulärer Automaten diskutieren. Es soll nun nicht mehr um die Simulation einer zeitlichen Dynamik auf der Grundlage von Update-Regeln gehen, sondern um die Implementierung von *Analyseregeln*, die auf eine gegebene (experimentelle oder simulierte) raumzeitliche Dynamik angewendet werden können. In dieser Betrachtung führt das Anwenden der Regeln auf den Zustand zum Zeitpunkt t nicht zu dem späteren Zustand, sondern zu einem *Metazustand*, der die räumliche Verteilung einer Observablen (oder Meßgröße) zum selben Zeitpunkt t kennzeichnet. Dieser prinzipielle Unterschied ist in Abb. 5.8 dargestellt. Der Metazustand kann dann auf verschiede-

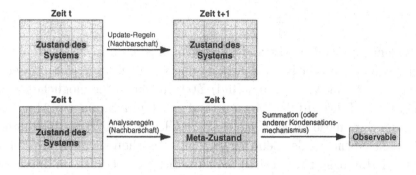

Abb. 5.8. Vergleich der Konzepte von zellulären Automaten als Modellierungsmethode und als Analysewerkzeug. Im Fall der Modellierung *(oberes Schema)* wird eine Zeitentwicklung durch Update-Regeln erzeugt, während für die Analyse *(unteres Schema)* die Anwendung von speziellen Analyseregeln auf einen Metazustand führt, der dann zur Quantifizierung des Datensatzes weiterverarbeitet werden kann

ne Weise ausgewertet werden.[4] Die einfachste Art der "Kondensation" des Metazustandes, also der Überführung der räumlichen Verteilung in eine Zahl, ist die Summation über alle Raumpunkte oder (im Sprachgebrauch zellulärer Automaten) Zellen. Andere Kondensationsmechanismen behalten einen Teil der räumlichen Information bei oder legen dem Metazustand weitere Auswahlkriterien auf, bevor die Summation durchgeführt wird (Hütt u. Neff 2001). Für alle diese Verfahren werden wir im folgenden Beispiele kennenlernen.

Als erste Observable soll die sogenannte Zelluläre-Automaten-Homogenität (ZA-Homogenität) diskutiert werden (Hütt u. Neff 2001). Die zugehörige Analyseregel ist gegeben durch

$$a_{ij} \longrightarrow \frac{1}{8} \sum_{b \in \mathcal{N}_{ij}} \Theta(a_{ij}, b) \,, \tag{5.5}$$

wobei die Funktion Θ in Abhängigkeit vom zugrunde liegenden Zustandsraum definiert werden muß. Für einen Zustandsraum Σ *ohne* Abstandsmaß zwischen den Zuständen hat man

$$\Theta(a, b) = \begin{cases} 1 & a = b \\ 0 & a \neq b \end{cases}, \tag{5.6}$$

während bei einem Zustandsraum *mit* Abstandsmaß zum Beispiel

---

[4] Hier und in der engen Verbindung zu den lokalen Wechselwirkungen, die in einem biologischen System maßgeblich für Prozesse der Selbstorganisation sind, liegt tatsächlich der wesentliche Unterschied zu raumzeitlichen Filtern, die in der Bildverarbeitung zum Einsatz kommen (siehe z.B. Jähne 1997).

$$\Theta(a,b) = 1 - \frac{|a-b|}{|\Sigma|} \tag{5.7}$$

mit dem maximalen Abstand $|\Sigma|$ zweier Zustände in Σ als Realisierung von Θ geeignet ist. Die Anwendung von Gleichung (5.5) auf eine räumliche Struktur (also ein Bild) $\mathcal{I}(t)$ mit einer der möglichen Formen von Θ führt auf den Metazustand zu $\mathcal{I}(t)$ im Sinne von Abb. 5.8. Mit der Summation über alle $b \in \mathcal{N}_{ij}$ in Gleichung (5.5) ist die Summe über alle Nachbarn der Zelle a_{ij} gemeint, wie schon zuvor in Kapitel 3. Die ZA-Homogenität H erhält man aus diesem Metazustand durch die einfachste Form der Kondensation, die Summation (genauer: die Mittelwertbildung) über alle Zellen:

$$H[\mathcal{I}] = \frac{1}{N^2} \sum_{ij} \frac{1}{|\mathcal{N}_{ij}|} \sum_{b \in \mathcal{N}_{ij}} \Theta(a_{ij}, b) \,, \tag{5.8}$$

wobei $|\mathcal{N}_{ij}|$ die Anzahl nächster Nachbarn einer Zelle a_{ij} bezeichnet (also z.B. 4 für eine von-Neumann-Nachbarschaft und 8 für eine Moore-Nachbarschaft). In dieser Definition bleiben alle Randeffekte unberücksichtigt. Es ist klar, daß Zellen am Rand von $\mathcal{I}$ eine geringere Zahl nächster Nachbarn besitzen. Die Größe $\mathcal{N}_{ij}$ muß für solche Zellen entsprechend modifiziert werden. Vollkommen unabhängig von der konkreten Form der Funktion Θ hat die ZA-Homogenität eine sehr einfache Interpretation:

> Die ZA-Homogenität H gibt die mittlere Zahl gleicher nächster Nachbarn einer Matrix $\mathcal{I}(t)$ zum Zeitpunkt t an.

Trotz dieser einfachen Form stellt H eine wichtige Größe für die Analyse raumzeitlicher experimenteller Daten gerade aus der Biologie dar. Sie ist in ihrer Funktion vergleichbar mit der mittleren Clustergröße, die wir in Kapitel 5.2 diskutiert haben. Einen etwas genaueren Vergleich dieser beiden Observablen werden wir im weiteren Verlauf des Kapitels vornehmen. Bei der Festlegung der Funktion Θ wurde eine ganz wesentliche Unterscheidung der Zustandsräume angedeutet. Es ist eine naheliegende Handlung, in einem Zustandsraums $\Sigma = \{1,2,3,4\}$ die Elemente 1 und 3 als weiter entfernt zu empfinden als zum Beispiel 1 und 2. Diese Annahme ist dann erfüllt, wenn die Symbole wirklich Zahlen darstellen und nicht etwa reine Bezeichnungen. Dahinter steht die grundlegende Eigenschaft eines Zustandsraums, der Zahlen als Elemente enthält, eine Abstandsfunktion zu besitzen. Offensichtlich ist diese Eigenschaft in vielen anderen Zustandsräumen (etwa beim Forest-Fire-Modell mit $\Sigma = \{T, F, E\}$

oder bei DNA-Sequenzen mit $\Sigma = \{G,A,T,C\}$) nicht gegeben. Für die vorliegenden Begriffsbildungen zur Analyse raumzeitlicher Dynamiken bedeutet dies einen etwas größeren Aufwand: Wir müssen in vielen Definitionen eine Fallunterscheidung vornehmen und die mathematischen Ausdrücke für beide Situationen, Zustandsräume mit und ohne Abstandsmaß, unterschiedlich formulieren. Eine erste solche Unterscheidung ist durch die Gleichungen (5.6) und (5.7) gegeben.

Im vorangegangenen Kapitel wurde die Korrelationslänge als ein Maß eingeführt, das eine besonders deutliche Verbindung zur Vorstellung der Selbstorganisation durch lokale Wechselwirkungen besitzt. In Analogie zum Begriff des Korrelationskoeffizienten der linearen Zeitreihenanalyse wurde eine Größe konstruiert, die ein Maß für die Länge darstellt, über die eine lokale Störung des Systems sich notwendigerweise ausbreitet. Etwas vereinfacht kann man die Korrelationslänge als eine eng verwandte Kenngröße zur Kopplungsstärke betrachten: Eine starke Kopplung zwischen benachbarten Zellen stellt eine große Korrelationslänge sicher. Rein intuitiv leuchtet ein, daß die *Homogenität* einer räumlichen, in der Zeit evolvierenden Struktur eine Verbindung zur Korrelationslänge besitzen muß. Besonders homogene Strukturen können ihre Homogenität nur durch eine große Korrelationslänge zeitlich aufrechterhalten.[5] Umgekehrt ist eine kleine Korrelationslänge notwendig, um in der Zeitentwicklung von einer homogenen zu einer inhomogenen Struktur zu gelangen. Dieser Zusammenhang soll nun näher untersucht werden. Das Ziel ist dabei, aus dem Homogenitätsbegriff heraus eine zur Korrelationslänge analoge Kenngröße zu formulieren, die eine noch klarere räumliche Interpretation und gleichzeitig eine einsichtige zeitliche Verallgemeinerung besitzt. Dazu betrachten wir $(2d+1) \times (2d+1)$-Untermatrizen $S(\{ij\}, d)$ der Datenmatrix $\mathcal{I}$, die um ein Zentralelement a_{ij} gebildet werden (vgl. Abb. 5.9). Zu diesen Untermatrizen soll nun die Homogenität berechnet werden und schließlich die Differenz zur Gesamthomogenität $H[\mathcal{I}]$ der Datenmatrix $\mathcal{I}$ über alle möglichen $S(\{ij\}, d)$ einer festen Größe d gemittelt werden. Diese Vorgehensweise führt auf die sogenannte Box-Homogenität $H_B[\mathcal{I}, d]$, die beschreibt, wie schnell (als Funktion von d) sich die loka-

---

[5] Eine offensichtliche Ausnahme bildet der triviale Fall eines völligen Fehlens von Dynamik. Dann ist auch bei einer verschwindenden Korrelationslänge die Homogenität über die Zeit konstant. Ebenso würde ein Netzwerk vollkommen identischer Oszillatoren mit gleichen Anfangsbedingungen ohne Einfluß von Rauschen selbst im ungekoppelten Fall eine perfekt homogene Struktur ergeben. In solchen (in der Natur nicht auftretenden oder bedeutungslosen) Systemen verliert die Homogenität ihre Aussagekraft.

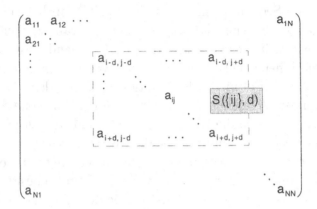

Abb. 5.9. Notation für die Untermatrizen $S(\{ij\}, d)$ zur Berechnung der Box-Homogenität

le Homogenität (also die Homogenität eines Bildausschnitts) im Mittel der Gesamthomogenität annähert. Man hat:

$$H_B\left[\mathcal{I}, d\right] = \frac{1}{(N - 2d - 1)^2} \times$$

$$\sum_{i=d+1}^{N-d} \sum_{j=d+1}^{N-d} |H[S(\{ij\}, d)] - H[\mathcal{I}]|. \tag{5.9}$$

Der Abfall von H_B als Funktion von d hängt eng mit der mittleren Korrelationslänge der Datenmatrix $\mathcal{I}$ zusammen. Das Konzept der Box-Homogenität stellt auf der Grundlage derselben lokalen Analyseregeln wie im Fall von H selbst einen alternativen Kondensationsmechanismus (im Sinne von Abb. 5.8) dar. Im Fall von H_B bleibt ein über die lokale Nachbarschaft hinausgehender Teil der räumlichen Information erhalten, so daß sich ein Zugriff auf die Korrelationslänge ergibt.

Nur am Rande sei bemerkt, daß sich in vollkommener Analogie zu Gleichung (5.9) auch eine zeitliche Box-Homogenität $H_T(d)$ definieren läßt, die Zugriff auf die zeitliche Korrelationslänge verleiht. Dazu betrachten wir zeitliche Nachbarschaften $\mathcal{N}_t(\{ij\}, d)$ der Größe $2d$ um ein Element $a_{ij}^{(t)}$, also

$$\mathcal{N}_t(\{ij\}, d) =$$

$$\left\{ a_{ij}^{(t-d)}, a_{ij}^{(t-d+1)}, \ldots, a_{ij}^{(t-1)}, a_{ij}^{(t+1)}, \ldots, a_{ij}^{(t+d)} \right\}. \tag{5.10}$$

Die Anwendung der Definition von H, Gleichung (5.8), auf diese Nachbarschaft und schließlich die Differenzbildung und Mittelung in ähnlicher Weise wie für H_B führt auf die zeitliche Box-Homogenität als Funktion von d:

$$H_T[I,d] = \frac{1}{N_T - 2d - 1} \times$$

$$\sum_{t=d+1}^{N_T-d} \left| \frac{1}{N^2} \sum_{ij} \frac{1}{2d} \sum_{b \in \mathcal{N}_t(\{ij\},d)} \Theta(a_{ij}^{(t)}, b) - \bar{H}_T \right|, \qquad (5.11)$$

wobei

$$\bar{H}_T = \frac{1}{N^2} \sum_{ij} \frac{1}{N_T} \left(\sum_{\tau=1}^{N_T} \Theta(a_{ij}^{(N_T/2)}, a_{ij}^{(\tau)}) - 1 \right).$$

Durch die Auswertung der Steigung von $H_T = H_T(d)$ erhält man eine zeitliche Korrelationslänge ρ_T, die Informationen über die Zeitskalen der (raumzeitlichen) Dynamik eines Systems enthält. Neben der inhaltlich motivierten Strukturelemente der Gleichungen (5.9) und (5.11) ist darauf hinzuweisen, daß jede der auftretenden Summationen auf die Anzahl von Summanden normiert worden ist. In den Gleichungen sind die Normierungskoeffizienten jeweils direkt vor die betreffenden Summen geschrieben.

Ein weiteres Beispiel solcher Analysemethoden ist die *ZA-Fluktuationszahl*, die ein Maß für den Beitrag durch schnelle Dynamiken (Rauschen und Fluktuationen) darstellt. Bei der intensiven Forschungsarbeit zur Rolle von Rauschen in biologischen Systemen (siehe z.B. Kapitaniak 1990, Gammaitoni et al. 1998, Walleczek 2000) ist eine bestehende Schwierigkeit der Anwendung dieser Konzepte auf reale (raumzeitliche) Datensätze, daß der Grad des Rauschens im allgemeinen nicht unmittelbar aus den experimentellen Daten extrahiert werden kann. Mit der ZA-Fluktuationszahl läßt sich die Stärke stochastischer Beiträge zur beobachteten Dynamik abschätzen. Die Kernidee ist, die relative Bewegung nächster Nachbarn zur Trennung von gerichteter und ungerichteter (stochastischer) Bewegung zu benutzen.

Ausgangspunkt ist ein raumzeitlicher Datensatz $\mathcal{I}(t) = \left(a_{ij}^{(t)} \right)$. Da man an Relativbewegungen interessiert ist, soll folgende Abkürzung für räumliche Differenzen eingeführt werden:

$$\delta_{ij}^{(t)} = \left\{ a_{ij}^{(t)} - b^{(t)} ; \quad b^{(t)} \in \mathcal{N}_{ij} \right\} = \left\{ \delta_{ij}^{(t,1)}, ..., \delta_{ij}^{(t,|\mathcal{N}_{ij}|)} \right\},$$

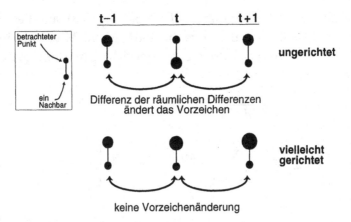

Abb. 5.10. Schematische Darstellung der Trennung von gerichteter und ungerichteter Bewegung benachbarter Punkte einer räumlichen Struktur mit Hilfe der ZA-Fluktuationszahl. In der Größe der Punkte ist hier graphisch ihr Zustand codiert

in die ein Punkt $a_{ij}^{(t)}$ und seine $|\mathcal{N}_{ij}|$ nächsten Nachbarn $b^{(t)}$ einfließen. Nun lassen sich formal Bedingungen für eine ungerichtete Bewegung aufstellen. Dazu wiederum wird die *zeitliche* Nachbarschaft der Punkte herangezogen. Eine (hinreichende aber nicht notwendige) Bedingung für die Gegenwart von Rauschen in der Änderung der Größe $a_{ij}^{(t)}$ ist dann gegeben durch:

$$\sigma\left[\delta_{ij}^{(t,k)} - \delta_{ij}^{(t-1,k)}\right] \neq \sigma\left[\delta_{ij}^{(t+1,k)} - \delta_{ij}^{(t,k)}\right] \quad \wedge$$

$$\delta_{ij}^{(t,k)} - \delta_{ij}^{(t-1,k)} \neq 0 \wedge \delta_{ij}^{(t+1,k)} - \delta_{ij}^{(t,k)} \neq 0 \,, \tag{5.12}$$

wobei die letzten beiden Ungleichungen Nebenbedingungen darstellen, die allein aus mathematischer Bequemlichkeit, nämlich zur Vermeidung von Spezialfällen, eingeführt werden und die Funktion

$$\sigma\left[x\right] = \begin{cases} +1 & x > 0 \\ 0 & x = 0 \\ -1 & x < 0 \end{cases}$$

das Vorzeichen eines Ausdrucks abfragt. Die Funktionsweise dieser Fluktuationsbedingung ist in Abb. 5.10 schematisch dargestellt. Jeder Übergang $\delta_{ij}^{(t-1,k)} \to \delta_{ij}^{(t,k)} \to \delta_{ij}^{(t+1,k)}$, der die Bedingung (5.12) erfüllt, soll den Mittelwert seiner zeitlichen Änderung,

$$\frac{1}{2}\left(\left|\delta_{ij}^{(t,k)} - \delta_{ij}^{(t-1,k)}\right| + \left|\delta_{ij}^{(t+1,k)} - \delta_{ij}^{(t,k)}\right|\right), \tag{5.13}$$

zur Fluktuationszahl beitragen. Mittelung über k, i und j führt schließlich zu dem endgültigen Ausdruck für die ZA-Fluktuationszahl $\Omega(t)$:

$$\Omega(t) = \frac{1}{N^2} \sum_{ij} \frac{1}{|\mathcal{N}_{ij}|} \times$$

$$\sum_{k=1}^{|\mathcal{N}_{ij}|} \frac{1}{2} \left(\left| \delta_{ij}^{(t,k)} - \delta_{ij}^{(t-1,k)} \right| + \left| \delta_{ij}^{(t+1,k)} - \delta_{ij}^{(t,k)} \right| \right) \times$$

$$\frac{1}{2} \sigma \left[\delta_{ij}^{(t,k)} - \delta_{ij}^{(t-1,k)} \right] \sigma \left[\delta_{ij}^{(t+1,k)} - \delta_{ij}^{(t,k)} \right] \cdot$$

$$\left(\sigma \left[\delta_{ij}^{(t,k)} - \delta_{ij}^{(t-1,k)} \right] \sigma \left[\delta_{ij}^{(t+1,k)} - \delta_{ij}^{(t,k)} \right] - 1 \right), \tag{5.14}$$

wobei der Ausdruck in der dritten und vierten Zeile entweder 0 oder 1 ist und so einen Filter für die Fluktuationsbedingung (5.12) darstellt. Vor dem Hintergrund des Konzeptes zellulärer Automaten im allgemeinen und Gleichung (5.12) im speziellen ist klar, daß eine wichtige Voraussetzung für die Anwendung dieses Verfahrens die Trennung der (räumlichen und zeitlichen) Skalen ist. Natürlich muß die Diskretisierungsskala in Raum und Zeit sehr viel kleiner sein als die entsprechenden Skalen der Dynamik, was tatsächlich eine Forderung an die Messung darstellt. Darüber hinaus müssen aber die Skalen von stochastischer und gerichteter Bewegung sehr unterschiedlich sein. Je "farbiger" das beitragende Rauschen ist, je größer also die Reichweite von Korrelationen im Rauschen, desto größer ist der Grad der Fehlinterpretation auf der Grundlage von Gleichung (5.12).

5.4 Anwendungsbeispiele

Die einprägsamste und klarste Vorstellung des Anwendungsbereichs, der Stärken und der Schwächen der verschiedenen raumzeitlichen Kenngrößen gewinnt man durch den Test an theoretisch generierten Datensätzen, deren wichtigste Eigenschaften und Bildungsgesetze bekannt sind. Als Beispiele solcher Tests sollen hier die Dynamik des Ising-Systems (vgl. Abb. 5.2), das Forest-Fire-Modell aus Kapitel 3.3 und Diffusion unter dem Einfluß von Rauschen diskutiert werden. Im Fall des Ising-Systems ist die für die Musterbildung entscheidende Eigenschaft die Rolle des Kontrollparameters $\beta = J/k_B T$ als inverse Temperatur und damit als ein Maß für die Stärke der im System auftretenden Fluktuationen. Der Blick auf Abb. 5.2 zeigt ein Anwachsen

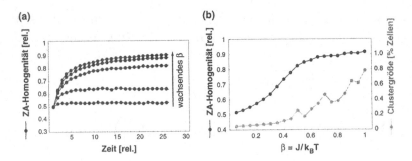

Abb. 5.11. Observablen für Zeitreihen des Ising-Modells. In Abb. (a) ist der Zeitverlauf der ZA-Homogenität für verschiedene Werte des Kontrollparameters β dargestellt. Der nach wenigen Zeitschritten eintretende stationäre Verlauf dieser Kurven kann ausgenutzt werden, um die entsprechenden zeitlichen Mittelwerte (über fünf Zeitschritte) der ZA-Homogenität als Funktion von β darzustellen (Abb. (b)). Ebenfalls in Abb. (b) ist die mittlere Clustergröße dargestellt, die man aus dem Hoshen-Kopelman-Algorithmus erhält

der Cluster mit der Zeit (ausgehend von einer zufälligen Anfangsbedingung) und eine Zerstörung der Cluster mit wachsender Temperatur, also kleiner werden dem β. Eine Analyse dieses "Datensatzes" mit der ZA-Homogenität bestätigt diesen visuellen Eindruck und liefert eine Vergleichbarkeit herstellende Quantifizierung (Abb. 5.11). In Abb. 5.11 ist auch noch die mittlere Clustergröße, die man durch Anwenden des Hoshen-Kopelman-Algorithmus erhält, aufgetragen. Man sieht deutlich den ähnlichen Verlauf zu $H(\beta)$, aber auch, daß die Clustergröße stärkeren Schwankungen bei großem β unterliegt. Hier bietet die ZA-Homogenität eine gute Alternative zur Quantifizierung solcher raumzeitlichen Strukturen. Als Kontrolle der Funktionalität dieser Maße ist die Analyse mit dem Fluktuationsmaß von noch größerer Bedeutung. Zu erwarten ist $\Omega \sim T$, also $\Omega \sim 1/\beta$, wenn man − naiv − eine Proportionalität zwischen der Temperatur und den resultierenden Fluktuationen im System annimmt.[6] Zumindest sollte $\Omega\,(\beta)$ eine monoton fallende Funktion sein. Abb. 5.12 zeigt, daß dieses ZA-basierte Maß die Erwartung erfüllt. Aus der Konstruktion der ZA-Fluktuationszahl ist zu erwarten, daß das Maß um so besser zwischen gerichteter und ungerichteter zeitliche Entwicklung diskriminiert, je größer der Zustandsraum Σ des Systems ist (Hütt u. Neff 2001). Daher stellt das Ising-System mit $\Sigma = \{-1, 1\}$ einen besonders fordernden Test dar.

---

[6] Eine alternative Vermutung wäre $\ln \Omega \sim T$, da die Temperatur exponentiell in die Übergangswahrscheinlichkeiten des Systems eingeht.

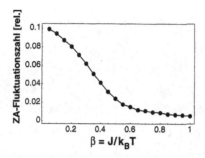

Abb. 5.12. Die ZA-Fluktuationszahl Ω für das Ising-Modell als Funktion des Kontrollparameters β. Man sieht einen deutlichen monotonen Zusammenhang zwischen der Temperatur und der durch Ω quantifizierten Stärke der Fluktuationen

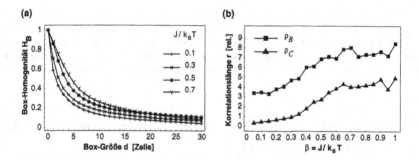

Abb. 5.13. Analyse der Korrelationslängen für das Ising-Modell. In Abb. (a) ist der Verlauf der Box-Homogenität H_B als Funktion der Box-Größe d (also der Größe der betrachteten Untermatrizen im Sinne von Abb. 5.9) für verschiedene Werte von β dargestellt. Das deutliche exponentielle Abklingen dieser Kurven kann zur Extraktion einer Korrelationslänge ρ_B verwendet werden, die in Abb. (b) als Funktion von β dargestellt ist. Abb. (b) zeigt auch die herkömmliche Korrelationslänge ρ_C, die sich auf ähnliche Weise aus der Diskussion der Korrelationsfunktion ergibt

Wie bereits angesprochen, ist eine andere häufig verwendete Analysemethode die Bestimmung der Korrelationslänge, also des mittleren räumlichen Abstandes, über den zwei Punkte korreliert sind. Auf der Grundlage von Kapitel 5.2 und 5.3 bieten sich zwei Möglichkeiten, eine solche Größe aus den "Daten" zu extrahieren:

1. die Korrelationsfunktion $\rightarrow \rho_C$,
2. die Box-Homogenität $\rightarrow \rho_B$.

Für das Ising-System sind diese beiden Größen in Abb. 5.13 dargestellt. Man sieht den − bis auf eine Verschiebung − quantitativ gleichen Verlauf von ρ_C und ρ_B als Funktion des Kontrollparameters β. Abb. 5.13(a) dient als Überprüfung der (in jeder Korrelationslänge

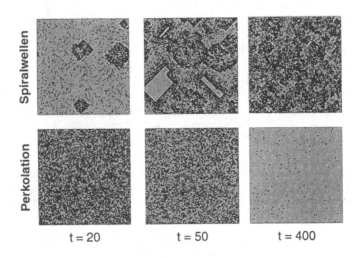

Abb. 5.14. Zwei Beispiele für die Zeitentwicklung des Forest-Fire-Modells. Gezeigt sind drei Zeitschritte aus zwei dynamischen Regimen, nämlich Spiralwellen und Perkolation, die sich mit Hilfe der ZA-Methoden quantifizieren lassen

vorhandenen, vgl. Kapitel 5.2) Annahme eines exponentiellen Abfalls von H_B mit der Box-Größe d.

Ein durch seine ökologische Anwendung und die Vielfalt an raumzeitlichen Strukturen geeignetes weiteres Beispiel ist durch das Forest-Fire-Modell gegeben, das wir in Kapitel 3.3 schon ausführlich aus der Sicht der Modellierung kennengelernt haben. Nun werden wir die verschiedenen Formen der Dynamik noch einmal aus der Perspektive der Datenanalyse betrachten. Ein Beispiel für entsprechende Datensätze ist in Abb. 5.14 dargestellt. Durch den einfachen Blick auf die Zeitentwicklungen lassen sich diese Verhaltensformen leicht unterscheiden. Die Grundlage einer jeden informatischen Umsetzung eines solchen Diskriminierungsprozesses ist jedoch die Automatisierung. Darin liegt die Aufgabe eines raumzeitlichen Maßes. In Abb. 5.15 ist der zeitliche Verlauf der ZA-Homogenität für die drei wesentlichen dynamischen Verhaltensformen des Forest-Fire-Modells dargestellt, nämlich für Spiralwellen, für Perkolation und für einen Grenzbereich ohne jede charakteristische Längenskala, den man als Kritizität bezeichnet (vgl. Kapitel 3.3 und 6.4). Es ist deutlich zu erkennen, daß die drei Dynamiken vollkommen unterschiedliche Signaturen im Verlauf von H hinterlassen. Eine geeignete Größe zur automatischen Diskriminierung dieser

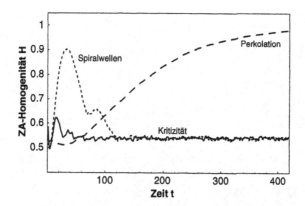

Abb. 5.15. Die ZA-Homogenität H als Funktion der Zeit für die drei wesentlichen dynamischen Verhaltensformen des Forest-Fire-Modells. Auf der Grundlage der unterschiedlichen Kurvenverläufe lassen sich bis zu einem gewissen Grad diese Regime unterscheiden

Muster, etwa bei dem Entwurf einer entsprechenden Prozeßsteuerung, wäre zum Beispiel das Integral von H über die Zeit.

Als letztes Beispiel soll nun die zeitliche Entwicklung von Diffusion unter dem Einfluß von Rauschen betrachtet werden. Bei einem Diffusionsprozeß werden lokale räumliche Unterschiede in einer Funktion $c = c(x, t)$, die zum Beispiel die Konzentration einer Substanz darstellen kann, mit der Zeit ausgeglichen, und das System bewegt sich auf eine Gleichverteilung zu. Durch Fluktuationen (im Modell realisiert durch die Addition einer gaußverteilten (mit Breite σ) Zufallszahl $\eta_t(x, y, \sigma)$ an jedem Raumpunkt (x, y) zu jedem Zeitpunkt t) kann man diesem einfachen Prozeß eine relativ komplexe raumzeitliche Dynamik verleihen. Die konkrete Implementierung auf einem (räumlich und zeitlich) diskreten Gitter in zwei Raumdimensionen lautet dann (vgl. Kapitel 3.3):

$$c_{t+1}(x, y) =$$

$$D\left[c_t(x - 1, y) + c_t(x + 1, y) + c_t(x, y - 1) + c_t(x, y + 1)\right]$$

$$+ (1 - 4D)\, c_t(x, y) + \eta_t(x, y, \sigma) \tag{5.15}$$

und führt auf Zeitentwicklungen wie zum Beispiel in Abb. 5.16 dargestellt. Dort sieht man, wie die Einführung von Rauschen die in der Zeit evolvierenden räumlichen Muster beeinflußt. Da wir einen Test des Fluktuationsmaßes durchführen wollen, ist die entscheiden-

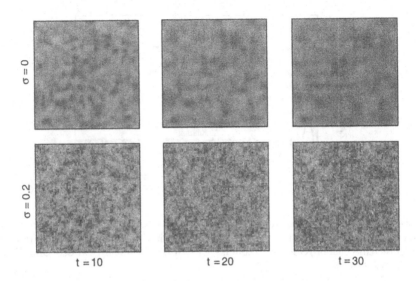

Abb. 5.16. Beispiele für die Zeitentwicklung eines zweidimensionalen Diffusionsprozesses ohne Rauschen (obere Bildreihe) und unter dem Einfluß eines gaußverteilten räumlich inkohärenten (also für jeden Raumpunkt unabhängigen) Rauschens (untere Bildreihe), jeweils bei fester Diffusionskonstanten $D=0.15$. Ebenfalls angegeben ist die Rauschstärke σ, also die Breite der verwendeten Gaußverteilung. Die Diffusionskonstante D und die Rauschstärke σ sind die Kontrollparameter dieses Systems

de Frage, ob aus den beobachteten Mustern die Stärke σ des Rauschens zurückgewonnen werden kann. Dazu wenden wir die Definition des ZA-Fluktuationsmaßes Ω auf diese Datensätze für verschiedene Werte von σ bei fester Diffusionskonstanten D an. Man erhält dann den in Abb. 5.17 dargestellten Verlauf einer (über fünf Zeitschritte gemittelten) Fluktuationszahl $\Omega(\sigma)$. Es ergibt sich ein nahezu linearer Verlauf, dessen Steigung von der Diffusionskonstanten abhängt. Tatsächlich hängen also bei festem D die Größen σ und Ω fast exakt linear zusammen.

Ähnliche Untersuchungen für andere Systeme mit raumzeitlicher Dynamik bestätigen diese Resultate und bilden die Grundlage für eine Anwendung dieser Maße auf wirkliche Datensätze, in denen die Größe des Rauschbeitrages unbekannt aber für ein Verständnis des Systems von großer Bedeutung ist.

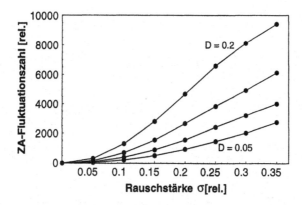

Abb. 5.17. Die ZA-Fluktuationszahl Ω als Funktion der Rauschstärke σ für einen Diffusionsprozeß unter dem Einfluß von Rauschen für verschiedene Werte der Diffusionskonstanten D

6. Selbstähnlichkeit und fraktale Geometrie

6.1 Selbstähnlichkeit als Ordnungsprinzip

Im Rahmen unserer bisherigen Überlegungen sind wir gelegentlich auf chaotische Strukturen gestoßen, etwa bei der Zeitentwicklung von eindimensionalen zellulären Automaten der Wolfram-Klasse III. Neben vielen anderen Eigenschaften, die wir diskutiert haben, gab es bei diesen Mustern eine intuitiv erkennbare Regelmäßigkeit, die der Unvorhersagbarkeit der Zeitentwicklung ein wenig zu widersprechen schien. Anhand von Abb. 6.1 läßt sich dieser Punkt noch einmal aufgreifen. Folgendes ist auffällig:

- Ähnliche Strukturen unterschiedlicher Größe treten auf. Das ist nicht zu erwarten: Wir haben hier einzelne "Zellen" mit einer Nächst-Nachbar-Wechselwirkung (d.h. der Zustand einer Zelle im folgenden Zeitschritt wird *nur* von der Zelle selbst und ihren zwei Nachbarn beeinflußt). Wie können also − bei dieser fest vorgegebenen Untereinheit − verschieden große, aber ansonsten gleiche Musterbestandteile entstehen?
- In der "inversen" Betrachtung (d.h. weiße Elemente vor schwarzem Hintergrund) sieht man, wie größere Dreiecke aus kleineren aufgebaut sind, die ihrerseits noch kleinere Dreiecke als Unterstruktur besitzen.

Eine etwas abstraktere Formulierung dieser besonderen Eigenschaften ist, daß eine Ausschnittsvergrößerung sich nicht unmittelbar von dem Original unterscheiden ließe. Diese Eigenschaft bezeichnet man als *Selbstähnlichkeit* (engl. *self-similarity*). Wir werden in diesem Kapitel eine Sprache kennenlernen, um solche Strukturen zu erkennen, zu beschreiben und zu erzeugen: die *fraktale Geometrie*.
Die *klassische Geometrie* hat als charakteristische Objekte Linien, Rechtecke, Würfel und ähnliche Strukturen, die von uns als beson-

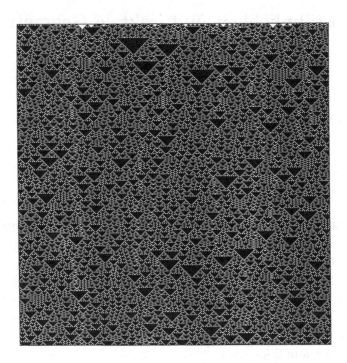

Abb. 6.1. Zeitentwicklung eines eindimensionalen zellulären Automaten der Regel 182 ausgehend von randomisierten Anfangsbedingungen. Wie in Kapitel 3 eingeführt ist der Ort horizontal und die Zeit vertikal von oben nach unten aufgetragen. Das auf diese Weise erzeugte Muster besitzt eine fraktale Struktur

ders regulär oder einfach empfunden werden.[1] Jeder, der versucht, mit diesen Objekten einen Baum oder ein Gebirge zu approximieren, wird schnell bemerken, daß diese Geometrie nicht ideal ist, um Objekte aus der Natur zu beschreiben. Offensichtlich fehlen die geeigneten geometrischen Objekte für natürliche Strukturen. Allerdings sind die fehlenden Objekte, die durch die fraktale Geometrie hinzugefügt werden, nicht geometrische Formen, sondern vielmehr neue Arten, bestehende Formen aneinanderzufügen. Etwas formaler ausgedrückt sind die charakteristischen Objekte der fraktalen Geometrie *Anordnungsvorschriften*. Anhand eines Beispiels soll dies verdeutlicht werden. Eine Anordnungsvorschrift der fraktalen Geometrie besteht darin, ein geometrisches Element (d.h. vor allem ein Objekt der klassischen Geo-

---

[1] Die mathematisch korrekte Terminologie für diesen etwas populär anmutenden Begriff der "klassischen" Geometrie ist *euklidische Geometrie*.

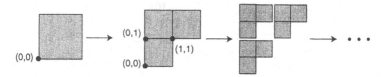

Abb. 6.2. Skizze der ersten Iterationsschritte der Anordnungsvorschrift aus Gleichung (6.1) für ein Quadrat als Anfangsobjekt

metrie) zu vervielfältigen, die Kopien zu verkleinern und zu verteilen, z.B. in der Form

$$\text{Objekt}_0\,[0,0] \xrightarrow{\Phi} \left\{ \begin{array}{l} \frac{1}{2}\text{Objekt}_0\,[0,0] \\ \frac{1}{2}\text{Objekt}_0\,[0,1] \\ \frac{1}{2}\text{Objekt}_0\,[1,1] \end{array} \right\} =: \text{Objekt}_1\,[0,0]\,. \qquad (6.1)$$

In Gleichung (6.1) bezeichnet Objekt_0 das (klassisch-geometrische) Anfangsobjekt, auf das die Anordnungsvorschrift Φ angewendet wird. Das Argument $[x,y]$ gibt die Koordinaten eines Referenzpunktes des Objektes an. Der Skalierungsfaktor 1/2 bezieht sich auf die geometrische Ausdehnung in jeder Dimension, d.h. die Fläche vermindert sich auf ein Viertel. In dem letzten zu erläuternden Notationselement, dem Index, deutet sich der zentrale Unterschied dieses Verfahrens zur klassischen Geometrie an. Die Abbildungsvorschrift Φ wird zur Erlangung der durch sie beschriebenen geometrischen Figur iterativ (also in immer wiederkehrender Weise) auf das Anfangsobjekt angewendet. Das Anfangsobjekt Objekt_0 stellt den Iterationsanfang dar, das einfache Anwenden der Funktion Φ führt dann auf das Resultat Objekt_1 des ersten Iterationsschritts. Die Iteration hat also folgendes Schema

$$\text{Objekt}_1\,[0,0] = \Phi\,(\text{Objekt}_0\,[0,0])$$

$$\text{Objekt}_2\,[0,0] = \Phi\,(\text{Objekt}_1\,[0,0])$$

$$= \Phi\,(\Phi\,(\text{Objekt}_0\,[0,0])) = \Phi^2\,(\text{Objekt}_0\,[0,0])$$

$$\text{Objekt}_n\,[0,0] = \Phi^n\,(\text{Objekt}_0\,[0,0])$$

und ist in Abb. 6.2 skizziert. Mit Hilfe eines Computers ist es nun leicht, diese formale Bauanweisung weiter zu iterieren, so daß sich schon ein sehr klarer Eindruck der resultierenden Struktur ergibt (Abb. 6.3). Offensichtlich ändert sich die Gesamtstruktur mit fortschreitender Iteration nicht beständig, sondern konvergiert gegen ein ganz charakteristisches, durch die Anordnungsvorschrift festgelegtes geometri-

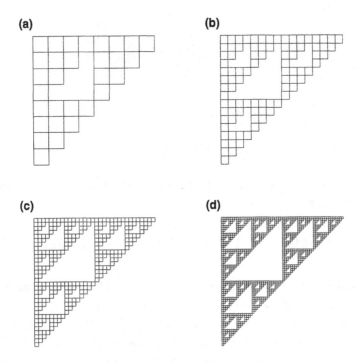

Abb. 6.3. Fortsetzung der Iteration aus Abb. 6.2

sches Objekt. Dieses Endprodukt der Iteration, also formal den Grenzwert Objekt$_\infty$, bezeichnet man als *Fraktal*.

Um von dem Beispiel aus Gleichung (6.1) zu dem allgemeinen Fall einer Anordnungsvorschrift Φ zu gelangen, ist es notwendig zu diskutieren, welche Elemente in Gleichung (6.1) speziell für dieses Beispiel festgelegt worden sind, oder umgekehrt, welche Parameter eine allgemeine Anordnungsvorschrift besitzt. Offensichtlich sind solche Parameter die Zahl der Kopien, die Koordinaten, auf die man die Referenzpunkte der Kopien plaziert, und die individuellen Skalierungsfaktoren der einzelnen Kopien. Es ist bemerkenswert, daß die Struktur des Fraktals im allgemeinen nicht von der Wahl des Anfangsobjektes (Objekt$_0$) abhängt. Die Anordnungsvorschrift (also die Funktion Φ zusammen mit der Iterationsanweisung) bezeichnet man als *iteriertes Funktionensystem* (engl. *iterated function system, IFS*). Jede "Teilfunktion" in Φ, die verkleinert und verschiebt, nennt man *Kontraktionsabbildung*. Der Grenzwert eines IFS, also das Fraktal, ist gegeben durch die Menge von Punkten, die sich bei unendlicher Anwendung des IFS auf ein Startobjekt ergibt.

Bemerkenswerterweise geht die im Anfangsobjekt enthaltene geometrische Information im Laufe der Iteration mehr und mehr verloren. In Abb. 6.3 sieht man, wie sich die Dreiecksstruktur, die in der Anordnungsvorschrift verankert ist, gegen die quadratische Form des Anfangsobjekts durchsetzt. Zwei zentrale Aussagen der fraktalen Geometrie werden damit untermauert:

- Die endgültige Struktur bezieht ihre Information tatsächlich aus der Anordnungsvorschrift. Damit wird einsichtig, warum diese Funktionen als die zentralen Objekte der fraktalen Geometrie bezeichnet werden.
- Bei gleicher Anordnungsvorschrift sollten zwei unterschiedliche Anfangsobjekte auf dasselbe Fraktal führen.

Letztere Folgerung, die Unabhängigkeit des Fraktals von der Anfangsstruktur, stellt tatsächlich ein wichtiges Theorem der fraktalen Geometrie dar (Barnsley 1993), das wir schon jetzt anhand unseres Beispiels aus Abb. 6.3 belegen können. Abb. 6.4 zeigt eine Auswahl erster Iterationsschritte für drei verschiedene Anfangsobjekte. In allen drei Fällen tritt dasselbe Phänomen auf, das wir schon in Abb. 6.3 beobachten konnten: Die Dreiecksstruktur setzt sich durch.

Nachdem nun ein großer Teil der Ideen entwickelt ist, wollen wir sehen, ob diese neue Geometrie Objekte aus der Natur tatsächlich effizienter zu beschreiben vermag als mit den Methoden der klassischen Geometrie möglich ist. Hinter dem Effizienzbegriff steht dabei eine sehr spezifische Vorstellung: Eine Beschreibung ist effizienter als eine andere, wenn weniger Angaben nötig sind, um die Beschreibung zu erreichen. Eine vollkommen analoge (aber im Sprachgebrauch weniger quantitative) Formulierung wäre, gerade die geometrische Beschreibung als effizienter anzusehen, die bei gleicher Zahl von zu spezifizierenden Parametern eine bessere Approximation an das zu beschreibende Objekt erreicht.

Als Beispiel betrachten wir in Anlehnung an (Kaplan u. Glass 1995) einen einfachen (d.h. vor allem sehr symmetrischen) Baum. In Worten lautet die entsprechende Anordnungsvorschrift der fraktalen Geometrie etwa:

1. Zeichne einen Zweig.
2. Gehe an das (offene) Ende eines Zweiges.
3. Zeichne eine (verkleinerte) Kopie des Baums in Richtung $(r + \Theta)$.
4. Zeichne eine (verkleinerte) Kopie des Baums in Richtung $(r - \Theta)$.

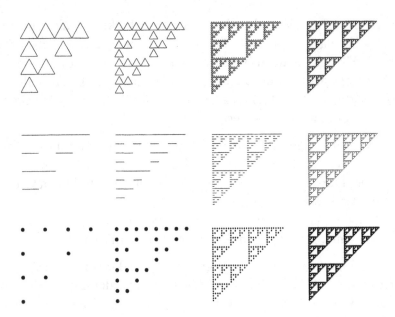

Abb. 6.4. Einige Iterationsschritte *(von links nach rechts)* des IFS aus Gleichung (6.1) für drei verschiedene Anfangsobjekte *(von oben nach unten)*. Man sieht, daß sich in allen drei Fällen die durch das Funktionensystem bestimmte Dreiecksstruktur durchsetzt

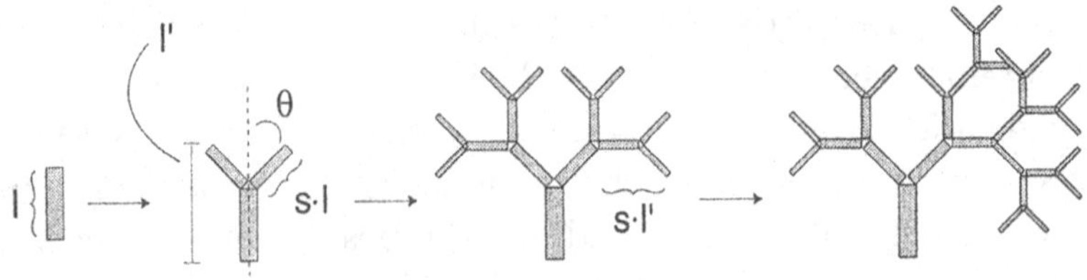

Abb. 6.5. Erste Iterationsschritte bei der Beschreibung einer Baumstruktur durch ein iteriertes Funktionensystem. In den weiteren Schritten bildet sich die Feinstruktur der Verästelung immer stärker aus

5. Gehe zurück zu Schritt 2, falls die Länge des kleinsten Zweiges größer als l_{min} ist.

In Abb. 6.5 sind einige Schritte dieses Vorgehens skizziert. Schon auf der Grundlage dieser einfachen und wenig mathematischen Darstellung ist klar, welche freien Parameter in der Anordnungsvorschrift auftreten. Um einen konkreten Baum zu erhalten, müssen die Anfangslänge l, der Skalierungsfaktor s, der Spreizwinkel Θ und die Länge l_{min} der

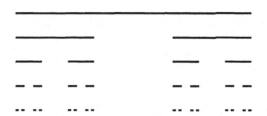

Abb. 6.6. Die ersten Iterationsschritte zur Erzeugung der Cantor-Menge. Das Bildungsgesetz besteht darin, das mittlere Drittel aus jedem ausgefüllten Intervall herauszustreichen. Dazu äquivalent ist die Formulierung, zwei auf ein Drittel verkleinerte Kopien des gerade vorliegenden Objektes an die Positionen 0 und 2/3 zu setzen

kleinsten Zweige angegeben werden.[2] Dabei ist die Angabe von l_{min} als eine Abbruchbedingung der Iteration zu verstehen: Ein realer Baum besitzt keine beliebig kleinen Zweige. Schon in der Skizze, Abb. 6.5, ist zu sehen, daß diese Beschreibung sehr schnell auf realistische Baumstrukturen führt. Eine Struktur von vergleichbarer Qualität wäre mit Hilfe der klassischen Geometrie, bei der die Lage, Größe und Orientierung jedes Zweiges spezifiziert werden muß, nicht zu erreichen. Mit dem Konzept der Selbstähnlichkeit, das der fraktalen Geometrie und ihren Anordnungsvorschriften zugrunde liegt, hat man offensichtlich ein Charakteristikum realer Bäume getroffen. In dieser einen Beobachtung liegt tatsächlich der Schlüssel für den enormen Erfolg der fraktalen Geometrie bei der Beschreibung der Natur: Viele natürliche Objekte besitzen eine selbstähnliche Struktur. Im folgenden soll es darum gehen, einige berühmte Beispiele für Fraktale kennenzulernen, aber auch technische und formale Details bei der mathematischen Behandlung iterierter Funktionensysteme so zu besprechen, daß ein Gefühl für die Möglichkeiten der fraktalen Geometrie entsteht.

Abb. 6.6 zeigt die ersten Schritte eines eindimensionalen IFS, dessen Iteration auf eine wichtige Menge der reinen Mathematik führt, die sogenannte Cantor-Menge. Aus mathematischer Sicht ist das durch unendliche Iteration dieser Anordnungsvorschrift entstehende Fraktal äußerst faszinierend: Es ist aus einem Intervall $[0, 1]$ entstanden und besteht dennoch nur aus isolierten Punkten (also keinem kontinuierli-

---

[2] Die tatsächliche Übersetzung dieser Handlungsanweisung in ein iteriertes Funktionensystem erfordert zusätzliche Kenntnisse im Umgang mit Matrizen oder, allgemeiner, mit Koordinatentransformationen, die hier nicht diskutiert werden sollen. Liegt das entsprechende Wissen vor, ist es jedoch eine sehr lohnende Übung, das IFS explizit zu formulieren.

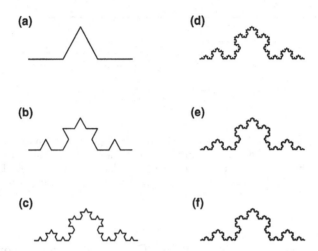

Abb. 6.7. Die ersten Iterationsschritte zur Erzeugung der sogenannten Koch-Kurve, die dadurch entsteht, daß iterativ jedes mittlere Drittel einer Linie durch eine Spitze ersetzt wird

chen Segment), allerdings aus unendlich vielen. Neben ihrem abstrakten Gehalt besitzen Fraktale auch einen ästhetischen Aspekt, der ihnen die Aufmerksamkeit einer großen Öffentlichkeit einbrachte (Peitgen u. Richter 1986). Abb. 6.7 und 6.8 zeigen einige der häufigsten Beispiele für Fraktale. Schon auf der Basis des bisher formulierten mathematischen Gerüsts lassen sich aus diesen Darstellungen mit etwas Nachdenken wesentliche Kenngrößen des Bildungsgesetzes ermitteln, zum Beispiel die Anzahl der Kontraktionsabbildungen und Abschätzungen für die Verschiebungen und Skalierungsfaktoren.

Ein weiteres, optisch sehr ansprechendes Beispiel einer effizienten Naturbeschreibung mit Hilfe der fraktalen Geometrie ist der Barnsley-Farn (Barnsley 1993). Das IFS zu dieser Blattstruktur, die in Abb. 6.9 in drei Realisierungen dargestellt ist, besitzt 14 Parameter.[3] Die Gegenüberstellung in Abb. 6.9 zeigt, daß dieses IFS in Abhängigkeit der Parameter sehr verschiedene Farnstrukturen zu erzeugen vermag. Die suggestive Kraft dieser Beschreibungsform hat tatsächlich zu weitreichenden Debatten geführt, ob die Parameter nicht zur botanischen Klassifikation und der Iterationsprozeß nicht als Wachstumsmodell dienen könnten. Beides ist ohne Zweifel eine Überinterpretation, man

---

[3] Die Abbildungen zum Barnsley-Farn wurden mit Hilfe des Mathematica-Notebooks *Fractal* von E. Weisstein erzeugt, das unter www.astro.virginia.edu/~eww6n/math/notebooks/Fractal.m erhältlich ist.

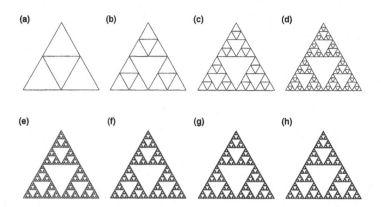

Abb. 6.8. Einige Iterationsschritte bei der Erzeugung eines Sierpinski-Dreiecks, das strukturell unserem Anfangsbeispiel, Gleichung (6.1), ähnelt

Abb. 6.9. Drei verschiedene Fraktale, die sich aus dem Barnsley-Farn-IFS für verschiedene Parameterwerte ergeben

sieht daran aber wie neu und inspirierend diese Form von Geometrie bei ihrem Entstehen war.

Die rein mathematischen Untersuchungen zur fraktalen Geometrie haben auf eine ganze Reihe von fundamentalen Theoremen geführt, die den praktischen Umgang mit Fraktalen in vielerlei Hinsicht erleichtern. So konnte zum Beispiel gezeigt werden (siehe z.B. Peitgen et al. 1992, Barnsley 1993), daß ein Fraktal sich *stetig* mit den Parametern seines IFS ändert, daß also eine kleine Änderung eines Parameters auch nur eine kleine Änderung im Fraktal hervorruft. Dies bedeutet aber auch, daß es zwischen zwei Fraktalen, die aus demselben IFS entstanden sind, stets einen kontinuierlichen Übergang gibt. Für den Barnsley-Farn ist eine solche stetige Deformation des Fraktals bei Parameteränderung in Abb. 6.10 dargestellt.

Unsere bisherige Formulierung der Anordnungsvorschrift hat weniger die Gestalt einer mathematischen Gleichung, sondern eher die einer Handlungsanweisung, eines Algorithmus. Im folgenden wollen wir kurz

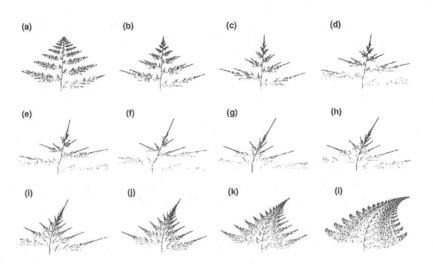

Abb. 6.10. Variationen eines Parameters im IFS des Barnsley-Farns in äquidistanten Schritten. Man erkennt den stetigen Übergang zwischen unterschiedlichen Konfigurationen, die über verschieden große Parameterbereiche stabil bleiben

diskutieren, wie wir zu einer mathematischen Darstellung iterierter Funktionensysteme gelangen können, die von bekannten geometrischen Begriffen ausgeht, z.B. Vektoren, Matrizen und Koordinaten. Dazu soll zuerst das Anfangsobjekt $O \subset \mathbb{R}^2$ in die Ebene eingebettet werden, also durch eine (zusammenhängende) Menge von Punkten in der Ebene dargestellt werden. Für ein Quadrat ist dies ziemlich einfach. Man hat zum Beispiel

$$O = \left\{ (x,y) \in \mathbb{R}^2 \Big| \ 0 \le x \le 1 \,, \ 0 \le y \le 1 \right\}.$$

Dabei wurde verwendet, daß sich Punkte im $\mathbb{R}^2$ durch ihre x- und y-Koordinaten in der Form $(x,y) \in \mathbb{R}^2$ angeben lassen. Für ein Dreieck als Anfangsobjekt ist ein kurzes Nachdenken erforderlich. Abb. 6.11 mag dabei helfen. Man findet dann

$$O = \left\{ (x,y) \in \mathbb{R}^2 \Big| \ 0 \le x \le 1 \,, \ 0 \le y \le 1 - x \right\}.$$

Auf jeden Punkt $(x,y) \in O$ wird nun das Funktionensystem Φ angewendet, das aus n Kontraktionsabbildungen ω_i besteht. Jede dieser Abbildungen ist für eine (verkleinerte und verschobene) Kopie des Anfangsobjekts im IFS verantwortlich und hat die folgende Form:

$$x \to a_i x + b_i y + e_i$$

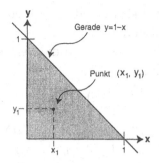

Abb. 6.11. Einbettung eines Dreiecks in den $\mathbb{R}^2$ als Grundlage für die Parametrisierung als Anfangsobjekt für ein iteriertes Funktionensystem

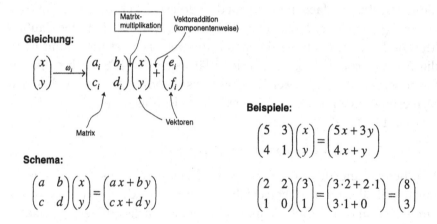

Abb. 6.12. Erläuterungen zur Matrixmultiplikation

$$y \to c_i x + d_i y + f_i \tag{6.2}$$

mit $i = 1, 2, ..., n$. Mit Hilfe einer einfachen und eleganten Rechenoperation, der Matrixmultiplikation, läßt sich Gleichung (6.2) in eine übersichtlichere Form bringen[4]

$$\begin{pmatrix} x \\ y \end{pmatrix} \xrightarrow{\omega_i} \begin{pmatrix} a_i & b_i \\ c_i & d_i \end{pmatrix} \begin{pmatrix} x \\ y \end{pmatrix} + \begin{pmatrix} e_i \\ f_i \end{pmatrix}. \tag{6.3}$$

In Abb. 6.12 sind einige Informationen zur Matrixmultiplikation zusammengestellt. Mit Hilfe von Gleichung (6.3) können wir nun die mathematische Form des IFS für unser Anfangsbeispiel angeben. Da

---

[4] Diese Übersetzung eines Gleichungssystems in ein System aus Matrix und Vektoren entspricht vollkommen unserem Vorgehen bei mehrdimensionalen Differentialgleichungen, vgl. Kapitel 2.3

die Struktur in Abb. 6.2 sich aus drei Elementen aufbaut, benötigen wir drei Kontraktionsabbildungen ω_1, ω_2 und ω_3. Die Skalierungsvektoren bilden die Matrixelemente, und die Verschiebungen ergeben die addierten Vektoren. Man hat

$$\omega_1 : \quad \begin{pmatrix} x \\ y \end{pmatrix} \rightarrow \begin{pmatrix} 1/2 & 0 \\ 0 & 1/2 \end{pmatrix} \begin{pmatrix} x \\ y \end{pmatrix}$$

$$\omega_2 : \quad \begin{pmatrix} x \\ y \end{pmatrix} \rightarrow \begin{pmatrix} 1/2 & 0 \\ 0 & 1/2 \end{pmatrix} \begin{pmatrix} x \\ y \end{pmatrix} + \begin{pmatrix} 0 \\ 1 \end{pmatrix}$$

$$\omega_3 : \quad \begin{pmatrix} x \\ y \end{pmatrix} \rightarrow \begin{pmatrix} 1/2 & 0 \\ 0 & 1/2 \end{pmatrix} \begin{pmatrix} x \\ y \end{pmatrix} + \begin{pmatrix} 1 \\ 1 \end{pmatrix}.$$

Die Kontraktionsabbildungen des Sierpinski-Dreiecks gewinnt man aus diesem System einfach, indem man die addierten Vektoren in ω_2 und ω_3 ersetzt: $(0, 1) \rightarrow (1/2, \sqrt{3/4})$ und $(1, 1) \rightarrow (1, 0)$. Im Fall der Cantor-Menge, die ja im eindimensionalen Raum realisiert ist und damit nicht die Angabe von Vektoren erfordert, läßt sich das IFS noch einfacher formulieren: Man hat zwei Kontraktionsabbildungen, die beide einen Skalierungsfaktor von $\varepsilon = 1/3$ enthalten. Einfügen der nötigen Koordinaten führt auf

$$\omega_1 : \ x \rightarrow 1/3\,x \ , \quad \omega_2 : \ x \rightarrow 1/3\,x + 2/3.$$

Wie bereits angedeutet, erfordert die Koch-Kurve aus Abb. 6.7 nicht nur die Skalierung und Verschiebung eines Objekts, sondern auch die Drehung. An dieser Stelle kommen die beiden nicht auf der Diagonalen liegenden Matrixelemente b_i und c_i ins Spiel. Einzelheiten finden sich zum Beispiel in (Barnsley 1993).

Zusammenfassend ist also ein iteriertes Funktionensystem durch Angabe des Anfangsobjekts O und der Kontraktionsabbildungen ω_i bestimmt,

$$\text{IFS} : \{O; \quad \omega_i, i = 1, ..., n\} \ ,$$

bzw. durch Angabe der mathematischen Form der Abbildungen

$$\begin{pmatrix} x \\ y \end{pmatrix} \in O , \quad \begin{pmatrix} x \\ y \end{pmatrix} \xrightarrow{\omega_i} \begin{pmatrix} a_i & b_i \\ c_i & d_i \end{pmatrix} \begin{pmatrix} x \\ y \end{pmatrix} + \begin{pmatrix} e_i \\ f_i \end{pmatrix} .$$

Der k-te Iterationsschritt führt auf die Menge

$$O^{(k)} := \left\{ \omega_i^k \begin{pmatrix} x \\ y \end{pmatrix} ; i = 1, ..., n; \begin{pmatrix} x \\ y \end{pmatrix} \in O \right\}$$

mit

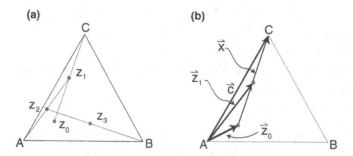

Abb. 6.13. Skizze der ersten Schritte eines stochastischen Iterationsalgorithmus (Abb. (a)). Vorgehensweise beim stochastischen Iterationsalgorithmus in einer vektoriellen Darstellung (Abb. (b)). Auf diese Weise läßt sich ein Zusammenhang zu den Kontraktionsabbildungen des Sierpinski-Dreiecks herstellen

$$\omega_i^k \begin{pmatrix} x \\ y \end{pmatrix} = \underbrace{\omega_i \left(\omega_i \left(\dots \omega_i \begin{pmatrix} x \\ y \end{pmatrix} \dots \right) \right)}_{k-mal}.$$

Das Fraktal ist auch in dieser Notation durch eine unendliche Iteration gegeben, nämlich als $O^{(\infty)} = \lim_{k \to \infty} O^k$. Wie bereits erwähnt ist $O^{(\infty)}$ im allgemeinen unabhängig von O. Um die enge mathematische Verwandschaft zu (etwa durch Differenzengleichungen spezifizierten) dynamischen Systemen zu betonen, bezeichnet man $O^{(\infty)}$ gelegentlich auch als *Attraktor* des iterierten Funktionensystems. Die Anordnungsvorschrift, die durch die Kontraktionsabbildung ω_i festgelegt ist, enthält stets den zentralen Schritt, verkleinerte Kopien des Objektes an verschiedenen Stellen zu plazieren. Die so erzeugte Auffindbarkeit immer kleinerer Kopien des Gesamten in einer Struktur bezeichnet man wie eingangs bereits erwähnt als *Selbstähnlichkeit*.

Die Unabhängigkeit des Attraktors $O^{(\infty)}$ vom Anfangsobjekt ist sicherlich neben der Stetigkeit in den Parametern die spektakulärste Eigenschaft fraktaler Geometrie. Dadurch wird der Attraktor nur durch die Kontraktionsabbildungen ω_i (also durch die darin enthaltenen Parameter) bestimmt. Gerade aufgrund dieser Eigenschaft gibt es neben dem deterministischen Iterationsalgorithmus, den wir bisher kennengelernt haben, noch eine andere Methode, den Attraktor eines iterierten Funktionensystems zu approximieren, den *stochastischen Iterationsalgorithmus*. Dazu betrachten wir folgendes Spiel, das auf M. Barnsley zurückgeht und eine alternative Erzeugungsart des Sierpinski-Dreiecks darstellt (Barnsley 1993):

1. Zeichne ein gleichseitiges Dreieck mit Eckpunkten A, B, C und trage einen beliebigen Punkt (z_0) im Inneren ein.
2. Würfle eine Ecke (A, B oder C) aus.
3. Zeichne einen weiteren Punkt (z_1) auf halber Strecke zwischen z_0 und dem Eckpunkt ein.
4. Wiederhole 2.

Die Notation und ein Beispiel für die ersten Iterationsschritte ist in Abb. 6.13(a) dargestellt. Wenn tatsächlich des Sierpinski-Dreieck bei diesem Verfahren herauskommt, muß es auch auf der rein mathematischen Ebene, also dem iterierten Funktionensystem, einen Zusammenhang zwischen unserem Spiel und dem Sierpinski-Dreieck geben. Die Verbindung muß dadurch entstehen, daß jeder Iterationsschritt $(z_i \rightarrow z_{i+1})$ dem Anwenden einer Abbildungsvorschrift entspricht. Das Auswürfeln der Eckpunkte legt dabei die verwendete Kontraktionsabbildung fest. Diese Plausibilitätsüberlegung läßt sich durch eine vektorielle Betrachtung nun quantitativ untermauern. Dazu betrachten wir die Koordinatendarstellung

$$z_i = \begin{pmatrix} x_i \\ y_i \end{pmatrix}, \quad A = \begin{pmatrix} 0 \\ 0 \end{pmatrix}, \quad B = \begin{pmatrix} 1 \\ 0 \end{pmatrix}, \quad C = \begin{pmatrix} 1/2 \\ c \end{pmatrix},$$

mit $c = \sqrt{3/4}$.

In dieser Sprache besteht ein Schritt des Spiels darin, die x- und y-Koordinaten des Punktes z_i zu halbieren und dann die Hälfte des Vektors eines (des ausgewürfelten) Eckpunktes zu addieren. Abb. 6.13(b) stellt dieses Vorgehen und die entsprechende vektorielle Notation dar. Man hat zum Beispiel

$$\vec{x} = \vec{c} - \vec{z}_0$$

mit dem Vektor $\vec{c}$ zum Eckpunkt C und damit

$$\vec{z}_1 = \vec{z}_0 + \frac{1}{2}\vec{x} = \vec{z}_0 + \frac{1}{2}\left(\vec{c} - \vec{z}_0\right) = \frac{1}{2}\left(\vec{z}_0 + \vec{c}\right).$$

Insgesamt treten also folgende drei Kontraktionsabbildungen in diesem Spiel auf, die bis auf einen Faktor 2 in den addierten Vektoren (aufgrund der unterschiedlich gewählten Längeneinheiten der beiden Koordinatensysteme) gerade denen des Sierpinski-Dreiecks entsprechen:

$$\begin{pmatrix} x \\ y \end{pmatrix} \xrightarrow{\omega_C} \begin{pmatrix} 1/2 & 0 \\ 0 & 1/2 \end{pmatrix} \begin{pmatrix} x \\ y \end{pmatrix} + \begin{pmatrix} 1/4 \\ c/2 \end{pmatrix}$$

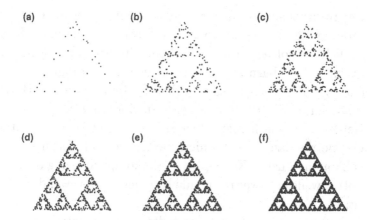

Abb. 6.14. Einige Iterationsschritte bei der Konstruktion des Sierpinski-Dreiecks mit Hilfe eines stochastischen Erzeugungsalgorithmus

$$\begin{pmatrix} x \\ y \end{pmatrix} \xrightarrow{\omega_A} \begin{pmatrix} 1/2 & 0 \\ 0 & 1/2 \end{pmatrix} \begin{pmatrix} x \\ y \end{pmatrix} + \begin{pmatrix} 0 \\ 0 \end{pmatrix}$$

$$\begin{pmatrix} x \\ y \end{pmatrix} \xrightarrow{\omega_B} \begin{pmatrix} 1/2 & 0 \\ 0 & 1/2 \end{pmatrix} \begin{pmatrix} x \\ y \end{pmatrix} + \begin{pmatrix} 1/2 \\ 0 \end{pmatrix}.$$

Damit ist natürlich nichts mathematisch streng bewiesen. Wir wissen nun einzig, daß sich aus den Spielregeln die Kontraktionsabbildungen für das Sierpinski-Dreieck gewinnen lassen. Ebenso ist vollkommen klar, daß dieses Verfahren den Attraktor nur approximieren kann (z.B. werden mit hoher Wahrscheinlichkeit die ersten Punkte nicht zum Attraktor gehören, sie bleiben aber dennoch Teil des Endbildes). Trotz dieser Einschränkung stellt die stochastische Iteration ein wichtiges Werkzeug für die Realisierung von Fraktalen auf einem Computer dar. Abb. 6.14 zeigt, wie mit wachsender Zahl von Iterationsschritten das Sierpinski-Dreieck entsteht.[5]

Am Ende dieser Betrachtungen, bevor wir zur *Analyse* fraktaler Strukturen übergehen, sollen drei Hinweise stehen, die interessante Ausgangspunkte für ein weiteres Nachdenken und für einen Blick auf die in Anhang A aufgeführten vertiefenden Materialien darstellen:

---

[5] Rein mathematisch erinnert dieses Vorgehen an sogenannte Monte-Carlo-Methoden, wie sie in vielen naturwissenschaftlichen Bereichen üblich sind. Sie kommen zum Beispiel auch als Update-Verfahren zellulärer Automaten zum Einsatz, indem eine der N^2 Zellen des Raumgitters ausgewürfelt wird, um auf ihren Zustand die Update-Regeln anzuwenden (vgl. Kapitel 3.2).

- Der Iterationsprozeß der fraktalen Geometrie erinnert strukturell an Selbstorganisations- und Wachstumsprozesse. Maßgeblich für solche Parallelen scheint die Anzahl (relevanter) nächster Nachbarn zu sein, aber auch die Bedingung, unter der eine neue Längenskala in dem System auftritt (z.B. das Wachsen neuer, kleinerer Zweige an einem Baum).

- Neben ihrer mathematischen Bedeutung stellt die fraktale Geometrie dank der Pionierarbeiten von M. Barnsley ein vollkommen neues Konzept der Bildkomprimierung dar, daß mittlerweile eine weitreichende kommerzielle Anwendung besitzt.

- Es ist klar, daß die hier dargestellten Überlegungen nicht auf die Ebene, also den Raum $\mathbb{R}^2$, beschränkt sind. Fraktale lassen sich ebenso im $\mathbb{R}^3$ oder, allgemeiner, im $\mathbb{R}^n$ formulieren. Dabei ändert sich in unserem Formalismus im wesentlichen die Dimension der Vektoren und Matrizen, die in den Kontraktionsabbildungen auftreten.

Wir haben nun gesehen, wie man Fraktale durch iterierte Funktionensysteme ausdrückt und mit welchen Verfahren man sie schließlich konstruieren kann. Was nun noch fehlt, ist ein quantitatives Gefühl für Fraktale. Mit welchen Kenngröße lassen sich Fraktale klassifizieren und vergleichen? Wie bereits erwähnt eignen sich dazu die Parameter in den Kontraktionsabbildungen nur sehr wenig:

- Die Parameter besitzen keine unmittelbare geometrische Interpretation.

- Schon die Anzahl von Abbildungen ω_i variiert von Fraktal zu Fraktal.

Was die Klassifikation von Fraktalen anbelangt, müssen wir uns daher anders behelfen — und zwar mit der Kenngröße, die den Fraktalen ihren Namen gegeben hat: die *fraktale Dimension* D_F. Sie stellt eine Verallgemeinerung des herkömmlichen Dimensionsbegriffs dar und trifft eine Aussage darüber, bis zu welchem Grad das Fraktal seinen Trägerraum (also z.B. den $\mathbb{R}^2$ oder $\mathbb{R}^3$) ausfüllt. Nun haben wir in Kapitel 4.3 bereits diskutiert, wie man eine Dimension formal definieren kann und welche mathematische Gestalt man so erhält. Daher beginnen wir nun mit dem (in einer gewissen Analogie zu Gleichung (4.22) formulierten) Ansatz

$$D_F := \frac{\log N}{\log \varepsilon} \tag{6.4}$$

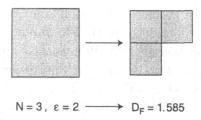

$$N = 3, \ \varepsilon = 2 \longrightarrow D_F = 1.585$$

Abb. 6.15. Bestimmung der fraktalen Dimension für das IFS aus Gleichung (6.1).
In Kenntnis des IFS ist es nicht notwendig, das Fraktal selbst zu analysieren, sondern es reicht, die Parameter N und ε aus dem Gleichungssystem in Gleichung (6.4)
einzusetzen

für die fraktale Dimension D_F. Dabei ist N die Anzahl von Kontraktionsabbildungen, also von Kopien pro Iterationsschritt, und ε der (inverse) Skalierungsfaktor. Wir wollen nun versuchen, Gleichung (6.4)
etwas besser zu verstehen. Die Anwendung auf ein IFS ist relativ einfach, da N und ε dann explizit gegeben sind. Abb. 6.15 führt dies
für unser Anfangsbeispiel vor. Die resultierende fraktale Dimension
D_F=1.59 entspricht dabei dem Eindruck bei einem Blick auf das entsprechende Fraktal in Abb. 6.3: Die zugehörige Fläche im Trägerraum
$\mathbb{R}^2$, auf der das Fraktal ruht, wird nicht vollständig von dem Fraktal
ausgefüllt. Es bleiben systematisch Lücken, die von ähnlicher Menge
und Größe sein könnten, wie die von dem Fraktal belegten Bereiche.
Für die Cantor-Menge erhält man wegen $N = 2$ und $\varepsilon = 3$ eine fraktale
Dimension $D_F = 0.63$, die Koch-Kurve aus Abb. 6.7 hat $D_F = 1.26$
(aus $N = 4$ und $\varepsilon = 3$). Anschaulich klar ist, daß das Sierpinski-Dreieck
dieselbe fraktale Dimension besitzt wie unser Anfangsbeispiel, nämlich
$D_F = 1.59$. Als Warnung sei allerdings bemerkt, daß sich Gleichung
(6.4) im Fall eines IFS mit verschiedenen Skalierungsfaktoren oder mit
Drehungen (also nicht nur reinen Verschiebungen des Anfangsobjektes)
nicht unmittelbar anwenden läßt. Für solche Fälle lassen sich Verallgemeinerungen von Gleichung (6.4) finden (vgl. Barnsley 1993). Für den
Umgang mit experimentellen Daten ist die wichtigere Anwendung der
Fall eines gegebenen (z.B. experimentell bestimmten) Fraktals *ohne*
Kenntnis des zugehörigen IFS. Mit einiger Übung kann man in vielen
Fällen auch dann zwar N und ε von Hand abschätzen, ein befriedigendes universelles Rezept für die Anwendung von Gleichung (6.4) gibt
es jedoch nicht. Mit diesem Fall werden wir uns in Kapitel 6.2 näher
beschäftigen.

Einen Einblick in den geometrischen Sinn von Gleichung (6.4) erhält man, ähnlich wie schon in Kapitel 4.3, durch Vergleich mit dem herkömmlichen Dimensionsbegriff. Rein formal gibt eine Dimension die Anzahl von Parametern an, die zur Spezifizierung eines Punktes des betrachteten Objektes nötig sind. So ist zum Beispiel für einen Punkt auf einer Geraden *eine* Koordinate zu spezifizieren, während ein Punkt in einer Ebene *zwei* Koordinaten benötigt. Die zu diesem Denkansatz äquivalente Alternative haben wir in Kapitel 4.3 im Rahmen der nichtlinearen Zeitreihenanalyse kennengelernt: Eine Dimension D überführt eine charakteristische Länge l (z.B. eine Kantenlänge) in ein Maß I für den "Inhalt" (also eine Länge, Fläche, ein Volumen oder eine entsprechende höherdimensionale Verallgemeinerung):

$$I \propto l^D.$$

Diese Struktur imitiert man für iterierte Funktionensysteme durch

$$N \propto \varepsilon^D, \tag{6.5}$$

wobei nun der Kehrwert des Skalierungsfaktors die Funktion einer Längenskala hat und die Anzahl von Kopien die Rolle des "Inhaltes" übernimmt. Einfaches Logarithmieren führt dann auf Gleichung (6.4). Abb. 6.16 faßt diesen fraktalen Dimensionsbegriff zusammen. Auf eine sehr elegante Art läßt sich noch die Konsistenz von Gleichung (6.5) mit der herkömmlichen Dimension überprüfen: Rein formal kann man auch eine fraktale Bauanweisung für klassisch-geometrische Objekte formulieren, zum Beispiel ein iteriertes Funktionensystem für eine Gerade oder ein Quadrat. Geeignete Iterationsschritte sind in Abb. 6.17 dargestellt. In diesen Fällen führt Gleichung (6.5) auf die erwartete (ganzzahlige) Dimension. Damit haben wir Methoden kennengelernt, Fraktale zu generieren und zu klassifizieren. Als letztes werden wir kurz diskutieren, wie das Konzept der fraktalen Geometrie einige der Themen aus den vorangegangenen Kapiteln berührt.

Zelluläre Automaten

Wir haben zu Beginn dieses Kapitels bereits gesehen, daß für bestimmte Regeln die Zeitentwicklung eindimensionaler zellulärer Automaten eine fraktale Struktur darstellt. Die Selbstähnlichkeit ist dabei allerdings nicht wie bei mathematisch exakten Fraktalen (also den Resultaten eines unendlichen Iterationsprozesses) bis in beliebig kleine Strukturen nachweisbar, sondern besitzt durch die räumliche Diskretisierung eine untere Grenze. Vor dem Hintergrund iterierter Funktionensysteme können wir uns diese Muster plausibel machen. Ein Beispiel ist die

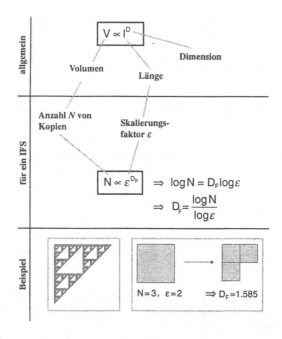

Abb. 6.16. Zusammenfassung des Vorgehens zur Definition der fraktalen Dimension. Der grundsätzliche geometrische Dimensionsbegriff *(oberes Drittel)* steht dabei dem Spezialfall für ein iteriertes Funktionensystem *(mittleres Drittel)* gegenüber. Im *unteren Drittel* ist eine entsprechende Anwendung dieser Definition angegeben

Zeitentwicklung des eindimensionalen zellulären Automaten der Regel 90. Man hat

$$90 \equiv 0\,1\,0\,1\,1\,0\,1\,0$$

und damit

$$(110)\,,\,(100)\,,\,(011)\,,\,(001) \to 1.$$

Alle anderen Nachbarschaftskonstellationen werden in Null überführt, insbesondere die Konstellation (101). Abb. 6.18 stellt schematisch dar, wie gerade diese Regel wie eine Kontraktionsabbildung wirken kann. Ähnliche Überlegungen lassen sich für die anderen Nachbarschaftsregeln durchführen, ebenso wie für andere Regelwerke mit selbstähnlichen Zeitentwicklungen. Tatsächlich ergibt die Zeitentwicklung des Regel-90-Automaten eine Approximation des Sierpinski-Dreiecks, wenn keine randomisierten Anfangsbedingungen verwendet werden, sondern eine auf 1 gesetzte Zentralzelle $(\ldots, 0, 0, 1, 0, 0, \ldots)$.

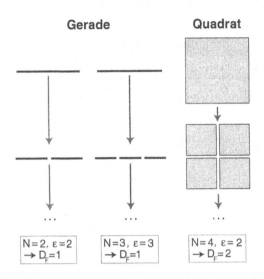

Abb. 6.17. Anwendung der Definition der fraktalen Dimensionen auf Objekte der klassischen Geometrie. Es zeigt sich, daß der herkömmliche Dimensionsbegriff von der fraktalen Verallgemeinerung reproduziert wird

Diesen Zusammenhang werden wir in Kapitel 6.2 ausnutzen, um eine fraktale räumliche Struktur zu erzeugen (vgl. Abb. 6.25).

Differenzengleichungen

Es existiert eine fundamentale Verbindung zwischen Fraktalen und einigen Differenzengleichungen, die aufzudecken allerdings eine genaue Untersuchung der Dynamik erfordert. Dazu betrachten wir die als "Zeltabbildung" (engl. *tent map*) bezeichnete abschnittsweise definierte Differenzengleichung

$$x_{t+1} = f(x_t) = \begin{cases} b\,x_t & , \quad x_t \leq 2 \\ -b\,x_t + b & , \quad x_t > 2 \end{cases} .$$

Das zugehörige Hilfsdiagramm für $b = 6$ ist in Abb. 6.19 dargestellt. Nun läßt sich der Wertebereich $[0,4]$ durch eine sehr einfache dynamische Fragestellung weiter gliedern: Die Frage ist, wieviele Iterationen nötig sind, um einen Anfangswert x_0 aus dem Intervall $[0,4]$ zu werfen. Ein recht großer Bereich bei mittlerem x_0 verläßt das Intervall zum Beispiel schon mit der zweiten Iteration (siehe Abb. 6.19(b)), einige andere Werte benötigen dagegen deutlich mehr Iterationen (ein Beispiel ist in Abb. 6.19(c) gezeigt). Nun läßt sich diese Anzahl $N(x_0)$ in Abhängigkeit von x_0 darstellen (Abb. 6.20). Man erkennt, wie mit

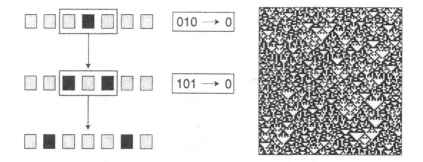

Abb. 6.18. Erklärungsskizze für das Auftreten fraktaler Strukturen in der Zeitentwicklung eindimensionaler zellulärer Automaten. Die charakteristische Dreiecksstruktur eines Automaten zur Regel 90 (rechte Seite) ist durch die Überführung der Strukturen (010) und (101) in 0 leicht zu verstehen

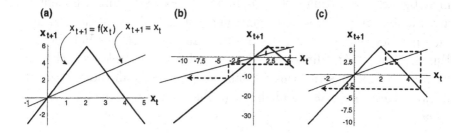

Abb. 6.19. Zeltabbildung als Beispiel für das Auftreten fraktaler Strukturen in der Dynamik von Differenzengleichungen. Abb. (a) zeigt das Hilfsdiagramm zu dieser speziellen Gleichung. Unterschiedliche Anfangsbedingungen (Abbildungen (b) und (c)) führen auf sehr verschiedene Verweildauern der Zeitreihe in dem Intervall $[0, 4]$

wachsendem N die zugehörigen x_0 eine (etwas deformierte) Cantor-Menge approximieren. Die Austrittszahl N aus dem Intervall $[0, 4]$ gibt sozusagen die Iterationsschritte auf dem Weg zu dem Fraktal an, so daß sich Abb. 6.20 direkt mit Abb. 6.6 vergleichen läßt.[6]

Seltsame Attraktoren

Chaotischen Systemen, die durch gekoppelte Differentialgleichungen gegeben sind, lassen sich in komplexer Weise gefaltete geometrische Objekte im Phasenraum zuordnen. In Kapitel 4.3 haben wir als ein Beispiel den Lorenz-Attraktor kennengelernt. Solche "seltsamen" Attraktoren ergeben sich unmittelbar daraus, daß in chaotischen Syste-

---

[6] Die genaue Form von Abb. 6.20 hängt von dem gewählten Intervall und von dem Wert des Parameters b in der Differenzengleichung ab. Eine ausführlichere Diskussion findet sich in (Kaplan u. Glass 1995).

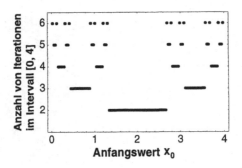

Abb. 6.20. Verweildauer von Zeitreihen der Zeltabbildung im Intervall [0, 4] in Abhängigkeit des Anfangswertes x_0. Es ergibt sich eine Annäherung an eine fraktale Struktur, die der Cantor-Menge ähnelt

men benachbarte Anfangsbedingungen im Phasenraum exponentiell auseinanderlaufen. Diese Divergenz benachbarter Trajektorien, zusammen mit der Beschränkung des Systems auf ein endliches Volumen im Phasenraum, führt direkt auf die für seltsame Attraktoren charakteristische Faltungsstruktur. Es läßt sich zeigen, daß diese Struktur notwendigerweise selbstähnlich ist (siehe z.B. Kapitaniak u. Bishop 1999).

6.2 Fraktale Datenanalyse

In Kapitel 6.1 wurden die Grundelemente der fraktalen Geometrie besprochen. Es zeigte sich, daß sich viele natürliche Objekte effizient durch Fraktale approximieren lassen. Ebenso wurde mit der fraktalen Dimension D_F eine Quantifizierungsmöglichkeit eingeführt, die sich unmittelbar aus dem iterierten Funktionensystem berechnen ließ, und für die – durch Vergleich mit dem herkömmlichen Dimensionsbegriff der klassischen (euklidischen) Geometrie – eine intuitive Vorstellung entwickelt werden konnte. An dieser Stelle bietet sich ein Zugang zu einer auf der fraktalen Geometrie beruhenden Datenanalyse: Sobald man die Dimension D_F aus einem experimentellen Datensatz bestimmen kann, ist eine Verbindung zu dem Bildungsgesetz des (möglichen) Fraktals hergestellt (vgl. dazu Abb. 6.21). Eine solche Technik erweitert das Spektrum an Möglichkeiten der Analyse biologischer Datensätze ganz erheblich. Wie bereits besprochen besitzen viele natürliche Strukturen eine fraktale Gestalt. Schon das Aufdecken einer solchen Fraktalität stellt einen Schritt in Richtung der für die Struktur verantwortlichen

Abb. 6.21. Strategie bei der Analyse experimentell beobachteter fraktaler Strukturen. Durch die Bestimmung der fraktalen Dimension soll eine Verbindung zu den möglichen Erzeugungsmechanismen dieser Struktur, etwa wie sie in einem iterierten Funktionensystem niedergelegt sind, hergestellt werden

Mechanismen dar, weil dann die grundsätzliche Vorstellung iterierter Funktionensysteme anwendbar wird und die berechnete fraktale Dimension mit der Anzahl von Kontraktionsabbildungen (also in der Sprache von Selbstorganisationsprozessen mit der mittleren Zahl relevanter nächster Nachbarn) in Verbindung gebracht werden kann. Eine Methode der Bestimmung von D_F aus experimentellen Daten ist das sogenannte *Box-Counting-Verfahren*, bei dem die Abhängigkeit des Volumens von dem angelegten Maßstab untersucht wird. Eine gemessene Struktur bezeichnet man dann als fraktal, wenn die ermittelte Dimension D_F *deutlich* von einer ganzen Zahl abweicht. Das verläßliche Anwenden der Bestimmungsalgorithmen stellt hohe Anforderungen an den Datensatz. So müssen zum Beispiel Daten auf vielen (Längen- oder Zeit-)Skalen (also Größenordnungen) vorliegen. Diese Anforderungen werden wir in Kapitel 6.3 noch anhand von Beispielen diskutieren. Zuerst soll aber das Box-Counting-Verfahren selbst vorgestellt werden.

Gegeben sei ein Objekt O (zum Beispiel ein Ausschnitt aus einer Zeitreihe oder eine geeignet herausprojizierte räumliche Struktur, vgl. Kapitel 6.3), das einen Raum der Dimension d teilweise ausfüllt. Dieser Raum wird nun mit (entsprechend d-dimensionalen) Würfeln der Kantenlänge r gepflastert. Dann läßt sich zählen, wieviele der Würfel einen Teil von O enthalten. Offensichtlich hängt diese Zahl $N = N(r)$ vom verwendeten Maßstab r, also der Kantenlänge der Würfel, ab. Bemerkenswerterweise kann man über den Zusammenhang von N und r in der üblichen Art eine Dimension definieren. Die fundamentale Eigenschaft einer Dimension D, Volumen und Längenskala in Beziehung zu setzen, bleibt dabei erhalten:

$$N(r) \propto r^{-D_F} \tag{6.6}$$

Eine potentielle Fehlerquelle ist das negative Vorzeichen von D_F im Exponenten. Es berücksichtigt, daß r und N sich stets invers zueinan-

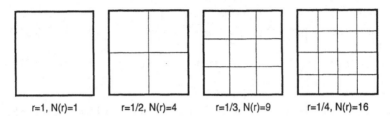

r=1, N(r)=1   r=1/2, N(r)=4   r=1/3, N(r)=9   r=1/4, N(r)=16

Abb. 6.22. Einfaches Beispiel für ein Box-Counting. Die Maßstabsverkleinerung führt auf eine immer größere Zahl von Rasterkästchen, die zum Ausfüllen der Fläche benötigt wurden. Das quadratische Wachstum ergibt dann die Dimension $D_F = 2$

der verhalten (ein kleines r führt auf ein großes N).[7] Das Funktionieren von Gleichung (6.6) läßt sich ganz ähnlich zu Abb. 6.17 für einfache Objekte der klassischen Geometrie sofort überprüfen. Ein Beispiel ist in Abb. 6.22 gezeigt. Im Fall fraktaler Objekte gewinnt dieses einsichtige Verfahren des Box-Counting eine zusätzliche geometrische Aussagekraft: Bei kleinerem Maßstab werden immer mehr immer feinere Einzelheiten der selbstähnlichen Struktur von dem Raster erfaßt. Aufgrund dieses für Fraktale spezifischen Effektes führt das Box-Counting auf nicht so einfach interpretierbare nicht ganzzahlige Dimensionen, die man − wie die entsprechenden, jedoch auf andere Weise ermittelten Größen bei den IFS − als *fraktale Dimensionen* bezeichnet. Auf dem so durch die fraktale Dimension hergestellten Zusammenhang beruht das in Abb. 6.21 schematisch dargestellte Konzept der fraktalen Datenanalyse. Die entsprechende Verbindung der allgemeinen Definition von D_F und dem Spezialfall iterierter Funktionensysteme wird dabei ganz wie in Abb. 6.16 hergestellt, wobei der Box-Counting-Algorithmus eine Umsetzung der oberen Hälfte von Abb. 6.16 darstellt.

Die konkrete Vorgehensweise beim Box-Counting soll nun an zwei Beispielen diskutiert werden: einer Zeitreihe und einer räumlichen Struktur. In Abb. 6.23 ist eine Zeitreihe dargestellt, deren Verlauf fraktal sein könnte. Die Raster verschiedener Größen zeigen, wie immer feinere Strukturen der Zeitreihe aufgelöst werden, also zu unterschiedlichen Feldern des Rasters beitragen (vgl. die Hervorhebung in Abb.

---

[7] An dieser Stelle soll nicht unterschlagen werden, daß wir in Gleichung (6.5) auch ein entsprechendes Vorzeichen hätten einführen können. Die Größe ε hätte dann unmittelbar den Skalierungsfaktor (nicht seinen Kehrwert) bezeichnet. Allerdings wäre dann die in Abb. 6.16 dargestellte strukturelle Analogie zum herkömmlichen Dimensionsbegriff verloren gegangen.

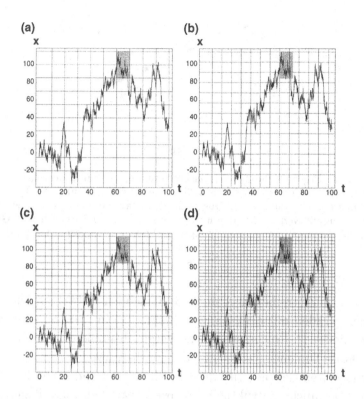

Abb. 6.23. Änderung der Box-Größe bei der fraktalen Analyse einer Zeitreihe. Grau hervorgehoben ist ein Ausschnitt der Zeitreihe, der deutlich macht, wie Strukturen mit kleiner werdendem Raster (Abbildungssequenz von (a) nach (d)) immer genauer aufgelöst werden

6.23). Man kann nun einfach nachzählen[8], wieviele der Kästchen des Rasters bei fester Kantenlänge r Teile der Zeitreihe enthalten. Eine doppelt-logarithmische Auftragung der Wertepaare $(r, N(r))$ sollte dann, sofern der Datensatz ein Anwenden dieses Verfahrens zuläßt, auf eine Gerade führen, deren Steigung der fraktalen Dimension D_F entspricht. Die doppelt-logarithmische Darstellung (also $\log N$ als Funktion von $\log r$) ist dabei die direkte Umsetzung von Gleichung (6.6). Für die Zeitreihe aus Abb. 6.23 ist dieses Diagramm in Abb. 6.24 dargestellt. Die zugehörige fraktale Dimension ist $D_F = 1.54$. Die mit Box-Counting bestimmten Punkte in Abb. 6.24 weisen eine sehr geringe Streuung um die Ausgleichsgerade auf. Wir können also davon ausge-

---

[8] Die genaue informatische Umsetzung dieses "Nachzählens" ist nicht trivial. Es existieren dazu verschiedene geschwindigkeitsoptimierte Algorithmen in der Literatur (siehe zum Beispiel Liebovitch 1998).

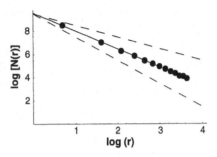

Abb. 6.24. Ergebnis der Dimensionsbestimmung mit Hilfe des Box-Counting-Verfahrens für die Zeitreihe aus Abb. 6.23. Gezeigt sind die Punkte $N(r)$ in doppelt-logarithmischer Auftragung. Die Ausgleichsgerade an die Wertepaare $(\log r, \log N)$ hat eine Steigung von -1.54 (durchgezogene Linie). Zum Vergleich sind Geraden mit den nächsten ganzzahligen Steigungen (-2 und -1) eingezeichnet (gestrichelte Linien)

hen, daß die Zeitreihe aus Abb. 6.23 tatsächlich fraktal ist. Die beiden Referenzgeraden mit ganzzahligen Steigungen in Abb. 6.24 bestätigen diesen Eindruck. Eine anschauliche Vergleichsgröße wäre zum Beispiel die fraktale Dimension $D_F{=}1.26$ der Koch-Kurve.

In dem zweiten Beispiel wird diese Methode verwendet, um Fraktalität in einer räumlichen Struktur nachzuweisen und zu quantifizieren. Die einfachste Art, zu einer direkten Anwendung auf relativ beliebige Formate von räumlichen Datensätzen zu gelangen, ist eine Projektion des Zustandsraums[9] der räumlichen Struktur auf $\{0,1\}$. Durch diese Projektion werden "Küstenlinien" ausgewählt, deren geometrische Eigenschaften dann mit Hilfe der fraktalen Dimension diskutiert werden können.[10] Dabei ist zu beachten, daß zur Projektion die Wahl einer Schwelle erforderlich ist. Man kann zum Beispiel im Fall eines Zustandsraums Σ mit Abstandsfunktion (vgl. Kapitel 5.3) stets eine Projektion verwenden, die der Abbildung

$$\Sigma = \{1, ..., N\} \rightarrow \{0, 1\}$$
$$k \in \Sigma \mapsto \begin{cases} 1 & k > S \\ 0 & k \leq S \end{cases}$$

entspricht. Um das Verfahren in geringstem Maße von dem Schwellenparameter S abhängig zu machen, kann als Schwelle z.B. der Mit-

---

[9] Liegt die räumliche Struktur in Form eines digitalen oder digitalisierten Bildes vor, so ist ein üblicher Zustandsraum durch die Binärcodierung reeller Zahlen (etwa in einem 8-bit-Format, also mit Werten von 0 bis 255) gegeben.

[10] Es sind noch einige weitere Verfahren denkbar, um zu einer Anwendung von Gleichung (6.6) zu gelangen, vgl. (Bassingthwaighte 1994).

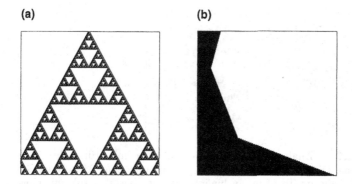

Abb. 6.25. Zwei Beispiele für einfache räumliche Strukturen, die mit Hilfe des Box-Counting-Verfahrens analysiert werden können. Abb. (a) zeigt eine Approximation des Sierpinski-Dreiecks (durch einen eindimensionalen zellulären Automaten der Regel 90), während Abb. (b) ein einfaches klassisch-geometrisches Objekt darstellt

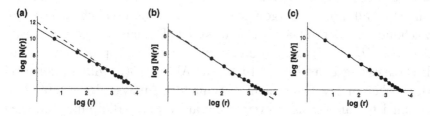

Abb. 6.26. Ergebnisse des Box-Counting für die beiden Strukturen aus Abb. 6.25. Abb. (a) zeigt die Analyse für das Sierpinski-Dreieck aus Abb. 6.25(a). Im Fall der klassischen Struktur aus Abb. 6.25(b) wurde sowohl die Dimension der Kante (b) als auch die der schwarzen Flächen (c) bestimmt. Die Steigungen der Ausgleichsgeraden sind: (a) -1.78, (b) -0.97 und (c) -2.01. In allen Fällen ist auch eine Referenzgerade mit der nächsten ganzzahligen Steigung angegeben *(gestrichelte Linien)*

telwert der Zustände über die ganze räumliche Struktur gewählt werden. Abb. 6.25 zeigt zwei äußerst schematische Beispiele für räumliche Strukturen, die mit dem Box-Counting-Verfahren näher untersucht werden können. Tatsächlich führen beide Analysen auf relativ deutliche lineare Zusammenhänge von $\log N$ und $\log r$ mit einer geringen Streuung um die Ausgleichsgerade (Abb. 6.26). Der entscheidende Unterschied zwischen beiden Mustern zeigt sich allerdings in der extrahierten Dimension (also der negativen Steigung der Ausgleichsgeraden). Für das Fraktal (Abb. 6.25(a)) ergibt sich mit $D_F = 1.78$ eine deutliche Abweichung von einer ganzzahligen Dimension. Abb.

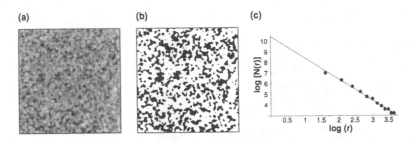

Abb. 6.27. Analyse eines Diffusionsmusters mit Hilfe des Box-Counting-Verfahrens. Die Struktur (a) wird durch Anwenden einer Mittelwert-Schwelle (vgl. die Diskussion im Text) in ein binäres Muster überführt (b), mit dem dann eine Dimensionsanalyse durchgeführt werden kann. Man erhält eine Steigung der Ausgleichsgeraden von -2.02 in der üblichen Auftragung der Paare $(\log r, \log N)$

6.26(a) zeigt auch, daß die statistische Qualität der bestimmten Punkte trotz des approximativen Charakters von Abb. 6.25(a) ausreicht, um den Fall $D_F = 2$ (gestrichelte Linie) auszuschließen. Die Abweichung von der tatsächlichen fraktalen Dimension des Sierpinski-Dreiecks, $D_F = 1.59$ ist allerdings eine Folge der Approximation. Für das klassisch-geometrische Objekt aus Abb. 6.25(b) gibt es nun zwei Möglichkeiten der Dimensionsbestimmung: Analyse der Kante (Kriterium ist, daß sowohl schwarze als auch weiße Bildpunkte in dem Kästchen des r-Rasters vorhanden sind) und Analyse der Fläche (hier werden alle Kästchen gezählt, die nicht ausschließlich weiße Punkte enthalten). In beiden Fällen führt das Box-Counting zu einer im Rahmen der statistischen Schwankungen ganzzahligen Dimension, nämlich $D_F = 0.97$ für die Kante und $D_F = 2.01$ für die Fläche. In den Abbildungen 6.26(b) und (c) sind die zugehörigen Ausgleichsgeraden fast nicht von den Referenzgeraden ganzzahliger Dimension zu unterscheiden.

Als letztes soll nun der Einsatz einer Schwelle untersucht werden, mit der zur Anwendung des Box-Counting-Verfahrens ein kontinuierlicher Zustandsraum auf $\{0,1\}$ abgebildet werden kann. Abb. 6.27(a) zeigt die Momentaufnahme eines Diffusionsprozesses, der von einer zufälligen Konzentrationsverteilung aus gestartet war.[11] Als Schwelle verwenden wir, wie oben beschrieben, den Mittelwert über die gesam-

---

[11] Die Zeitentwicklung wurde mit Hilfe des in Kapitel 3.3 besprochenen zellulären Automaten realisiert. Ganz allgemein eignen sich zelluläre Automaten sehr gut, um schnell und effizient Beispieldaten zum Test neuer Analyseverfahren zu erzeugen. In Kapitel 5 haben wir dies schon intensiv ausgenutzt.

te Struktur. Das Anwenden dieser Schwelle führt auf eine Struktur, die fraktale Eigenschaften besitzen könnte (Abb. 6.27(b)). Die Analyse ergibt jedoch eine Dimension von $D_F = 2.02$ (Abb. 6.27(c)), was dem tatsächlich klassisch-geometrischen Charakter dieser Struktur entspricht. In Kapitel 6.3 werden wir weitere Beispiele für die Anwendung des Box-Counting-Verfahrens diskutieren.

Als nächstes soll der allgemeine statistische Hintergrund fraktaler Methoden etwas näher beleuchtet werden. Das Ziel ist, ein mögliches Versagen üblicher statistischer Methoden bemerken zu können, um in einem solchen Fall die Analysemethoden der fraktalen Geometrie als Alternative zu verwenden. Einen Zugang zu diesem schwierigen und anspruchsvollen Themenkomplex bietet die Systematik hinter Abb. 6.24. Dort wurde als statistische Kenngröße einer räumlichen Struktur nicht etwa ein Mittelwert oder Grenzwert einer Verteilung, sondern ein *Verlauf* verwendet. Die fraktale Dimension ist die *Steigung* einer logarithmisch aufgetragenen Verteilungsfunktion $N(r)$. Dieses Abweichen von herkömmlichen statistischen Methoden erfordert eine ausführlichere Begründung. Dazu soll zuerst ein weiteres, besonders anschauliches Beispiel für die Bildung einer fraktalen Struktur diskutiert werden: die *diffusionsbegrenzte Aggregation*. Bei diesem Grundphänomen fraktalen Wachstums (Liebovitch 1998) führen Teilchen eine Zufallsbewegung in einer Ebene aus. Wird ein bestimmter Grenzabstand unterschritten, so bewegen sich die in Kontakt geratenen Teilchen nicht weiter fort, sondern verharren an der gerade bestehenden Position und bilden so Keime für das Wachsen einer komplexen Struktur. Beispiele für auf diese Weise erzeugte Strukturen sind in Abb. 6.28 dargestellt. Folgende Eigenschaften treten dabei zutage:

- Die Fläche wird nicht gleichmäßig aufgefüllt, sondern es bilden sich einzelne Äste, die für sich weiterwachsen.
- Jeder Hauptast besitzt eine weitere Verästelung, die zu dem Gesamtobjekt selbstähnlich ist.
- Der Anteil unbesetzter Fläche wird zum Rand hin immer größer. Mit wachsendem Radius überwiegt schließlich die unbesetzte Fläche deutlich.

Die geometrischen Eigenschaften der diffusionsbegrenzten Aggregation sind die direkte Folge einer äußerst subtilen Verteilung der Kontaktwahrscheinlichkeit entlang des Randes der bestehenden Struktur: Für ein in zufälliger Bewegung befindliches Teilchen besteht eine sehr geringe Wahrscheinlichkeit ohne vorhergehenden Kontakt bis in das Zen-

(a)   **(b)**

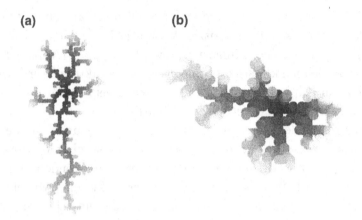

Abb. 6.28. Zwei Beispiele für Strukturen, die durch die Simulation einer diffusionsbegrenzten Aggregation entstanden sind. Die Graustufen sind ein Maß für den Zeitpunkt, zu dem die Anlagerung erfolgt ist (heller = später)

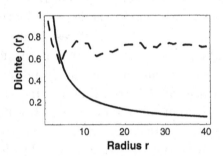

Abb. 6.29. Schematische Darstellung der mittleren Dichte $\rho(r)$ von Punkten einer Struktur als Funktion des Abstandes vom Mittelpunkt. Der Verlauf für eine durch diffusionsbegrenzte Aggregation erzeugte Struktur *(durchgezogene Linie)* ist im Vergleich zu dem entsprechenden Verlauf einer klassischen (unendlich ausgedehnten) Struktur, zum Beispiel einem Schachbrettmuster, dargestellt

trum der bereits bestehenden Struktur vorzudringen. Auf der Grundlage dieser Vorüberlegung können wir nun die geometrische Gestalt der diffusionsbegrenzten Aggregation mit einer nicht fraktalen Struktur vergleichen: In Abb. 6.29 ist die mittlere Dichte ρ als Funktion des Abstandes r von der Mitte der Struktur aus schematisch aufgezeichnet und mit dem entsprechenden Verlauf einer klassischen, nichtfraktalen Struktur verglichen. Während die Funktion $\rho(r)$ der klassischen Struktur gegen einen endlichen, wohldefinierten Mittelwert konvergiert, läuft die entsprechende Funktion für die diffusionsbegrenzte

Aggregation mit wachsendem r schnell gegen Null. Ein Mittelwert im klassischen Sinne existiert folglich nicht. Dennoch besitzt die Struktur aus Abb. 6.28 natürlich nachweislich einen gewissen Grad an geometrischer Ordnung, der sich quantifizieren lassen muß. Offensichtlich enthält der *Verlauf* der Funktion $\rho(r)$, also die genaue Form der Konvergenz gegen Null, im Fall des fraktalen Objektes die entscheidenden geometrischen Informationen (Liebovitch 1998).

Der in Abb. 6.29 herausgearbeitete Unterschied zwischen einer klassischen und einer fraktalen Struktur ist äußerst weitreichend und leitet über zu der Frage nach den statistischen Eigenschaften von Fraktalen. Das Fehlschlagen herkömmlicher statistischer Methoden, die suggestive Eigenschaft der Selbstähnlichkeit und die möglichen Implikationen von Fraktalität für ein Verständnis "auffälliger" Ereignisse in natürlichen Prozessen (vgl. auch Kapitel 6.4) sind Gegenstand einer großen Zahl wissenschaftlicher Fachartikel und populärwissenschaftlicher Darstellungen (Bak 1996, Poston u. Stewart 1978, Schröder 1991). Dabei ist mit dem Begriff der Selbstähnlichkeit im mathematischen Sinne vor allem das Fehlen einer charakteristischen Längenskala im System gemeint. Bemerkenswerterweise lassen sich diese Eigenschaften durch den Vergleich zweier einfacher mathematischer Funktionen unmittelbar begreifen. Anhand der drei Kernbegriffe,

1. Selbstähnlichkeit,
2. Nichtexistenz einiger statistischer Eigenschaften,
3. "Auffällige", exponierte Ereignisse,

soll nun ein Vergleich der exponentiellen Verteilung

$$f_1(x) = e^{-ax}$$

mit einer Potenzgesetzverteilung

$$f_2(x) = x^{-b}$$

durchgeführt werden. Die Motivation hinter diesem Vorgehen liegt darin, daß die Funktion f_1 charakteristisch für eine Verteilung von Ereignissen nach einer klassischen Geometrie ist, während das Potenzgesetz (engl. *power law*) sich (zum Beispiel bei der Einführung der fraktalen Dimension) als untrennbar verknüpft mit Fraktalität erwiesen hat (Liebovitch 1998, Jensen 1998, Schröder 1991). Ein graphischer Vergleich der Funktionen f_1 und f_2 ist in Abb. 6.30 gezeigt.

1. Zur Untersuchung der Längenskala betrachten wir den Einfluß einer Umskalierung $x \to kx$ der Größe x auf die beiden Verteilungen. Im Fall der Funktion $f_2(x)$ hat man

$$\frac{f_2(k\,x)}{f_2(x)} = \frac{(k\,x)^{-b}}{x^{-b}} = k^{-b},$$

also eine Umskalierung der Verteilung, die unabhängig von x ist. Anders dagegen bei der Funktion f_1:

$$\frac{f_1(k\,x)}{f_1(x)} = \frac{e^{-a\,k\,x}}{e^{-a\,x}} = e^{-a\,(k-1)\,x}.$$

Nun hängt der Skalierungsfaktor, der durch die Skalentransformation $x \to kx$ in der Verteilungsfunktion auftritt, explizit von x ab. Eine Änderung der räumlichen Skala verzerrt also die Verteilung $f_1(x)$ und fügt ihr nicht nur einen (für alle x gleichen) globalen Faktor bei.

2. Die statistischen Eigenschaften einer Verteilung $f(x)$ erhält man ganz allgemein durch Betrachtung von Ausdrücken der Form

$$M^{(q)} = \int x^q f(x)\, dx.$$

Ein Vergleich der beiden Verteilungen $f_1(x)$ und $f_2(x)$ soll nun exemplarisch für den einfachsten Fall, nämlich $q = 0$, erfolgen, also den normalen Mittelwert einer Verteilung. Für die höheren Momente geschieht eine solche Betrachtung (abgesehen von einer zusätzlichen Fallunterscheidung in q) vollkommen analog. Als Intervall in x, über das der Mittelwert gebildet wird, soll hier $[0, \infty]$ verwendet werden, wobei die prinzipielle Schlußfolgerung nicht von dieser Wahl abhängt. Als Mittelwert hat man für die Verteilung f_1

$$M_1^{(0)} = \int\limits_0^\infty e^{-a\,x} dx = -\frac{1}{a}\, e^{-a\,x}\Big|_0^\infty = \frac{1}{a} \tag{6.7}$$

und für die Verteilung f_2

$$M_2^{(0)} = \int\limits_0^\infty x^{-b} dx = \frac{1}{1-b}\, x^{-b+1}\Big|_0^\infty \to \begin{cases} 0 & b \geq 1 \\ \infty & b < 1 \end{cases}. \tag{6.8}$$

Während im ersten Fall der Mittelwert endlich bleibt und dem herkömmlichen Verständnis eines solchen statistischen Maßes entspricht, zeigt sich im zweiten Fall ein Verhalten, das wir als typisch für fraktale Strukturen kennengelernt haben: Im Limes vieler Elemente

(a)   **(b)**

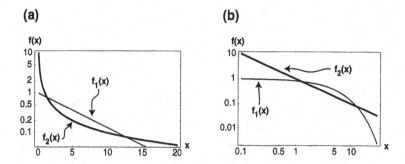

Abb. 6.30. Beispiele für Verteilungsfunktionen $f_1(x)$ und $f_2(x)$ in einer einfach-logarithmischen (a) und einer doppelt-logarithmischen (b) Auftragung. Die Parameterwerte sind $a = b = 1$ und $a = 0.2$, $b = 1$ für die Abbildungen (a) und (b). Im ersten Fall ergibt die Funktion f_1 eine Gerade, während im zweiten Fall, der doppelt-logarithmischen Auftragung, die Verteilung f_2 nach einem Potenzgesetz durch eine Gerade repräsentiert ist

oder großer Wertebereiche geht der Mittelwert gegen Unendlich oder verschwindet, je nach den speziellen Eigenschaften des betrachteten Fraktals. Wie bereits angedeutet, ist der Konvergenzprozeß selbst nun die maßgebliche statistische Größe.

3. Das Auftreten exponierter Ereignisse im Fall der Verteilung $f_2(x)$ läßt sich am besten verstehen, wenn man die Funktionsgraphen der beiden Verteilungen miteinander vergleicht. Abb. 6.30(b) zeigt $f_1(x)$ und $f_2(x)$ in einer doppelt-logarithmischen Auftragung. Man sieht, daß f_2 Ereignisse bei sehr großem x deutlich höher bewertet (also mit größerer Wahrscheinlichkeit auftreten läßt) als die Funktion f_1, bei der die Wahrscheinlichkeit mit wachsendem x sehr schnell gegen Null geht.[12] Es ist vollkommen klar, daß dieser statistische Unterschied wichtige Implikationen für die Anwendung auf die Dynamik von Ökosystemen besitzt. Auf diesen Aspekt werden wir in Kapitel 6.4 eingehen. Als Fazit dieser statistischen Betrachtungen für die Analyse fraktaler Daten bleibt herauszustellen, daß die Bestimmung des Exponenten b der zugehörigen Potenzgesetzverteilung die Rolle klassischer statistischer Analysen übernimmt.

---

[12] Ebenso treten Ereignisse zu kleinen x im Fall von f_2 sehr viel häufiger auf. Dagegen ist der Bereich bei mittleren x bei der Funktion f_1 stärker gewichtet.

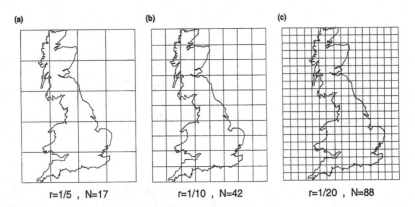

Abb. 6.31. Skizze einer Küstenlinie, auf die sich der Box-Counting-Algorithmus anwenden läßt. Gezeigt sind drei verschiedene Kastengrößen, zusammen mit den zugehörigen Paaren (r, N). Die Ausgangskarte wurde von L.S. Liebovitch zur Verfügung gestellt

6.3 Anwendungsbeispiele

Ein wichtiges Ergebnis des letzten Kapitels ist, daß im Fall fraktaler Strukturen die statistischen Eigenschaften (wie Mittelwert und Varianz) von dem Beobachtungsmaßstab abhängen. Für solche Datensätze ist es daher erforderlich, die Maßstabs*änderung* der statistischen Kenngrößen zu untersuchen. In diesem Kapitel werden wir einige konkrete Beispiele solcher Untersuchungen kennenlernen.

Ein viel zitiertes Beispiel für eine fraktale Struktur in der Natur ist eine Küstenlinie (Barnsley 1993, Liebovitch 1998). Es ist klar, daß die Bestimmung der Länge eines Küstenzuges erheblich von dem verwendeten Maßstab abhängt: Je kleiner die Referenzlänge ist, desto feinere Strukturen der zerklüfteten Landgrenze werden registriert. Tatsächlich divergiert die gemessene Länge bei immer kleiner werdendem Maßstab. Dieses Fehlschlagen üblicher Statistik macht eine solche Struktur zu einem idealen Anwendungsbeispiel fraktaler Datenanalyse. Einen kleinen Eindruck davon können wir mit Hilfe der in Abb. 6.31 dargestellten Küstenstruktur erlangen, die den Umriß von Großbritannien zeigt. Drei Beispiele von Gittern, wie sie für ein Box-Counting verwendet werden können, sind dort dargestellt, zusammen mit den resultierenden Zahlen $N(r)$ der belegten Kästen zur Kastengröße r. Abb. 6.32 zeigt die entsprechende Funktion $N(r)$, aus der sich die fraktale Dimension als negative Steigung extrahieren läßt. Offensichtlich spiegelt auch die graphische Reproduktion der Küstenlinie ihren fraktalen Cha-

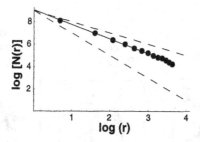

Abb. 6.32. Ergebnis der Box-Counting-Analyse der Küstenlinienstruktur aus Abb. 6.31. Die Ausgleichsgerade durch die mit großer Genauigkeit linear zusammenhängenden Paare ($\log r, \log N$) besitzt eine Steigung von -1.29. Die gestrichelten Linien geben Geraden mit den nächstliegenden ganzzahligen Steigungen an

rakter eindeutig wider. Auch der Zahlenwert der fraktalen Dimension selbst, nämlich $D_F = 1.29$, entspricht der Erwartung, da er in der Nähe des Wertes für die Koch-Kurve liegt.

Wir haben gesehen, daß biologische Systeme häufig fraktale Strukturen aufweisen. Der fraktalen Dimension kommt eine wichtige Rolle bei der Klassifikation der Zustände dieser Systeme zu. Idealerweise zeigen sich unterschiedliche Zustände des Systems als deutlich verschiedene fraktale Dimensionen. Ein wichtiges und bei weitem noch nicht ausgeschöpftes Anwendungsgebiet dieses Konzeptes stellt die medizinische Diagnostik dar. Abb. 6.33 zeigt verschiedene Aderungen der Lunge von Laborratten, die unter Atemluft mit unterschiedlichem Sauerstoffgehalt aufgewachsen sind, zusammen mit den fraktalen Dimensionen. In experimentellen und theoretischen Untersuchungen konnte gezeigt werden, daß eine dauerhafte Abweichung vom normalen Sauerstoffgehalt der Atemluft eine deutliche Veränderung der Blutgefäßarchitektur mit sich bringt, die sich in einer Änderung der fraktalen Dimension niederschlägt (Liebovitch 1998). Diese mathematische Kenngröße dient dabei der Quantifizierung eines Phänomens, das sonst nur qualitativ und beschreibend zu erfassen wäre.

Als letztes Beispiel sollen die Chlorophyllfluoreszenzaufnahmen von Pflanzenblättern diskutiert werden, die wir schon in Kapitel 5.1 als Beispiel für eine raumzeitliche Musterbildung kennengelernt haben. Abb. 6.34 zeigt eine solche Aufnahme, bei der man vermuten könnte, daß die Grenze von einer Graustufe zur nächsten eine fraktale Struktur, ähnlich wie die Küstenlinie aus Abb. 6.31, besitzt. Die Einführung einer Schwelle gemäß dem Verfahren aus Kapitel 6.2 erlaubt es, eine solche Grenzlinie deutlich sichtbar zu machen. Es ergibt sich eine

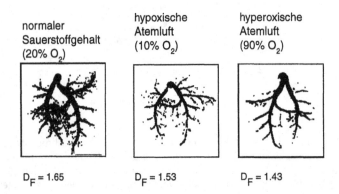

(nach Boxt, Katz, Czegledy, Liebovitch, Jones, Esser und Reid,
J. Thoracic Imaging **9** (1994) 8–13)

Abb. 6.33. Röntgenaufnahmen der Blutgefäße der Lunge von Laborratten, die unter Atemluft mit unterschiedlichem Sauerstoffgehalt aufgewachsen sind. Die genauen Bedingungen sind über den Aufnahmen, die zugehörige fraktale Dimension darunter angegeben. Die Abbildung wurde (Liebovitch 1998) entnommen

gezahnte, diffuse Struktur, die durchaus fraktale Eigenschaften besitzen könnte (Abb. 6.34(b)). Abb. 6.35 stellt die Anwendung des Box-Counting-Verfahrens auf diese Grenzlinie dar. Um die statistische Sicherheit der Paare (r, N) zu illustrieren (also die Anzahl von überhaupt vorhandenen Kästchen im Vergleich zu N) ist in der oberen Hälfte der Abbildung die Zusammenfassung von Meßpunkten zu Kästchen entsprechender Größe an drei Beispielen dargestellt. Es ergibt sich eine fraktale Dimension $D_F = 1.46$, was die Annahme der Fraktalität klar bestätigt. Es ist mittlerweile auch technisch möglich, einen Zeitverlauf solcher räumlich aufgelösten Chlorophyllfluoreszenz zu messen (Rascher 2001). Die Zeitreihe von Fluoreszenzaufnahmen kann dann einer Box-Counting-Analyse unterworfen werden, so daß man den zeitlichen Verlauf der fraktalen Dimension $D_F = D_F(t)$ erhält. In Abb. 6.36 ist das Ergebnis einer solchen Untersuchung für die CAM-Pflanze *K. daigremontiana* dargestellt, die wir schon in Kapitel 4.4 kennengelernt haben. Dabei wurde das rhythmische und das arrhythmische Verhalten (vgl. Abb. 4.29) getrennt untersucht. Während $D_F(t)$ für die rhythmische Zeitreihe große (von der endogenen Oszillation hervorgerufene) Schwankungen aufweist, bleibt $D_F(t)$ für den arrhythmischen Datensatz relativ konstant. Darüber hinaus liegt die mittlere fraktale Dimen-

(a)   **(b)**

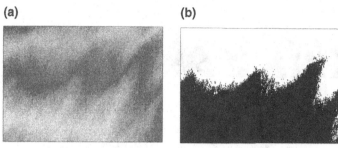

Möglichkeit einer fraktalen Struktur   Einführung einer Schwelle

Abb. 6.34. Abb. (a) zeigt die räumliche Verteilung der Chlorophyllfluoreszenz-aktivität auf einem Pflanzenblatt, wie in Abb. 5.1. Helle Bildpunkte entsprechen einer hohen Fluoreszenzaktivität. Das Herausprojizieren einer Grenzschicht zwischen zwei Grauwerten gelingt durch Einführen einer Schwelle (Abb. (b))

sion im arrhythmischen Fall deutlich über der des rhythmischen Verhaltens. Hier läßt sich darauf schließen, daß beim Übergang von einem dynamischen Regime zum anderen die Organisationsform der Blattzellen (etwa repräsentiert durch die mittlere Zahl *relevanter* nächster Nachbarn) sich (zumindest geringfügig) ändert.

6.4 Exkurs: Fraktalität in der Dynamik von Ökosystemen

Seit einigen Jahren wird eine ursprünglich von Bak, Tang und Wiesenfeld (Bak et al. 1988) formulierte Hypothese über einen sehr grundlegenden Mechanismus der Selbstorganisation ökologischer Systeme diskutiert, die eng mit der fraktalen Geometrie zusammenhängt. Räumlich oder zeitlich fraktale Strukturen in der Dynamik eines Ökosystems können ein Hinweis auf sogenannte "selbstorganisierte Kritizität" (engl. *self-organized criticality*, SOC) sein (Bak 1996, Jensen 1998). Dahinter steht die Idee, daß die Evolution ein komplexes natürliches System in die Nähe eines Phasenübergangs führt, um eine größtmögliche Reaktionsfähigkeit auf sich ändernde Umweltbedingungen zu gewährleisten. Experimentelle Evidenzen für SOC existieren in äußerst verschiedenen komplexen Systemen, etwa Erdbeben, Waldbränden und der Artenvielfalt im tropischen Regenwald (siehe z.B. Bak 1996, Solé u. Manrubia 1995b). Eine der großen Schwierigkeiten ist, daß die Diskussion von SOC hohe Anforderungen an die experimentellen Daten stellt. So müssen vergleichbare Daten auf verschiedenen

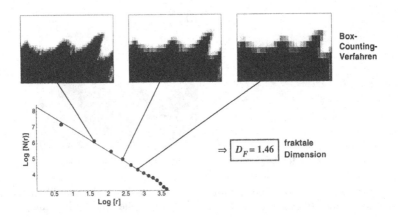

Abb. 6.35. Analyse der Struktur aus Abb. 6.34(b) mit dem Box-Counting-Verfahren. Für drei der ermittelten Wertepaare (log r, log N) ist die Kästchenstruktur, die durch lokale Mittelwertbildung ("binning") während der Analyse entsteht, explizit dargestellt. Jedes Kästchen, das nicht exakt schwarz oder weiß ist (also beide Sorten von Bildpunkten enthält), wird bei diesem Box-Counting als zur Kante gehörend gezählt. Die Ausgleichsgerade führt auf eine fraktale Dimension $D_F = 1.46$

räumlichen und zeitlichen Skalen (Größenordnungen) gemessen werden (wie stets, wenn der Verlauf einer logarithmierten Funktion diskutiert werden soll).

Von einem systemtheoretischen Standpunkt aus ist die grundlegende Frage an ein ökologisches System, die durch einen Nachweis von selbstorganisierter Kritizität zumindest in Ansätzen beantwortet würde, etwa folgende:

Wie ist die Verteilung der Antworten eines Systems auf äußere Störungen?

Neben den Anforderungen an die Daten selbst liegt im Fall eines Ökosystems eine Schwierigkeit bei der einheitlichen oder vergleichbaren Beantwortung dieser Frage vor allem in zwei Punkten:

- Zwei Systeme unterscheiden sich im allgemeinen so grundlegend in Aufbau, äußeren Bedingungen, Zeitskalen und experimenteller Zugänglichkeit, daß schon die Festlegung vergleichbarer Observablen nicht ohne erhebliche Vereinfachungen möglich ist.

- Jedes Ökosystem besteht aus einer sehr großen Zahl von Elementen, die miteinander in Wechselwirkung treten. Daher ist

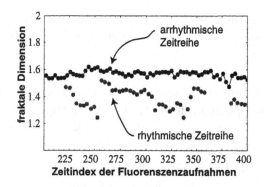

Abb. 6.36. Zeitlicher Verlauf der fraktalen Dimension für das rhythmische und das arrhythmische Verhalten der CAM-Pflanze K. daigremontiana. Die der Analyse zugrunde liegenden raumzeitlichen Daten stammen aus (Rascher 2001)

ein solches System zu einer Vielzahl grundlegend verschiedener dynamischer Verhaltensformen fähig und besitzt eine erhebliche Zahl von unterschiedlichen Antworten auf äußere Störungen.

In diesem Kapitel soll zuerst kurz skizziert werden, welche Rolle Phasenübergänge in der Dynamik von Ökosystemen haben können, um dann die mathematische Realisierung, Klassifikation und Darstellung von Phasenübergängen in Fortführung des Materials aus Kapitel 2.2 zu besprechen. Anhand eines gedanklich wichtigen Modellsystems, dem Sandhügel-Modell, sollen dann die zentralen Gedanken der SOC kurz qualitativ vorgestellt und schließlich ein Hinweis auf selbstorganisiert kritisches Verhalten in der Natur gezeigt werden.

Die Diskussion um kritisches Verhalten und Phasenübergänge ist eng verbunden mit der Frage nach der Komplexität eines Systems, wie durch die folgende Zitatzusammenstellung illustriert wird:

"[Es gibt] eine tiefe Analogie zwischen Selbstorganisationsprozessen, die immer im Nichtgleichgewicht stattfinden müssen, und Phasenübergängen im Gleichgewicht (z.B. fest-flüssig, ferromagnetisch-unmagnetisch). So wie ein glühendes Stück Stahl beim langsamen Abkühlen bei einer ganz bestimmten Temperatur (im Curie-Punkt) plötzlich wieder magnetisierbar wird, so erscheinen in einem biologischen System beim Überschreiten kritischer Bedingungen plötzlich neue Strukturen."

L. Pohlmann und U. Niedersen, Dynamisches Verzweigungsverhalten bei Wachstums- und Evolutionsprozessen, In: U. Niedersen, L. Pohlmann (Hrsg.), Selbstorganisation und Determination, Berlin: Duncker und Humblot (1990)

"At critical points, fractal structures, complex dynamical patterns and optimal information transfer appear in a spontaneous way. We can conjecture that complexity tends to appear close to instability points."

R.V. Solé et al., Phase Transitions and Complex Systems, Complexity 2 (1996) 13, New York: John Wiley and Sons, Inc.

"Information has become a key concept in biology - in theoretical foundation as in application. Biology gave rise to attempts to conceptualize information as an entity which is mediating interaction between systems."

K. Kornwachs und K. Jacoby, Information - New Questions to a Multidisciplinary Concept, Berlin: Akademie-Verlag (1996)

"Entstehung von Leben und Entstehung freier Information sind unlösbar miteinander verbunden. In der Evolution gibt es einen Phasenübergang von gebundener zu freier Information."

W. Ebeling, Physikalische Grundlagen und Evolution der Information, In: H.-J. Krug, L. Pohlmann (Hrsg.), Evolution und Irreversibilität, Berlin: Duncker und Humblot (1998)

"Man kann sich die biologische Evolution als eine Folge von Bifurkationsprozessen vorstellen. Immer wieder gibt es den Wechsel von stabilen Phasen und von sensitiven Phasen, die zu Artenneubildungen führen. Die Artentstehung ist damit nach unseren Vorstellungen ein den ganzen Biotop betreffendes Geschehen, welches nicht allein durch Veränderungen in der Umwelt ausgelöst wird."

L. Pohlmann und U. Niedersen, Dynamisches Verzweigungsverhalten bei Wachstums- und Evolutionsprozessen, In: U. Niedersen, L. Pohlmann (Hrsg.), Selbstorganisation und Determination, Berlin: Duncker und Humblot (1990)

Tabelle 6.1. Einige Beispiele für Phasenübergänge in der Biologie. Nähere Angaben zu den einzelnen Beispielen finden sich in (Solé et al. 1996, Bak 1996, Jensen 1998, Bar-Yam 1997)

Biologisches System oder Phänomen	Observable	Kontroll-parameter	Experimen-telle Evidenz
Zellmembran	Ordnungsgrad	Temperatur	Clusterbildung, latente Wärme
Organisation von Ameisenwegen	Bewegungsin-homogenität	Ameisendichte	Messungen zum Informations-transfer
Epidemien	Anzahl der Infektionen	Bevölkerungs-dichte	Beobachtung plötzlicher Ausbrüche
Langzeitdynamik eines tropischen Regenwaldes	a) Größenver-teilung von Baumlücken; b) Artenvielfalt	Sterbewahr-scheinlichkeit (bzw. Lebensalter) der Bäume	fraktale Strukturen
Insektenplage	Anzahl	Pflanzendichte	Beobachtung plötzlicher Ausbrüche
Artenentstehung	Anzahl existierender	Umwelt-bedingungen	—
genetische Netze	Zell-differenzierung	Vernetzungsgrad	(Zellzyklus-statistiken)
RNA-Viren	Aktivität des Virus	Mutationsrate	lange Ruhepause

Die Erwartungen an ein Verständnis der Dynamik von Ökosystemen, die diese Aussagen wecken, sind sicherlich zu groß. Dennoch haben sich die zentralen Gedanken durchgesetzt, daß

1. Phasenübergänge für viele Aspekte der Dynamik komplexer Systeme verantwortlich sind,
2. (räumlich oder zeitlich) fraktale Strukturen einen wichtigen Hinweis auf Phasenübergänge und instabile Zustände darstellen,
3. das experimentell sicherste Indiz für eine solche Fraktalität durch Potenzgesetze und ihre Exponenten gegeben ist.

Hier liegt die Bedeutung der fraktalen Geometrie für Untersuchungen ökologischer Systeme. Tabelle 6.1 gibt einige Beispiele für − nachgewiesene oder postulierte − Phasenübergänge in biologischen Systemen.

Eine erste theoretische Vorstellung von Phasenübergängen haben wir bereits in Kapitel 2.2 entwickelt. Die allgemeine Systematik soll hier noch einmal kurz aufgeführt werden. Generell versteht man unter einem Phasenübergang (engl. *phase transition*) eine spezielle Form von Bifurkation. Man unterscheidet Phasenübergänge erster und zweiter Ordnung. Typische Funktionenbausteine, die ein solches Verhalten zeigen, sind[13]

$$f_1(x) = -x^3 + \mu\, x + \beta \tag{6.9}$$

für einen Phasenübergang erster Ordnung und

$$f_2(x) = -\beta\, x^3 - \mu\, x \tag{6.10}$$

für einen Phasenübergang zweiter Ordnung, bzw. die zugehörigen Differentialgleichungen $dx/dt = f_i(x)$. Eine kurze Stabilitätsanalyse der Fixpunkte in Abhängigkeit der Kontrollparameter β und μ gibt sofort Aufschluß über das Bifurkationsverhalten dieser Bausteine. Anhand von f_2 soll dies exemplarisch vorgeführt werden.

Die Bedingung $f_2 = 0$ führt auf die Fixpunkte

$$x = 0 \quad , \quad x = \pm\sqrt{-\frac{\mu}{\beta}},$$

wobei letzterer nur (reell) existiert für $\mu < 0 \ \wedge \ \beta > 0$ oder $\mu > 0 \ \wedge \ \beta < 0$. Die Betrachtung der Ableitung

$$\frac{df_2}{dx} = -\mu - 3\beta x^2,$$

also

$$\left.\frac{df_2}{dx}\right|_{x=0} = -\mu,$$

ergibt, daß der Fixpunkt $x = 0$ unabhängig von β stabil ist für $\mu > 0$ und instabil für $\mu < 0$. Aus Symmetriegründen verhält sich das durch die andere Bedingung gegebene Fixpunktpaar dazu alternierend (vgl. Kapitel 2.2). In Abb. 6.37 sind diese Ergebnisse zusammengestellt. Die hier aus der Eigenschaft, daß stabile und instabile Fixpunkte sich abwechseln, gefolgerte Instabilität für das Fixpunktpaar in Abb. 6.37(b) läßt sich natürlich auch direkt nachprüfen. Der Ausdruck

$$\left.\frac{df_2}{dx}\right|_{x=\sqrt{-\frac{\mu}{\beta}}} = 2\mu$$

---

[13] In der Notation folgen wir hier zum Teil (Solé et al. 1996).

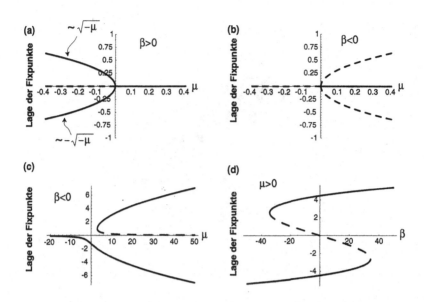

Abb. 6.37. Bifurkationsdiagramme zu den Funktionenbausteinen f_1 (Abb. (c) und (d)) und f_2 (Abb. (a) und (b)) aus Gleichung (6.9) und (6.10) für Phasenübergänge erster und zweiter Ordnung

bestätigt den instabilen Fixpunkt bei $\mu > 0$. Eine entsprechende Untersuchung läßt sich auch für f_1 durchführen. Beispiele von Bifurkationsdiagrammen sind in Abb. 6.37(c) und (d) dargestellt. Den charakteristischen Verlauf eines Phasenübergangs erster Ordnung wie in Abb. 6.37(d) und seine Auswirkung auf die Systemdynamik haben wir bereits in Abb. 2.29 diskutiert. Hier sehen wir nun, daß sich auch in Abhängigkeit von μ bei festem β ein interessantes Verhalten ergibt. Die Schwierigkeit, daß hier eigentlich zwei Kontrollparameter im Bifurkationsdiagramm variiert werden müssen, kann man entweder durch Projektionen auf einen bestimmten Wert eines Kontrollparameters berücksichtigen (wie in Abb. 6.37) oder durch eine entsprechende dreidimensionale Darstellung. Für f_1 ist ein solches Diagramm in Abb. 6.38 angegeben.

Soweit führen die Methoden aus Kapitel 2.2. Es läßt sich bereits ahnen, daß diese mathematischen Realisierungen von Phasenübergängen eine Hilfe bei dem Versuch darstellen können, gerade solche (durch Phasenübergänge bestimmte) Eigenschaften von Ökosystemen besser zu verstehen. Eine anschauliche Auftragung, die wir bisher noch nicht diskutiert haben, ist dabei sehr gebräuchlich. Sie beruht auf dem phy-

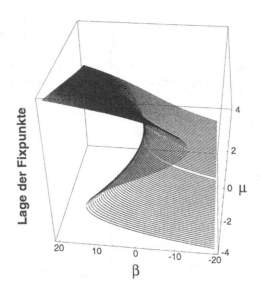

Abb. 6.38. Dreidimensionale Darstellung des Bifurkationsdiagramms für den Funktionenbaustein f_1 aus Gleichung (6.9). Gezeigt sind die Gleichgewichtszustände (Fixpunkte) in Abhängigkeit der Kontrollparameter β und μ

sikalischen Begriff des *Potentials*. Eine geeignete Vorstellung der wichtigsten Eigenschaften eines Potentials gibt eine Kugel, die unter dem Einfluß des Gravitationspotentials in eine Mulde rollt. Die Grundideen für einen Transfer des physikalischen Potentialbegriff auf das Bifurkationsverhalten einer Differentialgleichung $dx/dt = f(x)$ sind in diesem Bild bereits enthalten:

1. Minima des Potentials entsprechen stabilen Zuständen, Maxima instabilen Zuständen.
2. Je steiler das Potential ist, desto größer muß die zeitliche Änderung dx/dt an dieser Stelle x sein.

Das Potential ist also eine Funktion $\Phi(x)$ der dynamischen Variablen x. Die Eigenschaften von $\Phi(x)$ sind in der in Tabelle 6.2 dargestellten Weise verknüpft mit Eigenschaften der Funktion $f(x)$ der Differentialgleichung. Damit liegt der mathematische Zusammenhang fest:[14]

$$f(x) = -\frac{d\Phi}{dx}. \tag{6.11}$$

---

[14] Gleichung (6.11) ist die grundlegende Beziehung zwischen Kraft und Potential, die man aus der klassischen Mechanik kennt. Bei der Diskussion der Energie des harmonischen Oszillators in Kapitel 1.3 haben wir diesen physikalischen Zusammenhang bereits ausgenutzt.

Tabelle 6.2. Gegenüberstellung von Eigenschaften der Funktion f einer Differentialgleichung $dx/dt = f(x)$ und dem zugehörigen Potential Φ

Funktion $f(x)$	Potential $\Phi(x)$
groß	steil
Nullstelle	Extremum
Nullstelle mit negativer Steigung	Minimum
Nullstelle mit positiver Steigung	Maximum

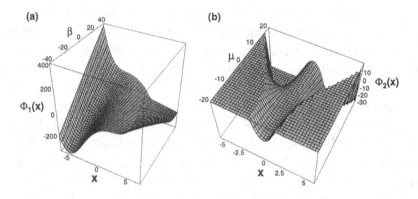

Abb. 6.39. Potentiale Φ_i zu den Funktionenbausteinen f_i aus Gleichung (6.9) und (6.10) unter Variation jeweils eines der Kontrollparameter. Abb. (a) zeigt das typische Verhalten eines Phasenübergangs erster Ordnung, während in Abb. (b) der charakteristische Potentialverlauf eines Phasenübergangs zweiter Ordnung dargestellt ist

Durch Integration findet man nun leicht die Potentiale $\Phi_i(x)$ zu den Funktionen $f_i(x)$ aus Gleichung (6.9) und (6.10):

$$\Phi_1(x) = \frac{x^4}{4} - \mu\,\frac{x^2}{2} - \beta x \quad , \quad \Phi_2(x) = \mu\,\frac{x^2}{2} + \beta\,\frac{x^4}{4}.$$

Abb. 6.39 zeigt die Funktionen $\Phi_i(x)$ in Abhängigkeit eines der Kontrollparameter (β bei Φ_1, Abb. (a), und μ bei Φ_2, Abb. (b)). Es ist sofort klar, daß diese Potentialdarstellungen durch ihre Anschaulichkeit eine große Hilfe sind, obwohl sie formal keine zusätzliche, über das Bifurkationsdiagramm hinausgehende Information enthalten. Anhand von Abb. 6.39 lassen sich die beiden Typen von Phasenübergängen direkt vergleichen: Bei einem Phasenübergang erster Ordnung wird ein

stabiler Zustand (Potentialminimum) bei Veränderung des Kontrollparameters instabil, während sich gleichzeitig *ein* neuer stabiler Zustand
herausbildet, der von dem System angenommen werden kann. Im Fall
eines Phasenübergangs zweiter Ordnung bilden sich unter Variation
des Kontrollparameters *zwei* neue stabile Zustände aus, während der
ursprüngliche stabile Zustand instabil wird. Das System hat dann also
zwei gleichberechtigte stabile Zustände zur Auswahl, ohne daß vorab
klar ist, welchen der beiden es nun annimmt.

Was haben diese Überlegungen zu Phasenübergängen nun konkret mit
der Dynamik von Ökosystemen zu tun? Zwar hatten wir am Anfang
dieses Kapitels kurz diskutiert, daß Phasenügergänge dort eine wichtige Rolle haben, die direkte Verbindung zwischen einem räumlich ausgedehnten System mit komplexem dynamischen Verhalten aufgrund
lokaler Wechselwirkungen und zum Beispiel Abb. 6.39 scheint jedoch
schwer herzustellen. Am Beispiel des Ising-Systems als sehr schematischer Modellvorstellung eines Ökosystems (vgl. Kapitel 5.2) läßt sich
diese Verbindung vorführen. Dort liegen bei niedrigem Wert des Kontrollparameters β (also bei hoher Temperatur) beide Zustände $+1$ und
-1 nahezu gleichverteilt vor. Eine Erhöhung von β führt dazu, daß das
System fast vollständig in einen der beiden Zustände überwechselt,
wobei nicht abzusehen ist, für welchen es sich entscheidet. Dieses Verhalten stellt einen Phasenübergang zweiter Ordnung dar. Nun müssen
wir nur noch klären, welche Größe des Ising-Systems der dynamischen
Variablen x entspricht, um diese Parallele auf eine quantitative Ebene zu heben. Das einzige Problem ist hier die räumliche Ausdehnung
des Systems, also formal das Vorliegen vieler dynamischer Variablen.
Durch einfache Mittelwertbildung läßt sich diese Schwierigkeit jedoch
sofort beheben. Den Mittelwert M über die Zustände aller Zellen bezeichnet man als *Magnetisierung*.

Hinter dem konkreten Vorgehen bei der Konstruktion dieser Parallele
steht ein allgemeines Prinzip, das auch bei realen Systemen anwendbar
ist:

> Liegt in einem Ökosystem ein Phasenübergang vor, so läßt sich
> eine makroskopische (also auf das gesamte System bezogene)
> Observable finden, deren Änderung mit einem Kontrollpara-
> meter einem der in Abb. 6.37 und 6.39 dargestellten Schemata
> folgt.

Beim Ising-System ist die Magnetisierung eine solche Observable. Weitere Beispiele sind in Tabelle 6.1 angegeben.

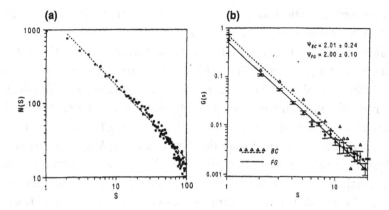

Abb. 6.40. Beispiele für Potenzgesetze (also fraktale Verteilungen) als Indiz für Kritizität. Abb. (a) zeigt die Häufigkeitsverteilung $N(s)$ von Lawinen der Größe s in der Computersimulation eines Sandhügels. Abb. (b) zeigt experimentelle Daten (BC) zur Häufigkeitsverteilung $G(s)$ von Baumlücken der Größe s im Barro-Colorado-Regenwald, zusammen mit Simulationen (FG) auf der Grundlage eines zellulären Automaten. Die zugehörigen kritischen Exponenten ψ (die negativen Steigungen der Ausgleichsgeraden dieser doppelt-logarithmischen Auftragung) sind oben rechts in Abb. (b) angegeben. Beide Abbildungen wurden (Solé et al. 1996) entnommen

Nun wissen wir, wie sich Phasenübergänge allgemein klassifizieren lassen und auf welche Weise sich eine Beziehung zwischen den mathematischen Bausteinen und realen Systemen herstellen läßt. Eine verbleibende Frage ist nun noch, wie durch Messung nachgewiesen werden kann, daß sich ein Ökosystem in der Nähe eines Phasenübergangs befindet. Hier lassen sich die Methoden der fraktalen Geometrie anwenden. Dazu muß die Häufigkeitsverteilung eines Ereignisses über mehrere Größenordnungen bestimmt und mit exponentiellen Verteilungen und Potenzgesetzen verglichen werden. Eine (statistisch gesicherte) Verteilung nach einem Potenzgesetz ist ein hinreichendes Kriterium für die Kritizität (also die Nähe zu einem Phasenübergang) des Systems. Abb. 6.40 zeigt zwei Beispiele für solche Potenzgesetze in komplexen Systemen. In Abb. 6.40(a) ist die Computersimulation einer Sandhügeldynamik dargestellt. Der Sandhügel (engl. *sand pile*) gilt seit den bahnbrechenden Arbeiten von Bak, Tang und Wiesenfeld (Bak et al. 1988) als Paradebeispiel selbstorganisierter Kritizität. Die Vorstellung ist, mit konstanter Rate Sandkörner auf einen Sandhügel fallen zu lassen und dabei zu beobachten, wie gelegentlich (nämlich wenn die Seiten eine kritische Steigung überschritten haben) Lawinen ausgelöst werden. Die Häufigkeit $N(s)$ von Lawinen der Größe s folgt dabei einem Potenzgesetz (Abb. 6.40(a)).

Das zweite Beispiel handelt von einem tatsächlichen Ökosystem, nämlich dem tropischen Regenwald. Das Sterben sehr großer Bäume ("Baumriesen"), ihr Umfallen und die damit verbundene Zerstörung in ihrer unmittelbaren Umgebung ist ein wichtiger Teil der natürlichen Dynamik dieses Systems. Gleichzeitig bietet das Phänomen einen experimentellen Zugang zur Frage der Kritizität. In Abb. 6.40(b) ist die Häufigkeitsverteilung $G(s)$ der (durch Tod eines Baumriesen entstandenen) Lücken im Barro-Colorado-Nationalpark in Panama dargestellt (Solé u. Manrubia 1995b). Dabei bezeichnet s die Größe der Lücken. Das Potenzgesetz, dem $G(s)$ folgt, zeigt, daß diese Regenwalddynamik fraktale Eigenschaften besitzt. Verglichen wurde dieser Verlauf in Abb. 6.40(b) mit den Ergebnissen eines Forest-Gap-Automaten (Solé u. Manrubia 1995a,b), der ähnlich aufgebaut ist wie das Forest-Fire-Modell, das wir in Kapitel 3.3 diskutiert haben. Für dieses Modell wurde das Auftreten fraktaler Strukturen und Kritizität explizit nachgewiesen (Solé u. Manrubia 1995b).

7. Methoden aus der Informationstheorie

7.1 Grundbegriffe: Entropie und Transinformation

Während in den letzten Kapiteln Analysemethoden diskutiert wurden, deren theoretische Grundlagen (vor allem die nichtlineare Dynamik und die fraktale Geometrie) selbst äußerst junge Forschungsgebiete darstellen, sind die beiden zentralen Begriffe des vorliegenden Kapitels, die Entropie H und die Transinformation I bereits seit mehr als 60 Jahren etabliert (Shannon 1948). Allerdings hat sich erst vor wenigen Jahren eine sehr aktive Forschungslandschaft herausgebildet, in der diese Begriffe zur Analyse und Interpretation biologischer Beobachtungen herangezogen werden (Herzel et al. 1998, Weiss u. Herzel 1998). Die Kernidee hinter diesen Methoden ist aufzudecken, wie und in welchem Maße sich Informationstransport in dem System vollzieht. Wir werden sehen, daß der Anwendungsbereich dieser Idee enorm groß ist und von der Analyse von DNA-Sequenzen bis hin zu einem Verständnis raumzeitlicher Selbstorganisationsprozesse reicht.

Die Definition der grundlegenden Begriffe führt uns zurück zu den Wahrscheinlichkeiten, die in Kapitel 1 eingeführt worden sind. Wir betrachten Wahrscheinlichkeiten p_i von Zuständen $i \in \Sigma$ aus dem Zustandsraum Σ eines Systems. Die wichtigste Größe der Informationstheorie ist die *Entropie* (engl. *entropy*) (Shannon 1948)

$$H = -\sum_{i \in \Sigma} p_i \log_2 p_i. \tag{7.1}$$

In dieser Definition ist der Logarithmus zur Basis 2 verwendet worden, um eine Zählweise der Information in Bit, also binären Einheiten, zu ermöglichen. Andere häufig verwendete Basen des Logarithmus bei der Definition der Entropie sind e und 10, wobei erstere Wahl oft erfolgt, um eine Nähe zu thermodynamischen Begriffsbildungen zu erreichen. Gleichung (7.1) besitzt einige interessante Eigenschaften, die man durch die Betrachtung spezieller Wahrscheinlichkeitsverteilungen leicht sichtbar machen kann. So ist zum Beispiel $H = 0$, sofern ein p_i gleich Eins ist. Mathematisch folgt dies sofort aus $\log_2(1) = 0$. Ebenso ist H maximal, nämlich $H = \log_2 |\Sigma|$, falls alle p_i gleich sind, also $p_i = 1/|\Sigma|$. Aus mathematischer Sicht sind diese Eigenschaften weitestgehend trivial, die inhaltliche Interpretation dieses Sachverhaltes liefert jedoch einen direkten Zugang zu der eigentlichen Rolle der Entropie in realen Systemen: Bei vollständiger Kenntnis des Systemzustandes ist die Entropie minimal, während sie ihren Maximalwert bei einer Gleichverteilung der Zustandswahrscheinlichkeiten, also der vollkommenen Unkenntnis des Zustandes, einnimmt. In diesem Sinn stellt die Entropie H ein Maß für die *Unordnung* eines Systems dar.

Eine mathematisch ähnliche Definition liegt dem zweiten zentralen Begriff der Informationstheorie zugrunde, der Transinformation I (engl. *mutual information*), die gegeben ist durch

$$I = \sum_{i,j \in \Sigma} p_{ij} \log_2 \left(\frac{p_{ij}}{p_i p_j} \right), \qquad (7.2)$$

wobei p_{ij} die Wahrscheinlichkeit für das Nebeneinander (also die – räumliche oder zeitliche – Nachbarschaft) der Zustände i und j bezeichnet. Auch hier ist es sinnvoll, wieder Grenzwerte des Verhaltens von I zu betrachten. Nehmen wir an, ein p_{ij} wäre Eins. Aus Symmetriegründen, da sonst p_{ji} nicht verschwinden könnte, muß i gleich j sein und damit folgt $p_i = 1$ und $I = 0$. Ein weiterer wichtiger Spezialfall ist der einer unabhängigen Abfolge von Zuständen. In diesem Fall ist $p_{ij} = p_i p_j$ und damit erneut $I = 0$. In dem ersten Grenzfall ist die Abfolge maximal korreliert und trivialerweise vollständig bestimmt, so daß die Kenntnis eines Zustandes keine Information über den Folgezustand bereitstellt. Im zweiten Fall läßt ein Zustand keine Rückschlüsse über den Folgezustand zu, der Informationsgewinn über den Folgezustand ist damit ebenfalls Null. Jede andere Wahrscheinlichkeitsverteilung führt auf eine nicht verschwindende Transinformation. Damit ist klar, daß es zwischen den beiden Extremfällen auch einen Grad der Korrelation benachbarter Zustände geben muß, bei dem dieser Informationsgewinn, der sich im Wert der Transinformation wiederfindet, maximal ist. Schon diese elementare Betrachtung hat erhebliche Implikationen für biologische Systeme, wie ein einfaches Gedankenexperiment zeigt: Wir betrachten einen Prozeß der Selbstorganisation, bei dem eine raumzeitliche Dynamik durch die Wechselwirkung nächster Nachbarn in einem System erzeugt wird. Die Wechselwirkung erzeugt

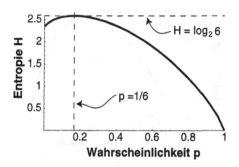

Abb. 7.1. Verlauf der Entropie H als Funktion der Wahrscheinlichkeit p eines Würfels mit einer ausgezeichneten Seite (vgl. die Diskussion im Text)

Korrelationen und entspricht damit einem Übertrag von Information. Dieser Informationstransfer, der durch die Wechselwirkung vollständig festgelegt ist, stellt einen bestimmten Wert der Transinformation I dar und kann so mit dem Maximalwert von I verglichen werden. Da nun der Transport von Information in einem System durchaus als Evolutionskriterium verstanden werden kann, ist es eine vor allem für ökologische Systeme spannende Frage, ob ein *maximaler* Informationstransport vorliegt. Die Transinformation I stellt für eine solche Analyse das ideale Werkzeug dar (Herzel et al. 1998).

Einige einfache Anwendungen von H und I lassen sich leicht mit dem Standardbeispiel der Wahrscheinlichkeitsrechnung, dem einfachen Würfelwurf, konstruieren. Dazu betrachten wir einen Würfel, bei dem die zugehörigen Wahrscheinlichkeiten nicht gleich sind, sondern eine Seite gegenüber den anderen (mit gleichen Wahrscheinlichkeiten versehenen) Seiten ausgezeichnet ist. Eine geeignete Verteilung der p_i ist zum Beispiel gegeben durch

$$\left\{\; p, \underbrace{\frac{1-p}{5}, \frac{1-p}{5}, \dots}_{5\times} \;\right\}$$

Mit dieser Verteilung bietet sich nun die Möglichkeit, H als Funktion von p zu betrachten. Der Verlauf ist in Abb. 7.1 dargestellt. Man sieht eindeutig die bereits vorher herausgestellten charakteristischen Punkte der Funktion $H(p)$, nämlich das Maximum bei einer Gleichverteilung ($p = 1/6$) und den Fall eines sicheren Ereignisses ($p = 1$) mit $H(1) = 0$. Eine ähnliche Überlegung läßt sich für die Transinformation durchführen, nämlich bei einer entsprechend konstruierten Verteilung der Wahrscheinlichkeiten p_{ij} für zwei *nicht* unabhängige Würfelwürfe

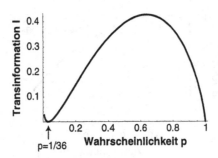

Abb. 7.2. Verlauf der Transinformation I als Funktion der Wahrscheinlichkeit $p_{11} \equiv p$ für das Auftreten des Ereignisses (1,1) beim Werfen zweier korrelierter Würfel

($p_{11} = p$ und alle anderen p_{ij} gleich). Man erhält dann den in Abb. 7.2 dargestellten Verlauf der Transinformation I als Funktion der Wahrscheinlichkeit p.

Den unmittelbaren Nutzen der Transinformation bei der Analyse (vor allem ökologischer) experimenteller Daten wird deutlich, wenn wir − wie schon zuvor bei der Diskussion raumzeitlicher Methoden − ein theoretisches Modellsystem zur Erzeugung der Daten benutzen: das zweidimensionale Ising-Modell, das wir in Kapitel 5.2 kennengelernt haben. Unter Variation des Kontrollparameters $\beta = J/k_B T$ zeigt dieses System wie beschrieben einen Phasenübergang: In der Nähe eines bestimmten ("kritischen") Wertes β_C geschieht ein schneller (bei sehr großen Gittern sogar spontaner) Übergang in einen der beiden Zuständen +1 oder −1. Der Verlauf der Homogenität H als Funktion von β, Abb. 5.11(b), gibt einen gewissen Eindruck dieses Verhaltens. Zu den beiden Zuständen lassen sich nun Wahrscheinlichkeiten $p(+1)$ und $p(-1)$ definieren, mit denen wir die Entropie und die Transinformation berechnen und als Funktion von β untersuchen können. Abb. 7.3 zeigt die entsprechenden Verläufe. Während die Entropie (Abb. 7.3(a)) von einem hohen Wert bei niedrigem β (also hoher Temperatur) ab etwa $\beta = 0.2$ schnell auf ein niedriges Niveau abfällt, zeigt die Transinformation bei mittlerem β (etwa $\beta = 0.4$) ein ausgeprägtes Maximum: In der Nähe des Phasenübergangs ist der Informationstransfer maximal, d.h. die Kenntnis eines Zustandes liefert die größte Information über seinen Nachbarn.[1]

---

[1] Im Gegensatz zu dem vollkommen symmetrischen Fall, der in Kapitel 5.2 diskutiert wurde, ist hier ein von außen angelegtes Magnetfeld der Stärke h, also eine Vorzugsrichtung bezüglich der Zustände $\{+1, -1\}$, berücksichtigt worden.

(a)

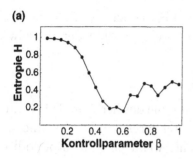

(b)

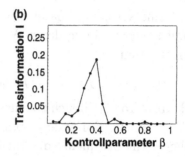

Abb. 7.3. Änderung der Entropie (a) und der Transinformation (b) mit dem Kontrollparameter β für das zweidimensionale Ising-Modell. Angegeben sind jeweils Mittelwerte über zwanzig Zeitschritte nach Abwarten eines Transienten

Ausgehend von diesen Grundbegriffen sind Erweiterungen denkbar, die eine immer größere Rolle bei der Analyse experimenteller Daten spielen. Hier wollen wir nur ein Beispiel für solche Weiterentwicklungen geben. Eine unmittelbare Verallgemeinerung der Entropie von Symbolsequenzen wendet das Prinzip der Definition (7.1) auf Subsequenzen der Länge n an. Eine solche Subsequenz, die man auch als n-Wort bezeichnet, hat die Gestalt $\{s_1, s_2, \ldots, s_n\}$ mit Elementen $s_i \in \Sigma$. Liegt eine (z.B. experimentelle) Symbolsequenz der Länge N mit $N \gg n$ vor, so kann man aus der relativen Häufigkeit solcher n-Worte nun wieder eine Verteilungsfunktion ermitteln, also eine Funktion $p(s_1, s_2, \ldots, s_n)$, die die Wahrscheinlichkeit dafür angibt, daß ein Symbol $s_i \in \Sigma$ an der i-ten Stelle eines n-Wortes der betrachteten Sequenz steht. Auf der Grundlage dieser Wahrscheinlichkeitsverteilung läßt sich nun unmittelbar eine *Entropie höherer Ordnung* definieren (Ebeling et al. 1998):

$$H_n = - \sum_{\substack{s_i \in \Sigma \\ \forall i = 1, \ldots, n}} p(s_1, s_2, \ldots, s_n) \, \log_2 p(s_1, s_2, \ldots, s_n). \qquad (7.3)$$

Die Summe in Gleichung (7.3) läuft dabei über alle Vektoren

$$(s_1, \ldots, s_n) \in \Sigma^n.$$

Wie schon im Fall der einfachen Entropie ist es auch hier sinnvoll, sich die Funktionsweise dieser neuen Größe H_n anhand einiger Grenzfälle klarzumachen. Die einfachste Symbolsequenz entsteht durch zufälliges, unabhängiges Auswählen von Symbolen aus dem Zustandsraum

---

In der Energiefunktion des Ising-Systems, Gleichung (5.1), entspricht dies einem additiven Term $\sum h\, s_{ij}$.

Σ. Für eine solche sogenannte Bernoulli-Sequenz zerfällt die Wahrscheinlichkeitsverteilung der n-Worte in ein Produkt der Einzelwahrscheinlichkeiten,

$$p\left(s_1, ..., s_n\right) = p\left(s_1\right) \cdot ... \cdot p\left(s_n\right),$$

und damit wird H_n einfach zu einer Summe der herkömmlichen Entropie, $H_n = n \cdot H$. Ein anderer relevanter Grenzfall ist der einer periodischen Symbolsequenz, die entsteht, wenn eine (nichtperiodische) Subsequenz der Länge l periodisch wiederholt wird. Es ist klar, daß für $n \leq l$ keine Vereinfachung von H_n möglich ist, da sich die Periodizität der Sequenz noch nicht zeigt. Für $n > l$ hat man jedoch $H_n = \log_2 l$, also einen von n unabhängigen Ausdruck. Aus informationstheoretischer Sicht bedeutet dies, daß die mittlere Unsicherheit für die Vorhersage eines n-Wortes im Fall $n > l$ genauso groß ist, wie für die eines l-Wortes. Jede reale Sequenz bewegt sich zwischen diesen beiden Extremfällen. Auf diese Weise lassen sich experimentell bestimmte Sequenzen durch ihre Lage in der (H_n, n)-Ebene charakterisieren.

7.2 Anwendungsbeispiele

Von den vielen Anwendungen von Entropie und Transinformation sollen hier zwei explizit diskutiert werden: die Klassifikation eindimensionaler zellulärer Automaten nach C. Langton (Langton 1990) und eine Analyse von DNA-Sequenzen in Anlehnung an (Grosse et al. 2000).
Der Ausgangspunkt für die Untersuchungen von Langton ist ein Parameter, der einen möglichen Weg durch den Regelraum eines zellulären Automaten angibt. Wir hatten in Kapitel 3.3 gesehen, daß ein Zustandsraum mit K Elementen bei Verwendung einer N-elementigen Nachbarschaft auf $\kappa = K^N$ verschiedene Nachbarschaftskonstellationen und damit auf K^κ unterschiedliche Regeln für einen zellulären Automaten führt. Tabelle 7.1 gibt einige Zahlenbeispiele zu diesem kombinatorischen Sachverhalt. Es ist deutlich zu sehen, daß schon bei wenigen Zuständen eine fünfelementige Nachbarschaft ausreicht, um ein systematisches Studium der Regeln praktisch unmöglich zu machen. Der von uns in Kapitel 3.3 diskutierte Fall $K=2$ und $N=3$ ist tatsächlich der einzige, für den eine solche Untersuchung realistisch ist. Die Idee Langtons war daher, *Eigenschaften* der Regeln zur Parametrisierung zu verwenden. Eine Regel ist in dieser Vorstellung durch die Zahl $n = n(q)$ der Nachbarschaftskonstellationen gekennzeichnet, die

Tabelle 7.1. Zahl möglicher Regeln zellulärer Automaten in Abhängigkeit der Größe K des Zustandsraums und der Größe N der Nachbarschaft. Man sieht, daß die Zahl der Regeln (also die Zahl der unterschiedlichen zellulären Automaten zu diesem K und N) sehr schnell so groß wird, daß eine systematische Untersuchung nicht mehr möglich ist

Zustands-zahl K	Größe N der Nachbarschaft	κ	Zahl der Regeln
2	3	8	256
3	3	27	$\approx 10^{12}$
4	3	64	$\approx 10^{38}$
2	5	32	$\approx 10^{9}$
3	4	243	$\approx 10^{115}$
4	5	1024	$\approx 10^{616}$

auf einen bestimmten Zustand $q \in \Sigma$ abgebildet werden. Der Langton-Parameter λ ist dann gegeben durch

$$\lambda = \frac{K^N - n}{K^N}. \tag{7.4}$$

Wie gewohnt können wir nun einige Spezialfälle von Gleichung (7.4) diskutieren. So ist für $n = 0$ (also keine Übergänge in den Zustand q) $\lambda = 1$, und im Fall einer Gleichverteilung der K^N Übergänge auf die K Zustände hat man $n = K^{N-1}$ und damit $\lambda = 1 - 1/K$. Werden alle K^N Nachbarschaftskonstellationen in den Zustand q überführt, $n = K^N$, so ist $\lambda = 0$.

Offensichtlich gibt es eine große Zahl von Regeln, die denselben Wert von λ besitzen. Daher gibt Gleichung (7.4) noch keine vollständige Handlungsanweisung, wie ein Weg durch den Regelraum zu konstruieren ist. In seiner ursprünglichen Untersuchung (Langton 1990) gibt Langton hier verschiedene Möglichkeiten an, zu einem bestimmten Wert von λ eine vollständige Regel zu konstruieren. Die wichtigste Bedingung ist dabei die Gleichverteilung der anderen Elemente des Zustandsraums auf die $K^N - n$ nicht festgelegten Nachbarschaftskonstellationen. Die durch Variation von λ erzeugten (durch das weiterhin vorliegende stochastische Element im allgemeinen stets verschiedenen) Wege durch den Regelraum erlauben nun eine systematische Untersu-

(a)

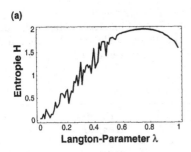

(b)

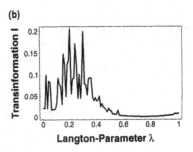

Abb. 7.4. Entropie $H = H(\lambda)$ (Abb. (a)) und Transinformation $I = I(\lambda)$ (Abb. (b)) als Funktion des Langton-Parameters λ. In beiden Fällen ist der Mittelwert über zehn (durch λ parametrisierte) Wege durch den Regelraum eindimensionaler zellulärer Automaten mit $K = 4$ und $N = 5$ dargestellt

chung der Zeitentwicklungen dieser (eindimensionalen[2]) zellulären Automaten. Das zentrale Ergebnis von Langtons Untersuchung ist, daß sich bei mittlerem λ komplexe Zeitentwicklungen mit langreichweitigen Korrelationen zeigen, so wie sie für zelluläre Automaten der Wolfram-Klasse IV typisch sind (vgl. Kapitel 3.3). Langton konnte auf diese Weise zeigen, daß die Wolfram-Klassen mit Hilfe von λ stets in der Reihenfolge I $\to$ II $\to$ IV $\to$ III durchlaufen werden. Gerade aufgrund der langreichweitigen Korrelationen als zentrales Merkmal der Klasse-IV-Zeitentwicklungen bietet sich hier ein Nachweis über informationstheoretische Maße an. Für den Fall $K = 4$ und $N = 5$ wollen wir hier die Untersuchung von Langton nachempfinden. Abb. 7.4 zeigt die Entropie H und die Transinformation I als Funktion von λ. Dabei wurde für jedes λ die zeitliche Entwicklung einer Kette von 200 Elementen über 300 Zeitschritte ausgehend von randomisierten Anfangsbedingungen analysiert. Der Wertebereich von λ wurde mit einer Schrittweite von $\Delta\lambda = 0.001$ durchlaufen. Die (über die gesamte Kette gemittelten) zeitlichen relativen Häufigkeiten der Zustände und Zustandspaare führt auf Näherungen der Wahrscheinlichkeiten p_i und p_{ij}, die dann in die Gleichungen (7.1) und (7.2) eingesetzt werden können. Während H über einen weiten Bereich von λ monoton anwächst, zeigt I trotz der erheblichen statistischen Schwankungen ein deutliches Maximum bei mittlerem λ. Der leichte Abfall von H bzw. Anstieg von I bei

---

[2] Zwar beschäftigt sich Langton in einem großen Teil seiner Untersuchung mit eindimensionalen Automaten, aber weder das Konzept des Langton-Parameters noch die grundlegenden Ergebnisse sind auf diesen Fall beschränkt. Tatsächlich hat Langton die informationstheoretischen Analysen für zweidimensionale Automaten durchgeführt, um eine höhere statistische Sicherheit zu erlangen.

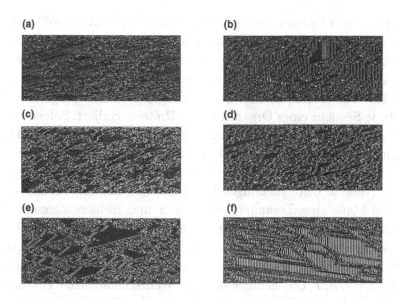

Abb. 7.5. Einige Beispiele für Zeitentwicklungen zellulärer Automaten mit $K = 4$ und $N = 5$ bei mittlerem Langton-Parameter λ $(0.2 < \lambda < 0.35)$. Gezeigt ist eine Kette von 200 Elementen über 300 Zeitschritte. Wie in Kapitel 3 ist der Ort horizontal und die Zeit vertikal von oben nach unten dargestellt. Der Zustand $1 \equiv q$ wurde *schwarz*, die anderen Zustände *weiß* abgebildet

$\lambda > 0.8$ entspricht dem Verhalten aus Abb. 7.1 und 7.2 bei kleinem p und kennzeichnet im wesentlichen das Unterschreiten der Gleichverteilung. Abb. 7.5 zeigt einige Beispiele für Zeitentwicklungen solcher Automaten bei mittlerem λ. Die charakteristischen langreichweitigen Korrelationen sind deutlich zu erkennen. In Analogie zu anderen Systemen (z.B. zum Ising-Modell) folgerte Langton, daß bei einem kritischen Wert λ_C ein Phasenübergang in der Zeitentwicklung solcher zellulärer Automaten erfolgt, der von im wesentlichen periodischem Verhalten zu hauptsächlich chaotischen Dynamiken führt mit einem maximalen Informationstransport direkt beim Einsetzen des chaotischen Verhaltens (engl. *edge of chaos*). Diese funktionelle Auszeichnung des Übergangsbereichs steht in enger Beziehung zur Hypothese der selbstorganisierten Kritizität (vgl. Kapitel 6.4). Einige Aspekte von Langtons Untersuchung sind später erheblich kritisiert worden (siehe z.B. Mitchell et al. 1993), die Kernaussagen bleiben jedoch bestehen. Große Forschungsprogramme der modernen Bioinformatik beschäftigen sich mit der Suche nach statistischen Mustern in DNA-Sequenzen. Durch die Automatisierung der DNA-Sequenzierung wurde eine enorme Menge von Daten bereitgestellt, deren Interpretation vollkommen neue Methoden der Datenanalyse erfordert. Die Extraktion physiologisch relevanter Informationen aus solchen Sequenzen ist eine der zentralen wissenschaftlichen Aufgaben der nächsten Jahrzehnte. Unmittelbar am Anfang solcher Betrachtungen steht die Frage, ob eine gegebene Sequenz eines Organismus für Proteine codiert. Solche codierenden Bereiche machen tatsächlich nur einen kleinen Teil der DNA aus, und aufgrund der großen Datenmenge reichen biochemische Methoden bei weitem nicht aus, um alle codierenden Bereiche zu identifizieren. Neueste Untersuchungen haben gezeigt, daß informationstheoretische Maße eine Trennung codierender und nicht-codierender Sequenzen ermöglichen können (Guharay 2000, Herzel et al. 1998). Dazu betrachtet man die Wahrscheinlichkeit $p_{ij}(k)$, in der DNA-Sequenz zwei Nukleotide n_i und n_j im Abstand $(k-1)$ zu finden, wobei n_i, $n_j \in \{G, A, T, C\}$. Einsetzen dieser Wahrscheinlichkeit zusammen mit der Wahrscheinlichkeit p_i für das einzelne Nukleotid n_i in Gleichung (7.2) ergibt die Transinformation $I = I(k)$ als Funktion des Abstandes k. Grosse, Herzel, Buldyrev und Stanley (Grosse et al. 2000) haben diese Funktion für verschiedene Organismen bestimmt. Abb. 7.6 zeigt den Verlauf für menschliche DNA. Man sieht, daß im Fall nicht-codierender Sequenzen die Transinformation $I(k)$ schnell mit k auf Null abfällt, während für codierende Sequenzen diese Funktion eine ausgeprägte Oszillation mit einer Periode von 3 zeigt. Das oszillatorische Verhalten von $I(k)$ für codierende Sequenzen ist eine direkte Folge der Abbildung von Nukleotid-Triplets auf Aminosäuren.

Die Anwendung solcher informationstheoretischer Methoden als Alternative zu herkömmlichen statistischen Verfahren ist noch lange nicht ausgeschöpft. Gerade auch Verallgemeinerungen wie die dynamischen Entropien oder entsprechende Transinformationen höherer Ordnung werden in den nächsten Jahren als (automatisierbare) Analyseverfahren mehr und mehr an Bedeutung gewinnen.

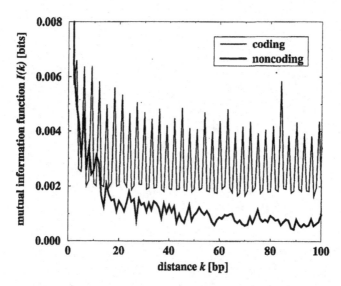

Abb. 7.6. Transinformation $I(k)$ als Funktion des Abstandes k auf der DNA-Sequenz für codierende *(dünne Linie)* und nicht-codierende *(dicke Linie)* menschliche DNA. Man findet einen deutlich unterschiedlichen Kurvenverlauf für diese beiden Fälle. Die Abbildung wurde dem Originalpapier (Grosse et al. 2000) entnommen

A. Software-Pakete und Internet-Datenbanken

Mittlerweile existieren große kommerzielle Programme für nahezu jede Form der Datenanalyse. Allerdings ist es aus zeitlichen und finanziellen Gründen in den meisten Fällen unrealistisch, im Rahmen einer experimentellen Diplom- oder Doktorarbeit solche Pakete einzusetzen. Der Preis übersteigt im allgemeinen den für die Durchführung der Experimente eines Projektes bewilligten Forschungsetat, und von einem Diplomanden oder Doktoranden, der sich unter Zeitdruck neue experimentelle Techniken aneignen muß, kann nicht noch gefordert werden, sich in neue äußerst komplexe Programmpakete einzuarbeiten, nur weil ein gewisser Teil der Datenanalyse damit fundierter durchzuführen wäre. Fast immer wird in solchen Fällen auf weniger spezialisierte und weiter verbreitete Programme zurückgegriffen oder eine kostengünstige Shareware- oder Freeware-Realisierung einer bestimmten Analysemethode herangezogen. Es gibt zwei wichtige Ausnahmen von dieser Regel: 1. interdisziplinäre Zusammenarbeiten (zum Beispiel zwischen Biologie und Informatik), in denen viele Analysestrategien in Eigenarbeit auf die Experimente zugeschnitten und dann auch als Computer-Programm oder Software-Paket realisiert werden, 2. experimentelle Arbeiten, bei denen die Entwicklung und Anpassung von Analysemethoden im Vordergrund steht und weniger die (vielleicht bereits etablierte) Durchführung der Experimente. Für alle anderen Fälle, in denen eine fortgeschrittene Datenanalyse zwar notwendig, aber keinesfalls der zentrale Aspekt der Arbeit ist, soll dieser Anhang eine erste Orientierung in dem großen Feld der Analysesoftware geben. Dabei liegt der Schwerpunkt auf nicht kommerziellen oder weit verbreiteten kostengünstigen Programmpaketen, ihrer Eignung und ihren Bezugsquellen.

Im zweiten Teil sind einige Internet-Datenbanken zusammengestellt, die sich mit Komplexität, nichtlinearer Dynamik und Fragen der Modellierung biologischer Systeme beschäftigen.

Software-Pakete

Mathematica, *www.wolfram.com*

Aus unserer Sicht stellt das Computeralgebra-Programm *Mathematica*, das eine Mischung aus Software-Paket und Programmierumgebung ist, eine nahezu ideale Infrastruktur für interdisziplinäres wissenschaftliches Arbeiten zur Verfügung. Die meisten Abbildungen in diesem Buch wurden mit Mathematica erstellt. Der ursprüngliche Entwickler von Mathematica, Stephen Wolfram, ist selbst ein aktiver und äußerst erfolgreicher Wissenschaftler, der im Bereich komplexer Systeme forscht. Mit Mathematica verfolgte er das Ziel, eine so suggestive Benutzeroberfläche für die Realisierung mathematischer Zusammenhänge und komplexer Systeme zu schaffen, daß sich die eigenen Ideen unmittelbar umsetzen lassen, ohne daß man einen großen Teil der Zeit mit Variablendeklarationen und anderen infrastrukturellen Programmierarbeiten beschäftigt ist. Mittlerweile hat sich eine große Forschungslandschaft um dieses Computeralgebra-System gruppiert. Es gibt Konferenzen und ergänzende Datenbanken (library.wolfram.com) zu Mathematica, ebenso wie Lehrbücher (store.wolfram.com/catalog/books/) und Forschungsartikel auf der Grundlage dieses Programms. Die wichtigste Quelle für Mathematica-Files anderer Anwender zu verschiedenen mathematischen Fragestellungen ist die MathSource-Library (www.mathsource.com). Der einzige deutliche Nachteil von Mathematica im Vergleich zu herkömmlichen Programmierumgebungen (etwa Fortran oder C) besteht in der niedrigeren Geschwindigkeit numerischer Rechnungen. Man kann davon ausgehen, daß eine optimal programmierte Mathematica-Lösung etwa um einen Faktor 3-10 langsamer ist als entsprechende Realisierungen in herkömmlichen Programmiersprachen.

Maple, *www.maplesoft.com*

Ähnlich wie Mathematica bietet auch das Computeralgebra-Programm *Maple* eine ganze Reihe vordefinierter Funktionen, die das numerische Arbeiten mit mathematischen Ausdrücken erleichtern und analytische Untersuchungen durch die volle Unterstützung symbolischer Operationen ermöglichen. Zur Zeit ist die Menge an ergänzenden Programmpaketen, Büchern und fertigen, zum Download zur Verfügung stehenden Lösungen jedoch noch geringer als bei Mathematica.

MATLAB, *www.mathworks.com*

MATLAB ist eine leistungsfähige Software für technische Berechnungen. Es bietet vor allem Ingenieuren und Technikern ein interaktives System, das numerische Rechnungen und wissenschaftliche Visualisierung gleichermaßen ermöglicht. Immer mehr kommt es aber auch bei theoretischen Arbeiten in den reinen Naturwissenschaften zum Einsatz. Weniger suggestiv als die oben aufgeführten Computeralgebra-Programme erlaubt MATLAB numerische Rechnungen nahezu ohne Geschwindigkeitsverlust gegenüber herkömmlichen Programmiersprachen.

IDL, *www.rsinc.com/idl/index.cfm*

IDL, *interactive data language*, ist ein System zur Analyse und Visualisierung von Daten. Dabei stehen Tools für eine ganze Reihe von numerisch anspruchsvollen Operationen zur Verfügung, etwa Wavelet-Analysen, numerische Integrationen und verschiedene Bildanalyse-Verfahren. IDL unterstützt eine große Zahl von Datenformaten und ist für die meisten Computersysteme erhältlich.

NIH Image, Scion Image,
rsb.info.nih.gov/nih-image/, www.scioncorp.com/

NIH Image ist ein nicht-kommerzielles (public domain) Bildanalyse-Programm für Macintosh-Computer, das von den National Institutes of Health, der amerikanischen Gesundheitsbehörde, entwickelt wurde. Das Windows-Gegenstück (kommerziell, aber zur Zeit noch als Demoversion gratis erhältlich) heißt *Scion Image*. NIH Image ist geeignet, um die Formate TIFF, PICT und PICS einzulesen und zu verarbeiten. Eine große Zahl von Bildverarbeitungsalgorithmen (z.B. Kantenerkennung, Glättung, Faltung und Kalibrierung) sind in dem Programm enthalten, ebenso wie einige wichtige statistische Analysewerkzeuge. Eine an *Pascal* angelehnte Macro-Sprache erlaubt die Anpassung der Werkzeuge an den eigenen Bedarf.

Microsoft Excel,
www.microsoft.com/germany/office/produkte/default.htm

Als weitverbreitetes Tabellenkalkulationsprogramm erlaubt *Excel* auch in begrenztem Umfang das numerische Studium von Differenzengleichungen und Differentialgleichungen, allerdings im Vergleich zu den oben aufgeführten Programmen mit geringer Benutzerfreundlichkeit.

Internet-Datenbanken und Links zu weiterer Software

Complexity On-line
complex.csu.edu.au/complex/

Complexity On-line ist ein wissenschaftliches Informationsnetzwerk über komplexe Systeme. Neben einer großen Linksammlung findet sich dort auch eine Zeitschrift mit Forschungsartikeln. Schwerpunktthemen sind unter anderem zelluläre Automaten, Fraktale, neuronale Netze, Spin-Gläser und genetische Algorithmen.

Nonlinear Sciences Preprints
xxx.uni-augsburg.de/

Dieser Preprint-Server ist die deutsche Mirror-Seite des berühmten Los-Alamos-Archivs (xxx.lanl.gov), das Vorabfassungen (Preprints) zu publizierender, aber (meist) noch nicht begutachteter Forschungsarbeiten zum Download (i.a. in den Formaten TeX, PostScript oder pdf) zur Verfügung stellt. Das Angebot umfaßt viele Bereiche der Physik und Mathematik. Im Bereich der nichtlinearen Dynamik liegen die folgenden Rubriken vor:

Adaptation and Self-Organizing Systems; Cellular Automata and Lattice Gases; Chaotic Dynamics; Exactly Solvable and Integrable Systems; Pattern Formation and Solitons

Die Datenbank existiert mittlerweile seit fast zehn Jahren. Eine Suche nach Stichworten und Autoren ist möglich.

Links on Complexity
pespmc1.vub.ac.be/COMSELLI.html

Diese von F. Heylighen und C. Joslyn unterhaltene Datenbank wird etwa im Vierteljahresrhythmus aktualisiert. Sie bietet Informationen zu Selbstorganisationsprozessen und komplexen Systemen.

Santa Fe Institute Publications
www.santafe.edu/sfi/indexPublications.html

Das Santa Fe Institute for Complex Systems (SFI) ist eine weltweit anerkannte Forschungsinstitution zu Phänomenen der Selbstorganisation, Komplexität und nichtlinearer Dynamik. Die Preprint-Reihe des SFI, deren Bandbreite von technischen Diskussionen bis zu sehr klar geschriebenen Übersichtsartikeln reicht, ist unter dieser Adresse nach Jahren geordnet abrufbar.

UK Nonlinear News
www.amsta.leeds.ac.uk/Applied/news.dir/

Das Hauptziel der (britischen) Zeitschrift UK Nonlinear News ist, interdisziplinär arbeitenden Forschern einen Überblick über die Anwendungen und neusten Entwicklungen der nichtlinearen Dynamik zu geben. Ein wichtiger Schwerpunkt liegt daher auf Übersichtsartikeln, Buchbesprechungen und aktuellen Informationen über Forschungsgruppen.

Topics in Mathematics: Nonlinear Dynamics
archives.math.utk.edu/topics/nonlinearDynamics.html

Dieses recht aktuelle Archiv sammelt allgemeine Informationen zu Themen der nichtlinearen Dynamik und ihren Anwendungen. Hier findet man insbesondere auch Verweise auf Arbeitsgruppen in diesem Feld und auf neuere Forschungsprojekte.

Mathematical Biology Pages
www.bio.brandeis.edu/biomath/menu.html

Die Mathematical Biology Pages sind ein Versuch, das Internet als Unterrichtsmedium zu nutzen. Sie bieten vor allem Animationen und Visualisierungen einfacher theoretischer Konzepte der nichtlinearen Dynamik und einiger anderer Teilbereiche der Mathematik.

Internet Resources for Mathematical Modelling
www.ifi.uio.no/~matmod/matmod-hotlist.shtml

Diese (norwegische) Datenbank und Linksammlung beschäftigt sich mit mathematischer Modellierung und hat Informationen über Konferenzen, Software, news groups und Publikationen zu diesem Themenfeld.

TSTOOL
www.DPI.Physik.Uni-Goettingen.DE/tstool/index.html

Bei TSTOOL handelt es sich um ein Software-Paket zur nichtlinearen Zeitreihenanalyse. Es besteht vor allem aus MATLAB-Programmen mit einigen Ergänzungen in C/C++. Viele der in Kapitel 4 diskutierten Operationen können mit TSTOOL durchgeführt werden, etwa die Einbettung einer Zeitreihe, die Berechnung der Lyapunov-Exponenten, verschiedene Nachbarschaftsbetrachtungen im Einbettungsraum und Surrogatdatentests.

DDE-BIFTOOL

www.cs.kuleuven.ac.be/~koen/delay/ddebiftool.shtml

DDE-BIFTOOL ist ein MATLAB-Paket zur Bifurkationsana-
lyse von Systemen mit Zeitverzögerung (speziell von Delay-
Differentialgleichungen). Es erlaubt vor allem Stabilitäts- und Bifur-
kationsanalysen.

B. Weiterführende Literatur zu ausgewählten Themen

Beim Abfassen dieses Buches waren mir eine ganze Reihe von Lehrbüchern eine große Hilfe. Einige von ihnen sind besonders geeignet als Vertiefung einzelner Themen. Diese sind hier nach Hauptstichworten noch einmal aufgeführt.

Nichtlineare Dynamik

D. Kaplan, L. Glass, Nonlinear Dynamics and Chaos.
Springer 1995

Dieses Buch ist als Einführung für Biologen wegen der vielen ausformulierten und skizzierten biologischen Anwendungsbeispiele besonders geeignet. Es gehört zu den wenigen Lehrbüchern mit ausführlichen Diskussionen von Analysemethoden. Vor allem die Grundzüge der nichtlinearen Zeitreihenanalyse werden klar und nachvollziehbar dargestellt.

S. Strogatz, Nonlinear dynamics and chaos with applications to physics, biology, chemistry and engineering.
Addison-Wesley 1994

Dieses im Vergleich zu den entsprechenden Kapiteln bei Kaplan und Glass sehr viel anspruchsvollere Buch enthält neben vielen fortgeschrittenen Beispielen aus der Biologie und der Physik eine bemerkenswerte Darstellung von Bifurkationen und eine sehr ausführliche Diskussion des Lorenz-Systems. Die Übungsaufgaben am Ende der einzelnen Kapitel sind originell und stark an Fragen der Forschung orientiert. Ähnlich wie die sehr detailliert besprochenen, den ganzen Text durchsetzenden Beispiele sind sie wesentlich für ein tiefes Verständnis der behandelten Begriffe.

E. Ott, Chaos in dynamical systems.
Cambridge Univ. Press 1993

Einige relativ häufig vernachlässigte Aspekte der nichtlinearen Dynamik finden sich hier auf Lehrbuchniveau präsentiert, zum Beispiel quasiperiodische Dynamiken und das Auftreten von Arnoldzungen in extern getriebenen Systemen.

Zeitreihenanalyse

R. Schlittgen, B. Streitberg, Zeitreihenanalyse.
Oldenbourg 1998

Eine sehr umfassende Darstellung vieler filterbasierter linearer Analyseverfahren werden hier mit einer großen Zahl von Detailinformationen und zahlreichen Beispielen erläutert. Das Argumentationsniveau ist für den Adressatenkreis des Buches (Wirtschaftswissenschaften) recht hoch, wenn auch der Text viele der stark mathematisierten Teile gut ergänzt.

T. Schreiber, Nonlinear time series analysis.
Physics Reports 308 (1999)

Dieser Übersichtsartikel stellt eine gliedernde, sehr klare Sammlung der aktuellsten Ideen der nichtlinearen Zeitreihenanalye dar. Zwar wird auf mathematische Details der verschiedenen Methoden verzichtet, dennoch ist diese Sammlung ein hervorragendes Hilfsmittel bei der Auswahl fortgeschrittener Analysewerkzeuge für einen Satz experimenteller Daten.

Fraktale Geometrie

M.F. Barnsley, Fractals Everywhere.
Academic Press 1993

Michael Barnsley ist einer der großen Vorreiter der fraktalen Geometrie und gleichzeitig Mitbegründer einer erfolgreichen Firma zur Bildverarbeitung und Datenkomprimierung, die ihren Marktvorteil aus gerade solchen Methoden schöpft (*www.iterated.com*). Es ist daher nur folgerichtig, daß dieses Buch den Weg vom mathematischen Gedanken bis zur praktischen Anwendung an allen Stellen in gleichermaßen überzeugender Weise zu schildern vermag. Kaum ein Lehrbuch der Topologie oder Geometrie enthält eine so klare, inspirierende und dennoch mathematisch sorgfältige Einführung in Mengen und metrische

Räume. Die wichtigsten Theoreme der fraktalen Geometrie werden bewiesen und an Beispielen diskutiert. Nur kursorisch behandelt werden Methoden der Analyse fraktaler Daten und die Bedeutung fraktaler Strukturen in der Natur.

L.S. Liebovitch, Fractals and Chaos simplified for the Life Sciences.
Oxford Univ. Press 1998

Die interessante Strukur (eine Seite Text zusammen mit einer Seite Präsentationsvorlage) macht dieses Buch zu einem begehrten Vorbereitungstext zum Unterrichten von fraktaler Geometrie und einiger Grundelemente der nichtlinearen Dynamik. Zum Selbststudium ist dieses Buch allerdings nur begrenzt geeignet. Larry S. Liebovitch gehört zu den wenigen Forschern, deren Schwerpunkt konsequent auf interdisziplinärer Arbeit liegt. Er sucht die Anwendung seiner mathematischen Methoden in der Biologie und Medizin, aber auch in industriellen Kontexten. Die mit seiner Arbeit verbundene didaktische Herausforderung, sehr anspruchsvolle mathematische Techniken fachfremdem Publikum schnell und in ihrer gesamten Leistungsfähigkeit vermitteln zu können, hat zu einem ganz bemerkenswerten Erklärungsrepertoire geführt, das in diesem Buch niedergelegt ist. Autor und Verlag planen zur Zeit eine umfassende Neubearbeitung, die deutlich textorientierter (und damit für Studierende geeigneter) sein soll. Dabei ist geplant, eine große Menge von zusätzlichem, zum Teil interaktivem Material auf einer CD-ROM beizufügen.

Bildanalyse und Analyse raumzeitlicher Datensätze

B. Jähne, Digitale Bildverarbeitung.
Springer 1997

Auf einem für dieses Gebiet relativ hohen mathematischen Niveau werden hier wichtige Notationen, Denkweisen und konkrete Algorithmen der Bildanalyse präsentiert. Besonders bemerkenswert ist der Transfer von Begriffen und Methoden aus der klassischen Mechanik, etwa die Hauptachsentransformation und der Begriff des Trägheitstensors. Ein Kapitel widmet sich der Analyse raumzeitlicher Dynamiken. Dort liegt der Schwerpunkt allerdings auf dem Nachweis und der Quantifizierung von Bewegungen in einer Bildsequenz. Viele Standardverfahren wie Kantendetektion, Glättung und die Grundzüge der Mustererkennung werden sehr klar, wenn auch in einer etwas formalen Notation diskutiert.

A.M. Albino, P.E. Rapp, N.B. Abraham, und A. Passamante, Measures of spatio-temporal dynamics.
Physica D 96 (1996)

In diesem Sonderheft der Zeitschrift Physica D zur raumzeitlichen Datenanalyse finden sich Anwendungen spezieller mathematischer Methoden und Berichte über aktuelle Forschungsarbeiten. Man erhält so einen guten Eindruck davon, was in diesem Feld zur Zeit diskutiert wird. Allerdings sind die in dem Heft enthaltenen Artikel zum Teil äußerst schwer lesbar, da sie einen relativ hohen Kenntnisstand in dem Forschungsfeld und gute physikalische und mathematische Kenntnisse voraussetzen. Wie bei Forschungsartikeln üblich wird ein erheblicher Teil essentieller Vorinformationen nur durch die zitierte Literatur bereitgestellt.

Informationstheorie

W. Ebeling, F. Schweitzer und J. Freund, Komplexe Strukturen: Entropie und Information.
Teubner 1998

Auf einem dem interdisziplinären Anspruch angemessenen Niveau, also ohne die Argumentation ausschließlich auf Gleichungen basieren zu lassen, diskutiert dieses Buch den Zusammenhang von Komplexität und Information. Es führt behutsam in den dazu nötigen thermodynamischen Begriffsapparat ein und zeigt die Verbindung zur Informationstheorie. Die gedanklichen Einbettungen der theoretischen Begriffe sind durchaus gelungen, wobei die Anbindung an den mathematischen Formalismus nie verloren geht. In den letzten Kapiteln werden vor allem neuere Forschungsarbeiten der Autoren diskutiert, allerdings auf ganz hervorragend gewähltem Argumentationsniveau. Dabei werden auch Verallgemeinerungen von Entropie und Transinformation besprochen, die in Zukunft eine wichtige Rolle bei der Analyse experimenteller Daten haben können. Die Leistungsfähigkeit dieser Methoden wird an (vor allem theoretisch generierten) Datensätzen vorgeführt, so daß sich eine klare Vorstellung davon ergibt, welche Eigenschaften eines Systems quantifiziert werden.

Weitere Bücher

H.J. Jensen, Self-organized criticality: emergent complex behavior in physical and biological systems.
Cambridge Univ. Press 1998

Jensen schafft es, nahezu frei von der qualitativ geführten Diskussion um die Möglichkeiten der selbstorganisierten Kritizität eine klare mathematisch fundierte Vorstellung dieses Phänomens zu vermitteln. Dabei diskutiert er die Funktion und Ursachen von sogenanntem $1/f$-Rauschen, also einer zeitlich fraktalen Struktur, ebenso wie einige Techniken zur analytischen Behandlung kritischer Systeme. Die allgemeineren Überlegungen werden anhand von sehr einfachen theoretischen Modellsystemen vorgeführt, wobei das mathematische Vorgehen und die Besonderheiten der einzelnen Modelle stets klar hervortreten.

H.D.I. Abarbanel, R. Brown, J.J. Sidorowich und L.S. Tsimring, The analysis of observed chaotic data in physical systems.
Rev. Mod. Physics 65 (1993) 1331-1392

Auf der Höhe der Forschungswelle zur Unterscheidung von Chaos und Rauschen ist dieser Übersichtsartikel erschienen. In knapper Form werden die Grundgedanken der Datenanalyse geschildert. Begrifflich sehr klar wird zwischen linearen und nichtlinearen Methoden getrennt. In äußerst pragmatischer Weise verwenden die Autoren allgemein bekannte chaotische Systeme (z.B. das Lorenz-System) zur Erzeugung von Beispieldaten, die dann mit den beschriebenen Verfahren analysiert werden. An vielen Stellen werden interessante Analogien zur Informationstheorie gezogen. Wenig Raum ist der Analyse realer (also verrauschter und sehr kurzer) Zeitreihen gewidmet, ebenso wie raumzeitlichen Dynamiken.

K. Mainzer (Hrsg.), Komplexe Systeme und Nichtlineare Dynamik in Natur und Gesellschaft.
Springer 1999

Neben der hervorragenden Einführung des Herausgebers ist vor allem die enorme inhaltliche Vielfalt dieser interdisziplinären Forschungsprogramme, deren Kernideen hier in sehr klaren und verständlichen Aufsätzen dargestellt sind, hervorzuheben. Diese Sammlung bietet eine gute Orientierung über die aktuellen Bemühungen eines Transfers

von Methoden der nichtlinearen Dynamik in andere wissenschaftliche
Bereiche.

C. Übungsaufgaben

Die in diesem Anhang zusammengestellten Übungsaufgaben sollen die Gewöhnung an einige wesentliche Begriffe des Buches erleichtern. Im allgemeinen wurde versucht, längere Rechnungen zu vermeiden und den Schwerpunkt auf qualitative Vergleiche, geometrische Argumentation und die direkte Anwendung einzelner zentraler Definitionen zu legen. Der Schritt zu den anspruchsvolleren Übungen der vertiefenden Literatur aus Anhang B sollte auf dieser Grundlage keine größeren Schwierigkeiten bereiten. Die Aufgaben zur Iteration von Differenzengleichungen und zu den Definitionen einiger raumzeitlicher Maße können als Ausgangspunkt für eigene Computerexperimente dienen. Gerade im Rahmen von fortgeschrittenen Computeralgebra-Programmen (vgl. Anhang A) lassen sich diese Objekte leicht implementieren. Für einige der Übungsaufgaben finden sich im Text bereits relativ explizite Lösungsansätze (z.B. für die Aufgaben 9 und 16). In diesen Fällen sollen die Aufgaben vor allem zu einem detaillierten Nachvollziehen und Ausformulieren der Argumentation anregen.

1) Betrachten Sie die in Abb. C.1 angegebenen Zeitreihen und diskutieren Sie die folgenden Aspekte:

a) Wie stark sind zwei benachbarte Punkte der Zeitreihe korreliert? Wie weit (also über welchen zeitlichen Abstand) reicht diese Korrelation?

b) Bestimmen Sie (wenn möglich) graphisch die Sampling-Rate.

c) Identifizieren Sie die vorhandenen Typen von Dynamik.

d) Schätzen Sie die Zahl der Freiheitsgrade des zugrunde liegenden Systems.

2) Berechnen Sie die Ableitungen $f'(x)$ folgender Funktionen $f(x)$:

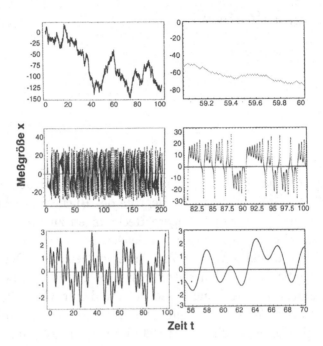

Abb. C.1. Verschiedene Zeitreihen, die sich in bezug auf Korrelation und Dynamik qualitativ unterscheiden. Für die drei Zeitreihen *(links)* sind auf der *rechten* Bildseite Ausschnittsvergrößerungen angegeben

a) $f(x) = \sqrt{x^3}$,
b) $f(x) = \sqrt[n]{x}$,
c) $f(x) = e^x \sin x$,
d) $f(x) = a^x$, $a = $ const.

3) Betrachten Sie zwei Kurven $y_1 = x$ und $y_2 = \lambda x(1 - x)$. Sie schneiden sich immer im Punkt $(x, y) = (0, 0)$. Für welche Werte von λ gibt es einen zweiten Schnittpunkt im Bereich $x < 0$?

4) Wenn man in einem eindimensionalen System A Moleküle zum Zeitpunkt $t = 0$ an die Stelle $x = 0$ setzt, so werden diese Moleküle diffundieren. Die Moleküldichte am Ort x zum Zeitpunkt t ist dann gegeben durch

$$P(x, t) = \frac{A}{2\sqrt{\pi D t}} \exp\left(\frac{-x^2}{4 D t}\right).$$

a) Berechnen Sie $\frac{\partial}{\partial t} P(x, t)$.

Tabelle C.1.   Unterschiedliche dynamische Verhaltensformen einer linearen Differenzengleichung in Abhängigkeit des Kontrollparameters R

Parameter	Dynamik
$R > 1$	monotones exponentielles Wachstum
$0 < R < 1$	monotoner exponentieller Abfall
$-1 < R < 0$	oszillatorischer (alternierender) Abfall
$R < -1$	oszillatorisches (alternierendes) Wachstum
$R = -1$	zyklisches Verhalten

b) Berechnen Sie $\frac{\partial^2}{\partial x^2} P(x, t)$ und vergleichen Sie das Ergebnis mit $\frac{\partial}{\partial t} P(x, t)$ aus a).

c) Berechnen Sie $\int\limits_{-\infty}^{+\infty} P(x, t)\, dx$.

$$\left(\text{Hilfe: } \int\limits_{-\infty}^{+\infty} \exp\left(-x^2\right) dx = \sqrt{\pi} \right)$$

5)   Betrachten Sie die lineare Differenzengleichung $x_{t+1} = R x_t$. In Abhängigkeit von R lassen sich verschiedene Zeitreihen $\{x_i \mid i = 0, 1, 2, \ldots\}_R$ realisieren. Ermitteln Sie graphisch, also im (x_{t+1}, x_t)-Hilfsdiagramm, die ersten zehn Elemente der Zeitreihe (bei geeignet gewähltem Anfangswert x_0) für jeden Eintrag in Tabelle C.1.

6)   Ermitteln Sie die Fixpunkte und Zyklen der Differenzengleichung

$$x_{t+1} = 1.6\, x_t \left(2 - x_t \right)$$

und untersuchen Sie ihre Stabilität.

7) Skizzieren Sie (graphisch!) Differenzengleichungen für die folgenden Situationen:

a) System mit zwei stabilen und einem instabilen Fixpunkt,

b) System mit zwei Fixpunkten, die beide instabil sind,

c) System mit einem stabilen und einem instabilen Fixpunkt, sowie einem stabilen Zyklus der Periode 2.

8)   In Abb. 2.5 ist die Steigung der Funktion $f(f(x))$ im Punkt A gleich der Steigung in Punkt B. Warum?

Hinweise:

a) Diese Eigenschaft folgt unmittelbar aus der Tatsache, daß die Punkte A und B einen Zyklus bilden.

b) Verwenden Sie die Kettenregel für die auftretende Ableitung. Befindet sich im Inneren eines Zyklus stets ein Fixpunkt?

9) Zeigen Sie: Die Lösung der logistischen Differentialgleichung

$$\frac{dx}{dt} = kx - ax^2$$

ist gegeben durch

$$x(t) = \frac{k\,x(0)}{(k - ax(0))\,e^{-kt} + a\,x(0)}\,.$$

Welchen Wert $x_{\max}$ (ausgedrückt durch die Parameter a und k) nimmt das System für große t an?

10) Betrachten Sie das eindimensionale System:

$$\frac{dx}{dt} = rx + x^3 - x^5, \tag{C.1}$$

das ein Beispiel für eine stabilisierte subkritische Gabelbifurkation darstellt.

  a) Zeichnen Sie in Anlehnung an Abb. 2.28 das Bifurkationsdiagramm (r, x).

  b) Bestimmen Sie (graphisch!) die Stabilität der Fixpunkte und skizzieren Sie die Zeitentwicklung des Systems für folgende Anfangsbedingungen (bei $r = -0.2$):

$$x(0) = -1.5, \quad x(0) = -0.5, \quad x(0) = -0.1,$$

$$x(0) = 0.1, \quad x(0) = 0.5\,.$$

  c) Worin besteht die "Stabilisierung"?

11) Zeichnen Sie das Phasenporträt und klassifizieren Sie die Fixpunkte folgender zweidimensionaler linearer Systeme:

  a) $\dfrac{dx}{dt} = y, \quad \dfrac{dx}{dt} = -2x - 3y$

  b) $\dfrac{dx}{dt} = 5x + 10y, \quad \dfrac{dy}{dt} = -x - y$

12) Die nichtlineare Differenzengleichung

$$x_{t+1} = x_t + b \sin [2\pi x_t]$$

mit $0 \leq x_1 \leq 1$ wird zum Beispiel für die Darstellung gekoppelter biologischer Oszillatoren benutzt (siehe z.B. Glass u. Perez 1982).

a) Ermitteln Sie die Fixpunkte dieser Gleichung.

b) Untersuchen Sie die Stabilität der Fixpunkte für $0 \leq b \leq 1$ und diskutieren Sie die auftretende Bifurkation (welche?).

13) Warum ist der Autokorrelationskoeffizient

$$r = \frac{\sum\limits_i (x_i - \bar{x})(x_{i+1} - \bar{x})}{\sum\limits_i (x_i - \bar{x})^2} \tag{C.2}$$

eine *lineare* Kenngröße der Zeitreihe $\{x_i \mid i = 1, 2, \ldots\}$? Die Verallgemeinerung

$$r(k) = \frac{\sum\limits_i (x_i - \bar{x})(x_{i+k} - \bar{x})}{\sum\limits_i (x_i - \bar{x})^2} \tag{C.3}$$

stellt die Autokorrelationsfunktion dar. Bestimmen Sie $r(2)$, $r(3)$ und schließlich den allgemeinen Ausdruck für $r(k)$ für den Fall einer linearen Differenzengleichung $x_{i+1} = Rx_i$. Wie lauten die Summationsgrenzen in Gleichung (C.2) und (C.3)?

14) Schätzen Sie die zu den Streudiagrammen aus Abb. C.2 gehörenden Autokorrelationskoeffizienten ab.

15) Zeigen Sie: Das Anwenden eines Differenzenfilters 2. Ordnung

$$\Delta^2 x_t = \Delta x_t - \Delta x_{t-1} = x_t - 2x_{t-1} + x_{t-2}$$

auf eine Zeitreihe $\{x_t\}$ eliminiert einen quadratischen Trend.

16) Bei der Einbettung einer Zeitreihe gibt es für die Wahl der Einbettungsdimension E und des Versatzes τ eine Reihe von Kriterien. Nennen Sie drei solche "Auswahlregeln" und begründen Sie diese. Bei welchen Arten von experimentellen Daten sind Schwierigkeiten mit diesem Verfahren zu erwarten?

Schätzen Sie ab: Wie ändert sich die *mittlere Dichte* von Punkten in einem E-dimensionalen Einbettungsraum beim Übergang von E nach $E + 1$ (d.h. bei einer Vergrößerung der Einbettungsdimension)?

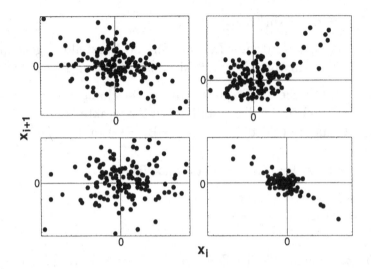

Abb. C.2. Streudiagramme von Datensätzen mit unterschiedlicher Korrelation

17) Eine häufige Festlegung des Parameters τ geschieht durch den ersten Nulldurchgang der Autokorrelationsfunktion (siehe z.B. Abarbanel et al. 1993). Kommentieren Sie dieses Vorgehen. Welches fundamentale Problem tritt hier auf und welche Alternativen wären denkbar?

18) Diskutieren Sie die Fourierspektren in Abb. C.3 (a) bis (c) und ordnen Sie diese den Zeitreihen (d) bis (f) zu. Verwenden Sie dazu folgende Fragen als Richtlinie:

- Welches sind die wesentlichen Unterschiede der Spektren?
- Wie müssen sich diese Eigenschaften in der zugehörigen Zeitreihe äußern?
- In welchen Fällen ist die Fouriertransformation eine Hilfe zum besseren Verständnis der Dynamik?

19) Eine einfache, aber recht effiziente Form der Rauschunterdrückung funktioniert über die Fouriertransformation. Erläutern Sie dieses Verfahren anhand des in Abb. C.4 dargestellten Schemas.

20) Wenden Sie die Definitionen für die ZA-Homogenität H,

$$H = \frac{1}{N^2} \sum_{ij} \frac{1}{|\mathcal{N}_{ij}|} \sum_{b \in \mathcal{N}_{ij}} \theta\left(a_{ij}, b\right) , \tag{C.4}$$

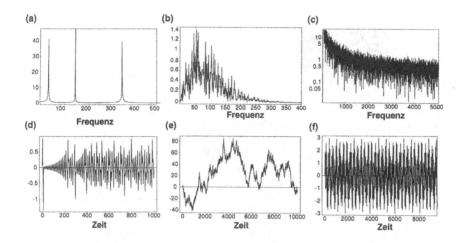

Abb. C.3. Fourierspektren ((a) bis (c)) und Zeitreihen ((d) bis (f)) zur Diskussion typischer Merkmale in diesen komplementären Darstellungen

mit

$$\theta(a, b) = \begin{cases} 1 & a = b \\ 0 & a \neq b \end{cases},$$

und die ZA-Fluktuationszahl Ω,

$$\Omega_1(t) = \frac{1}{N^2} \sum_{ij} \frac{1}{8} \sum_{b \in \mathcal{N}_{ij}} \times$$

$$\Theta\left[\Theta\left(a_{ij}^{(t+1)}, b^{(t+1)}\right), \Theta\left(a_{ij}^{(t-1)}, b^{(t-1)}\right)\right]$$

$$\left(1 - \Theta\left[\Theta\left(a_{ij}^{(t)}, b^{(t)}\right), \Theta\left(a_{ij}^{(t-1)}, b^{(t-1)}\right)\right]\right), \tag{C.5}$$

beziehungsweise

$$\Omega_2(t) = \frac{1}{N^2} \sum_{ij} \Theta\left(a_{ij}^{(t+1)}, a^{(t-1)}\right) \left[1 - \Theta\left(a_{ij}^{(t)}, a^{(t-1)}\right)\right] \tag{C.6}$$

(vgl. Kapitel 5.3) auf die folgende (zeitlich zu verstehende) Sequenz von Matrizen an:

$$\mathcal{I}(t-1) = \begin{pmatrix} 1 & 0 & 1 \\ 0 & 1 & 1 \\ 0 & 0 & 0 \end{pmatrix}, \quad \mathcal{I}(t) = \begin{pmatrix} 0 & 1 & 1 \\ 1 & 0 & 1 \\ 0 & 1 & 1 \end{pmatrix},$$

$$\mathcal{I}(t+1) = \begin{pmatrix} 1 & 0 & 1 \\ 0 & 0 & 1 \\ 0 & 1 & 0 \end{pmatrix}.$$

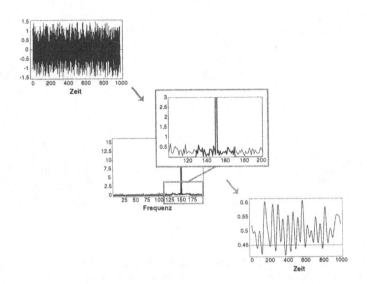

Abb. C.4. Schematische Darstellung einer einfachen Rauschunterdrückung mit Hilfe der Fouriertransformation. Die obere Abbildung zeigt die Originaldaten, die untere Abbildung die geglätteten Daten. In der Mitte ist das eigentliche Verfahren im Fourierraum dargestellt

Verwenden Sie dazu periodische Randbedingungen.

21) Skizzieren Sie die Bedeutung der einzelnen Terme in Ω_1 und Ω_2 aus Gleichung (C.5) und (C.6). Welche Konstellationen werden auf diese Weise berücksichtigt? Was ist der Unterschied zwischen Ω_1 und Ω_2?

22) Bestimmen Sie die fraktale Dimension der Objekte in Abb. C.5 und *schätzen* Sie die Anzahl von Parametern, die zur Spezifizierung des iterierten Funktionensystems (IFS) nötig sind.

23) Skizzieren Sie die ersten Iterationsschritte des folgenden IFS:

$$\begin{pmatrix} x \\ y \end{pmatrix} \xrightarrow{w_1} \begin{pmatrix} 1/4 & 0 \\ 0 & 1/4 \end{pmatrix} \begin{pmatrix} x \\ y \end{pmatrix} + \begin{pmatrix} 1/2 \\ 1/2 \end{pmatrix},$$

$$\begin{pmatrix} x \\ y \end{pmatrix} \xrightarrow{w_2} \begin{pmatrix} 1/2 & 0 \\ 0 & 1/2 \end{pmatrix} \begin{pmatrix} x \\ y \end{pmatrix}.$$

24) In Kapitel 5.2 hatten wir gesehen, daß das Ising-System aus einem Gitter besteht, dessen Plätze ("Zellen") zwei Zustände (+1 und −1)

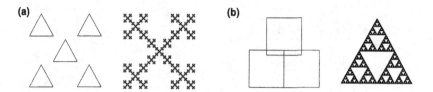

Abb. C.5. Zwei Beispiele für durch iterierte Funktionensysteme erzeugte Strukturen. Gezeigt ist jeweils der zweite und achte Iterationsschritt. Das Ausgangsobjekt bildet dabei in beiden Fällen ein klassisch-geometrisches Objekt, nämlich ein Dreieck (a) oder ein Quadrat (b)

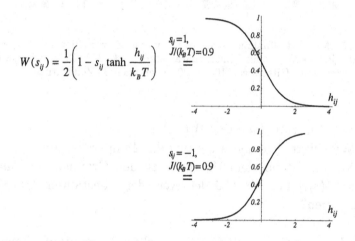

$$W(s_{ij}) = \frac{1}{2}\left(1 - s_{ij} \tanh \frac{h_{ij}}{k_B T}\right)$$

Abb. C.6. Wahrscheinlichkeit $W(s_{ij})$ für die Änderung des Zustands einer Zelle im Ising-Modell. Dabei bezeichnet k_B die Boltzmann-Konstante und T die Temperatur des Systems

einnehmen können. Die Zeitentwicklung wird dadurch bestimmt, daß der Zustand einer Zelle sich mit einer von der Nachbarschaft abhängigen Wahrscheinlichkeit ändert. Sei s_{ij} der Zustand der Zelle (ij). Sei $\mathcal{N}(s_{ij})$ die *Nachbarschaft* von s_{ij}. Dann bezeichnet

$$h_{ij} = J \sum_{\sigma \in \mathcal{N}(s_{ij})} \sigma$$

das *lokale Feld* von s_{ij}. Von einem Zeitschritt zum nächsten ändert sich der Zustand der Zelle s_{ij} mit der in Abb. C.6 angegebenen Wahrscheinlichkeit. Versuchen Sie, die Funktionsweise dieses Systems anhand von Skizzen einzelner Nachbarschaften nachzuvollziehen, und zwar mit Blick auf die folgenden Fragestellungen:

Abb. C.7. Momentaufnahmen eines Ising-Sytems für verschiedene Temperaturen (also verschiedene Werte des Kontrollparameters $J/(k_B T)$). Gezeigt ist jeweils die Konfiguration eines Gitters von 100×100 Zellen nach 30 Zeitschritten

a) Wie wirkt die Funktion $W(s_{ij})$?

b) Wie wirkt sich eine Änderung der Temperatur aus?

c) Warum ist bei dem Übergang zu den Graphen der Funktion $W(s_{ij})$ in Abb. C.6 der Wert der Konstanten $J/(k_B T)$ angegeben?

25) Ordnen Sie die in Abb. C.7 dargestellten Momentaufnahmen eines Ising-Systems nach der Temperatur. Wo könnte die kritische Temperatur liegen?

26) Die *Entropie H* eines solchen Ising-Systems ist gegeben durch

$$H = - \sum_{\alpha=-1,+1} P_\alpha \log P_\alpha,$$

wobei P_α die Wahrscheinlichkeit dafür angibt, daß sich eine Zelle im Zustand α befindet.

a) Wie gelangt man vom Zustand (also dem Bild!) des Ising-Systems zu den Wahrscheinlichkeiten P_α ?

b) Diskutieren Sie, wie sich die Entropie mit der Zeit und der Temperatur ändern könnte.

Literaturverzeichnis

Abarbanel HDI, Brown R, Sidorowich JJ und Tsimring LS (1993) The analysis of observed chaotic data in physical systems. Rev. Mod. Physics **65**:1331

Achilles D (1978) Die Fourier-Transformation in der Signalverarbeitung: kontinuierliche und diskrete Verfahren der Praxis. Springer, Berlin

Albino AM, Rapp PE, Abraham NB und Passamante A (1996) Measures of spatiotemporal dynamics. Physica **D 96**

Amit DJ (1989) Modeling brain function: the world of attractor neural networks. Cambridge Univ. Press, Cambridge

Axelrod DE (1997) Nonlinear analysis of tumor cell population dynamics. In: Arino O, Axelrod D, Kimmel M (Hrsg) Advances in Mathematical Population Dynamics: molecules, cells and man. World Scientific, Singapore, 143

Bachman G, Narici L und Beckenstein E (2000) Fourier and wavelet analysis. Springer, Berlin

Bak P (1996) How nature works: the science of self-organized criticality. Copernicus, New York

Bak P, Tang C und Wiesenfeld K (1988) Self-organized criticality. Phys. Rev. **A 38**: 364

Bandini S, Worsch T, Hrsg (2001) Theoretical and practical issues on cellular automata. Springer, Berlin

Barnsley MF (1993) Fractals everywhere. Academic Press, London

Bar-Yam Y (1997) Dynamics of complex systems. Addison-Wesley, Reading, Mass.

Bassingthwaighte JB, Liebovitch LS und West BJ (1994) Fractal physiology. Oxford Univ. Press, Oxford

Baxter RJ (1982) Exactly solved models in statistical mechanics. Academic Press, London

Beck F, Blasius B, Lüttge U, Neff R und Rascher U (2001) Stochastic noise interferes coherently with biological clocks and produces specific time structures. Proc. Roy. Soc. Lond. **B**, im Druck

Behzadipour M (1999) Lipide und Proteine bei der homeoviskosen thermotropen Anpassung des Tonoplasten von *Kalanchoë daigremontiana* und ihre Bedeutung für den Crassulaceen-Säurestoffwechsel. Dissertation TU Darmstadt

Berlekamp E, Conway J und Guy R (1982) Winning ways for your mathematical plays. Bd 2, Academic Press, London

Blasius B, Beck F und Lüttge U (1999a) Nonlinear dynamics of regular and irregulear time structures in higher plant metabolism. In: Grzywna ZJ (Hrsg) Nonlinear Biophysics. World Scientific, Singapore, im Druck

Blasius B, Huppert A und Stone L (1999b) Complex dynamics and phase synchronization in spatially extended ecological systems. Nature **399**:354

Blasius B, Neff R, Beck F und Lüttge U (1999c) Oscillatory model of crassulacean acid metabolism with a dynamic hysteresis switch. Proc. R. Soc. Lond. **B 266**:93

Blasius B (1997) Zeitreihenanalyse und Modellierung regulärer und irregulärer Photosyntheseoszillationen bei Crassulaceen-Säurestoffwechsel-Pflanzen. Dissertation TU Darmstadt

Blasius B, Beck F und Lüttge U (1997) A model for photosynthetic oscillations in crassulacean acid metabolism (CAM). J. Theor. Biol. **184**:345

Bohn A, Rascher U, Hütt M-Th, Kaiser F und Lüttge U (2001) Temperature entrainment and the circadian gating of stress responses in a plants metabolic cycle. Biol. Rhyth. Res., im Druck

Brigham EO (1989) FFT: schnelle Fourier-Transformation. Oldenbourg, München

Bronstein IN, Semendjajew KA, Musiol G und Mühlig H (2000) Taschenbuch der Mathematik. Deutsch, Thun

Butz T (1998) Fouriertransformation für Fußgänger. Teubner, Stuttgart

Buzug T und Pfister G (1992) Comparison of algorithms calculating optimal parameters for delay time coordinates. Physica **D 58**:127

Cartwright ML (1952) Van der Pol's equation for relaxation oscillations. In: Contributions to nonlinear oscillations. Bd 2, Univ. Press, Princeton

Casdagli M, Eubank S, Farmer JD und Gibson J (1991) State space reconstruction in the presence of noise. Physica **D 51**:52

Cladis PE, Palffy-Muhoray P, Hrsg (1995) Spatio-temporal patterns in nonequilibrium complex systems. Addison-Wesley, Reading, Mass.

Dörner D (1993) Die Logik des Mißlingens: strategisches Denken in komplexen Situationen. Rowohlt, Reinbeck bei Hamburg

Dormann S (2000) Pattern formation in cellular automaton models - characterisation, examples and analysis. Dissertation Universität Osnabrück

Drossel B und Schwabl F (1992) Self-organized critical forest fire model. Phys. Rev. Lett. **69**:1629

Ebeling W, Schweitzer F und Freund J (1998) Komplexe Strukturen: Entropie und Information. Teubner, Stuttgart

Ermentrout GB und Edelstein-Keshet L (1993) Cellular automata approaches to biological modeling. J. Theor. Biol. **160**:97

Fahrmeir L (2001) Statistik : der Weg zur Datenanalyse. Springer, Berlin

Forster O (1995) Analysis 1 und 2. Vieweg, Braunschweig

Furusawa C und Kaneko K (1998) Emergence of multicellular organisms with dynamic differentiation and spatial pattern. In: Adami C (Hrsg) Proceeding of artificial life VI. MIT Press, Cambridge, Mass., S 43-52

Gammaitoni L, Hänggi P, Jung P und Marchesoni, F (1998) Stochastic resonance. Rev. Mod. Physics **70**:223

Gaylord RJ und Nishidate K (1996) Modeling nature: cellular automata simulations with Mathematica. Springer, Berlin

Gershenfeld N (1999) The nature of mathematical modeling. Cambridge Univ. Press, Cambridge

Glass L, Perez R (1982) Fine structure of phase locking. Phys. Rev. Lett. **48**:1772

Gradshteyn IS und Ryzhik IM (1994) Table of integrals, series, and products. Alan Jeffrey (Hrsg) Academic Press, London

Grosse I, Herzel H, Buldyrev SV und Stanley HE (2000) Species independence of mutual information in coding and noncoding DNA. Phys. Rev. **E 61**:5624

Guharay S, Hunt BR, Yorke JA und White OR (2000) Correlations in DNA sequences across the three domains of life. Physica **D 146**:388

Gusev Y und Axelrod DE (1995) Evaluation of models of inheritance of cell cycle times: computer simulation and recloning experiments. In: Arino O, Axelrod DE und Kimmel M (Hrsg) Mathematical population dynamics: analysis of heterogeneity. Bd 2, Carcinogenesis and cell and tumor genetics. Wuerz Publ. Ltd. Winnipeg, 97

Haken H (1975) Analogy between higher instabilities in fluids and lasers. Phys. Lett. **A 53**:77

Herzel H, Trifonov EN, Weiss O und Große I (1998) Interpreting correlations in biosequences. Physica **A 249**:449

Hoshen J und Kopelman R (1976) Percolation and cluster distribution I. Cluster multiple labeling technique and critical concentration algorithm. Phys. Rev. **B 14**:3438

Hütt M-Th (2001) Untersuchungen von biologischen Prozessen mit Methoden der theoretischen Physik. In: Schaefer J und Deppert W (Hrsg) Philosophische Grundlagen aktueller Forschungsprogramme in den Biowissenschaften. Konferenzband zum X. Symposium des IIfTC, im Druck

Hütt M-Th und Neff R (2001) Quantification of spatiotemporal phenomena by means of cellular automata techniques. Physica **A 289**:498

Hütt M-Th, Rascher U, Beck F und Lüttge U (2001) Period-2 cycles and 2:1 phase locking in a biological clock driven by temperature pulses. J. Theor. Biol., eingereicht

Hütt M-Th, L'vov AI, Milstein AI und Schumacher M (2000) Compton scattering by nuclei. Physics Reports **323**:457

Jähne B (1997) Digitale Bildverarbeitung. Springer, Berlin

Jensen HJ (1998) Self-organized criticality: emergent complex behavior in physical and biological systems. Cambridge Univ. Press, Cambridge

Kaiser G (1994) A friendly guide to wavelets. Birkhäuser, Boston

Kantz H und Schreiber T (1998) Nonlinear Time Series Analysis. Cambridge Univ. Press, Cambridge

Kantz H (1994) A robust method to estimate the maximal Liapunov Exponent of a time series. Phys. Lett. **A 185**:77

Kapitaniak T (1990) Chaos in systems with noise. World Scientific, Singapore

Kapitaniak T und Bishop SR (1999) The illustrated dictionary of nonlinear dynamics and chaos. Wiley, Chichester

Kaplan D und Glass, L (1995) Nonlinear dynamics and chaos. Springer, Berlin

Kennel MB und Isabelle S (1992) Method to distinguish possible chaos from colored noise and to determine embedding parameters. Phys. Rev. **A 46**:3111

Kliemchen A, Schomburg M, Galla H-J, Lüttge U und Kluge M (1993) Phenotypic changes in the fluidity of the tonoplast membrane of crassulacean-acid-metabolism plants in response to temperature and salinity stress. Planta **189**:403

Klüver J (2000) The dynamics and evolution of social systems. Kluver Academic Publishers, Dordrecht

Kluge M und Ting IP (1978) Crassulacean acid metabolism: analysis of an ecological adaptation. Springer, Berlin

Knapp R und Sofroniou M (1997) Some numerical aspects of functional iteration and chaos in Mathematica. www.mathsource.com/Content/General/Tutorials/Numerical/0209-012

Kocak H (1989) Differential and difference equations through computer experiments. Springer, Berlin

Koch C und Segev I, Hrsg (1989) Methods in neuronal modeling: from synapses to networks. MIT Press, Cambridge, Mass.

Kugiumtzis D (1996) State space reconstruction parameters in the analysis of chaotic time series - the role of the time window length. Physica **D 95**:13

Langton C (1990) Computation at the edge of chaos. Physica **D 42**:12

Laird AK (1964) Dynamics of tumor growth. Brit. J. Cancer **18**:490

Liebert W und Schuster HG (1989) Proper choice of the time delays for the analysis of chaotic time series. Phys. Lett. **A 142**:107

Liebovitch LS (1998) Fractals and chaos simplified for the life sciences. Oxford Univ. Press, Oxford

Lorenz E (1993) The essence of chaos. UCL Press, London

Lorenz E (1963) Deterministic nonperiodic flow. J. Atmos. Sci. **2**:130

Ludwig D, Jones DD und Holling CS (1978) Qualitative analysis of insect outbreak systems: the spruce budworm and forest. J. Anim. Ecol. **47**:315

Lüttge U (2000) The tonoplast functioning as a master switch for circadian regulation of crassulacean acid metabolism. Planta **211**:761-769

Lüttge U und Beck F (1992) Endogenous rhythms and chaos in crassulacean acid metabolism. Planta **188**:28

Lüttge U und Ball E (1978) Free running oscillations of transpiration and CO_2 exchange in CAM plants without a concomitant rhythm of malate levels. Z. Pflanzenphysiol. **90**:69

Mainzer K (1999) Komplexe Systeme und Nichtlineare Dynamik in Natur und Gesellschaft. Springer, Berlin

Malinetskii GG, Potapov AB, Rakhmanov AI und Rodichev EB (1993) Limitations of delay reconstruction for chaotic systems with a broad spectrum. Phys. Lett. **A 179**:15

Mathematical Intelligencer **3** (1990)

May RM (1976) Simple mathematical models with very complicated dynamics. Nature **26**:459

McCoy BM und Wu TT (1973) The two-dimensional Ising model. Harvard Univ. Press, Harvard

Meinhardt H (1997) Wie Schnecken sich in Schale werfen. Springer, Berlin

Milonni PW und Eberly JH (1988) Lasers. Wiley, Chichester

Mitchell M, Hraber P und Crutchfield JP (1993) Revisiting the edge of chaos: evolving cellular automata to perform computations. Complex Systems **7**:89

Mosekilde E und Mouritsen Ole G, Hrsg (1995) Modeling the dynamics of living systems: nonlinear phenomena and pattern formation. Springer, Berlin

Murray J (1989) Mathematical Biology. Springer, Berlin

Nagashima H und Baba Y (1999) Introduction to chaos: physics and mathematics of chaotic phenomena. Springer, Berlin

Neff R (2001) Globale Membrandynamiken aus lokalen Wechselwirkungen der Konstituenten (Arbeitstitel). Dissertation TU Darmstadt

Neff R, Blasius B, Beck F und Lüttge U (1998) Thermodynamics and energetics of the tonoplast membrane operating as a hysteresis switch in an oscillatory model of crassulacean acid metabolism. J. Memb. Biol. **165**:37

Nijhout HF, Nadel L und Stein DL, Hrsg (1997) Pattern formation in the physical and biological sciences. Addison-Wesley, Reading, Mass.

Othmer HG, Adler FR, Lewis MA und Dallon JC (1997) Case studies in mathematical modeling - ecology. Physiology, and Cell Biology. Prentice Hall, Englewood Cliffs, NJ

Ott E (1993) Chaos in dynamical systems. Cambridge Univ. Press, Cambridge

Parlitz U und Lauterborn W (1987) Period-doubling cascades and devil's staircase of the driven van der Pol oscillator. Phys. Rev. **A 36**:1428

Peitgen H-O, Jürgens H und Saupe D (1992) Chaos and fractals: new frontiers of science. Springer, Berlin

Peitgen H-O und Richter PH (1986) The beauty of fractals. Springer, Berlin

Penrose R (1989) The emperor's new mind: concerning computers, minds, and the laws of physics. Oxford Univ. Press, Oxford

Poston T und Stewart I (1978) Catastrophe theory and its applications. Pitman, Boston

Priestley MB (1988) Non-linear and non-stationary time series analysis. Academic Press, London

Rascher U (2001) Der endogene CAM-Rhythmus von *Kalanchoë daigremontiana* als nichtlineares Modellsystem zum Verständnis der raum-zeitlichen Dynamik einer biologischen Uhr. Dissertation TU Darmstadt

Rascher U, Hütt M-T, Siebke K, Osmond B, Beck F und Lüttge U (2001) Spatio-temporal variation of metabolism in a plant circadian rhythm: the biological clock as an assembly of coupled individual oscillators. Proc. Natl. Acad. Sci. (USA), im Druck

Rascher U, Blasius B, Beck F und Lüttge U (1998) Temperature profiles for the expression of endogenous rhythmicity and arrhythmicity of CO_2 exchange in the CAM plant *Kalancho daigremontiana* can be shifted by slow temperature changes. Planta **207**:76

Schlittgen R und Streitberg B (1998) Zeitreihenanalyse. Oldenbourg, München

Schreiber T (1999) Nonlinear time series analysis. Physics Reports **308**:1

Schreiber T und Kantz H (1996) Observing and predicting chaotic signals: Is 2 percent noise too much? In: Kravtsov Y und Kadtke J (Hrsg) Predictability of complex dynamical systems. Springer, Berlin

Schreiber T und Schmitz A (1996) Improved surrogate data for nonlinearity tests. Phys. Rev. Lett. **77**:635

Schröder M (1991) Fractals, chaos, power laws. Freeman, New York

Shannon CE (1948) A mathematical theory of communication. Bell Systems Technical Journal

Smith RL (1992) Estimating dimension in noisy chaotic time-series. J.R. Statist. Soc. **B 54**:329

Solé RV, Manrubia SC, Luque B, Delgado J und Bascompte J (1996) Phase Transitions and Complex Systems. Complexity **2**:13

Solé RV und Manrubia SC (1995a) Are rainforests self-organized in a critical state? J. Theor. Biol. **173**:31

Solé RV und Manrubia SC (1995b) Self-similarity in rainforests: evidence for a critical state? Phys. Rev. **E 51**:6250

Sparrow C (1982) The Lorenz equation: bifurcations, chaos and strange attractors. Springer, Berlin

Strogatz S (1994) Nonlinear dynamics and chaos with applications to physics. Addison-Wesley, Reading, Mass.

Sugihara G und May R (1990) Nonlinear forecasting as a way of distinguishing chaos from measurement error in time series. Nature **344**:734

Takens F (1981) Detecting strange attractors in turbulence. In: Rand DA und Young L-S (Hrsg) Dynamical systems and turbulence. Lecture Notes in Mathematics. Bd **898**, Springer, Berlin

Theiler J, Eubank S, Longtin A, Galdrikian B und Farmer JD (1992) Testing for nonlinearity in time series: The method of surrogate date. Physica **D 58**:77

van der Pol B (1926) On relaxation-oscillations. Phil. Mag. **7**:978

Walleczek J (2000) Self-organized biological dynamics and nonlinear control. Cambridge Univ. Press, Cambridge

Weigend AS und Gershenfeld NA (1996) Time series prediction: forecasting the future and understanding the past. Addison-Wesley, Reading, Mass.

Weiss O und Herzel H (1998) Correlations in protein sequences and property codes. J. Theor. Biol. **190**:341

Winfree AT (1974) Rotating chemical reactions. Sci. Amer. **230** (6):82

Winfree AT (1972) Spiral waves of chemical activity. Science **175**:634

Wolf A, Swift J, Swinney H und Vastano A (1985) Determining Lyapunov exponents from time series. Physica **D 16**:285

Wolfram S (1986) Theory and applications of cellular automata. World Scientific, Singapore
Wolfram S (1984) Cellular automata as models of complexity. Nature **311**:419

Sachwortverzeichnis

Druck: Strauss Offsetdruck, Mörlenbach
Verarbeitung: Schäffer, Grünstadt